"十四五"职业教育国家规划教材

职业教育校企合作精品教材

U0239501

中式烹饪原料

（第3版）

主　编　赵银红

副主编　崔光汉　王振勇　齐元召　马冬瑞

参　编　高　军　郭　峰　张伟江　梁文周

　　　　周　杰　任志刚　李超杰　乔云霞

　　　　尚　彬　王国君　梁文生　吴成坤

　　　　张　照　杨克乐

电子工业出版社·

Publishing House of Electronics Industry

北京·BEIJING

内 容 简 介

本教材以培养从事烹饪相关职业的高素质技能型实用人才为出发点，采用项目—任务的结构编写，以"任务目标""知识拓展""想一想""知识检测""拓展练习"为框架构建知识与技能的传授和学习体系。本教材内容包括烹饪原料知识简述、植物性原料（粮食类、蔬菜类、果品类、菌藻类）、动物性原料（畜乳类、禽蛋类、水产品类、昆虫类）、调辅原料（调味品类、辅助类）等，着重介绍了常用烹饪原料的品质特点与种类、烹饪应用、饮食宜忌等知识。

本教材既可作为中职烹饪专业、五年制高职烹饪专业学生的教材，也可作为社会餐饮从业人员岗位培训、等级考试参考用书，或为烹饪爱好者自学所用。

未经许可，不得以任何方式复制或抄袭本书之部分或全部内容。

版权所有，侵权必究。

图书在版编目（CIP）数据

中式烹饪原料 / 赵银红主编 . —3 版 . —北京：电子工业出版社，2022.1
ISBN 978-7-121-42802-9

Ⅰ.①中… Ⅱ.①赵… Ⅲ.①中式菜肴 – 烹饪 – 原料 – 中等专业学校 – 教材 Ⅳ.① TS972.111

中国版本图书馆 CIP 数据核字（2022）第 018381 号

责任编辑：陈　虹　　文字编辑：张　彬
印　　刷：涿州市京南印刷厂
装　　订：涿州市京南印刷厂
出版发行：电子工业出版社
　　　　　北京市海淀区万寿路 173 信箱　邮编 100036
开　　本：880×1 230　1/16　印张：15　字数：345.6 千字
版　　次：2014 年 8 月第 1 版
　　　　　2022 年 1 月第 3 版
印　　次：2025 年 1 月第 12 次印刷
定　　价：49.00 元

凡所购买电子工业出版社图书有缺损问题，请向购买书店调换。若书店售缺，请与本社发行部联系，联系及邮购电话：（010）88254888，88258888。

质量投诉请发邮件至 zlts@phei.com.cn，盗版侵权举报请发邮件至 dbqq@phei.com.cn。

本书咨询联系方式：chitty@phei.com.cn。

河南省中等职业教育校企合作精品教材
出版说明

　　为深入贯彻落实《河南省职业教育校企合作促进办法（试行）》（豫政〔2012〕48号）精神，切实推进职教攻坚二期工程，我们在深入行业、企业、职业院校调研的基础上，经过充分论证，按照校企"1+1"双主编与校企编者"1∶1"的原则要求，组织有关职业院校一线骨干教师和行业、企业专家，编写了河南省中等职业学校烹饪专业的校企合作精品教材。

　　这套校企合作精品教材的特点主要体现在：一是注重与行业的联系，实现专业课程内容与职业标准对接、学历证书与职业资格证书对接；二是注重与企业的联系，将"新技术、新知识、新工艺、新方法"及时编入教材，使教材内容更具有前瞻性、针对性和实用性；三是反映技术技能型人才培养规律，把职业岗位需要的技能、知识、素质有机地整合到一起，真正实现教材由以知识体系为主向以技能体系为主的跨越；四是教学过程对接生产过程，充分体现"做中学，做中教"和"做、学、教"一体化的职业教育教学特色。我们力争通过本套教材的出版和使用，为全面推行"校企合作、工学结合、顶岗实习"人才培养模式的实施提供教材保障，为深入推进职业教育校企合作做出贡献。

　　在这套校企合作精品教材编写过程中，校企双方编写人员力求体现校企合作精神，努力将教材高质量地呈现给广大师生。但由于本次教材编写是一次创新性的工作，书中难免存在不足之处，敬请读者提出宝贵意见和建议。

河南省教育科学规划与评估院

前　言

为了全面贯彻党的教育方针，深入落实立德树人根本任务，着力培养民族复兴大任的时代新人，编者在深入学习党的二十大精神的基础上，吸收并借鉴其他教材的优点，编写了本教材。本教材由烹饪专家、大师和院校教师总结多年的实践经验，根据河南省中等职业学校烹饪专业教学标准，并结合学科特点及实际要求编写而成。

本教材主要有以下特点。

一、采用"1+1"编写团队，体现校企合作。企业专家参与编写，从确定教学目标到构建教材内容，均与企业实践对接，体现实用性。

二、图文并茂、简洁实用、通俗易懂。结合中职特点，根据企业实际需要，精简内容，增加图片，重点介绍常用烹饪原料。对国家禁止食用的原料及食品添加剂等，本教材暂不做讲述。

三、依据任务情况，提出问题，引导学生自主学习。将小常识或需要补充、扩充的知识作为知识拓展的内容，扩大学生的专业视野。

四、教材内容基本涵盖国家职业资格技能鉴定所规定的学生应知应会的内容，能满足学生参加职业资格技能鉴定的需求。

五、教材融入思政元素。烹饪原料发展，原料的多样性、常见保鲜和储藏方法，烹饪原料分类、特点、饮食宜忌、制作实例等内容，有助于弘扬中华民族优秀传统饮食文化，培养学生珍惜食材、杜绝浪费的习惯，使学生形成爱岗敬业、诚实守信、吃苦耐劳的职业道德，遵守食品安全法，安全加工菜点，关注并保障烹饪食材安全，树立食品安全观念等。

本书由河南省教育科学规划与评估院组编，由长垣烹饪职业技术学院赵银红担任主编，由南阳第二中等职业学校崔光汉、开封文化旅游学校王振勇、开封市水利局干部餐厅马冬瑞、内乡中等职业学校齐元召担任副主编，高军、郭峰、张伟江、梁文周、周杰、任志刚、李超杰、乔云霞、王国君、尚彬、吴成坤、张照、梁文生、杨克乐参与编写。

全书的构架设计、补充、统稿和整理由赵银红完成。

在编写本教材的过程中参阅和借鉴了有关文献及网站内容，也得到了参编院校及单位领导和同人的大力支持，在此一并向有关作者、领导和同人表示衷心的感谢。

本教材建议教学时数如下：

教学内容	项目一	项目二	项目三	项目四	项目五	项目六	项目七	项目八	项目九	项目十	项目十一	实践教学	机动教学	合计
教学时数	4	4	8	4	4	8	6	10	2	6	4	6	6	72

由于认识和经验方面的不足，书中不妥之处在所难免，敬请专家和读者批评指正。

为方便教师教学，本教材还配有相关教辅资料，请登录华信教育资源网（www.hxedu.com.cn）免费注册后下载。如有问题请在网站留言板留言或与电子工业出版社联系（E-mail：hxedu@phei.com.cn）。

编　者

目 录
Contents

项目一 烹饪原料知识简述

 任务目标

知识目标：
- 了解烹饪原料的概念、原料选择的意义及原则；
- 掌握烹饪原料的分类方法；
- 能理解烹饪原料品质鉴别的依据和方法，以及影响烹饪原料品质变化的因素；
- 掌握低温、高温、脱水、密封等常用保藏法的储藏原理。

能力目标：
- 能对烹饪原料进行科学分类；
- 能结合烹饪原料的质量要求，科学地选用原料；
- 能利用感官鉴别法鉴别原料品质，培养学生解决实际问题的能力。

任务一 烹饪原料的概念及选择

菜肴是由烹饪原料有机组合起来的，因此要了解中国菜肴，首先就要了解中国烹饪原料，即要了解中国烹饪原料的上市季节、产地、品种、质地、性味及其组织结构等。

一、烹饪原料的概念及基本要求

烹饪原料是指符合饮食要求，能满足人体营养的需要，并可通过烹饪手段制作各种可食性食物的原材料。

烹饪原料要无毒害、有营养、具有良好的感官性状，这是当前食品安全的基本要求。

1. 烹饪原料必须无毒害，具有食用安全性

对烹饪原料的基本要求是自身无害，且未受到各种有害因素（如微生物、寄生虫和化学毒物等）的污染。在实际烹饪中，需要注意三种情况：一是原料本身含有毒害成分，但加工后无毒可食，如河豚、菜豆等；二是原料本身含有毒害成分，加工后仍有毒不可食，如毒蕈；三是原料本身无毒害成分，但由于霉变、发芽等产生有毒害物质，加工后仍有毒不可食，如发芽、变绿的马铃薯。

▲菜豆　　　　　　▲毒蕈　　　　　　▲发芽的马铃薯

作为一名烹饪工作者，要学会通过眼、耳、鼻、舌、手等来判断原料的新鲜度、安全性，以确保食品安全。

2. 烹饪原料必须有营养，并能提供人体所需要的能量

如粮食中含有淀粉，瓜果蔬菜中含有多种维生素，动物原料中含有丰富的蛋白质、脂肪等，可提供人体所需要的能量。

3. 烹饪原料应具有良好的感官性状

对烹饪原料感官性状的认同，会因国家和地区、宗教信仰、个人喜好等因素的不同而存在差异。在烹饪中，制作的菜点应能激发人的食欲，满足人的生理、心理需求，从而有助于营养素的充分吸收，真正发挥菜点对人体的作用。

二、烹饪原料选择的意义及原则

1. 烹饪原料选择的意义

（1）保证饮食安全，防止病从口入。

（2）合理搭配膳食，兼顾口味与营养，形成风味特色。

（3）进行成本控制，减少加工过程中的浪费现象。

2. 烹饪原料选择的原则

（1）确保安全。绿色食品的观念已经深入人心，倡导环保、绿色、无公害是烹饪行业的基本要求，各种食品制作都要将食品安全放在第一位。

（2）注重营养。吃出营养、吃出健康、吃出品位、吃出文化成为现代人饮食观念的新需求，所以在选择烹饪原料时，要注意原料的营养价值、口味、口感、质地等。

（3）考虑特性。选原料时要考虑的特性：一为原料的最佳食用期，以求最佳营养价值，如大闸蟹农历九月、十月为最佳食用期；二为原料的产地，以求最佳口味，如涪陵榨菜、法国的贝隆生蚝；三为原料的食用部位，如香菇的菌柄与伞盖、竹笋尖与笋身、猪里脊肉与五花肉、鱼头与鱼腹等在质地、结构、风味上的不同。

▲大闸蟹　　　　　　▲涪陵榨菜　　　　　　▲贝隆生蚝

（4）因菜而异。严格按照不同食品菜肴对原料的具体要求，制作特色菜肴、精品菜肴、风味菜肴。例如，加工凉拌鸡要选用肌肉发达细嫩、不油腻的仔公鸡，清蒸全鸡要选用肉嫩味鲜的仔母鸡，而炖汤则要选用味鲜肥美的老母鸡。

三、烹饪原料的发展趋势

1. 异地原料互相交流引用，原料种类不断增多

随着交通运输业的发展，国内外的交流越来越频繁，在烹饪原料的引入与使用上也越来越广泛。一方面是中外之间的交流，在中餐制作中大量应用进口或引种、栽培的西餐原料，如日本神户牛肉、美国七彩山鸡、美国夏威夷果、泰国龙眼、泰国芝士等；在西餐中，中餐的传统原料也有一定的应用，如豆腐。另一方面是国内不同区域之间的交流，国内各地之间运输方便快捷，使得沿海所产的海鲜类原料、新疆与东北所产的哈密瓜和鲜蘑菇等特色原料，被快速运送到全国各地，打破了原料使用的地域性限制。

▲神户牛肉　　　　　　　▲七彩山鸡　　　　　　　▲夏威夷果

此外，各地丰富的野生原料和特产原料，成为原料开发与挖掘的宝库。例如，竹荪、猴头菇、荸荠、牡蛎、环颈雉等野生珍稀动植物资源已经得到保护性开发，栽培和养殖技术已成熟；阳澄湖大闸蟹、武昌鱼、浙江金华猪、西湖莼菜、兰州百合等地方性特产原料也在异地得到生产。

2. 原料食用季节延长，转基因和杂交原料步入餐桌

过去许多受季节限制而影响食用的原料，随着农业栽培技术的不断提高和工厂化栽培技术的应用，而大大延长了食用期。原来只有夏季才有的黄瓜、西红柿等原料，现在即便是严寒的冬季，也常常能在餐桌上见到。

成熟的、有益于人类健康的转基因技术不仅能引导原料增产、培植新品种，还可以提高农产品的耐储性、延长食用期，如红色果肉苹果、紫色果肉番茄、多色玉米、彩色甜椒等。人们的生活会因生物技术带来的转基因食品而变得更加丰富多彩。

▲红色果肉苹果　　　　　　▲紫色果肉番茄　　　　　　▲多色玉米

**知识拓展**

圣女果与转基因食品

在餐桌上，圣女果（小西红柿）往往是小朋友们青睐的食品。可是，看惯了大西红柿的人们，往往对圣女果心存疑忌，认为它是转基因食品，吃了会不安全，所以不让小朋友们吃。圣女果真的是转基因食品吗？

其实，圣女果是最原始的西红柿品种，而大西红柿才是后来人们为了追求果实的大个头，杂交选育出来的品种。市场上的各类圣女果都是常规品种，其营养价值和大西红柿基本相同。平时我们所吃的圣女果之所以外形小巧、口味甘甜，是因为在育种时为了迎合市场需求而进行了杂交选育。

所谓转基因食品是利用人工方法进行基因转移，从而生产出生物新品种，以此作为烹饪原料制作的食品。近年来，人们对转基因食品的安全性产生了质疑和担忧，学术界也观点不一。

有兴趣的话，可以上网浏览一下转基因食品的有关知识。

？ 想一想

为什么将食品安全作为选择烹饪原料的首要原则？

任务二 烹饪原料的分类

一、烹饪原料分类的意义

烹饪原料的分类是指依据原料的性质及特征，按照一定的标准将各种烹饪原料分门归类。分类的意义有以下两个。

（1）利于原料知识的系统化，便于学习研究。

（2）利于认识各类原料的性质及特点，便于科学合理地选用原料。

二、烹饪原料的分类方法

1. 国内常用的分类方法

（1）按性质，可分为植物性原料、动物性原料、矿物性原料和人工合成原料。

（2）按加工与否，可分为鲜活原料、干货原料和复制品原料。

（3）按烹饪运用程度，可分为主料、辅料和作料。

（4）按原料商品种类，可分为谷物、蔬菜、果品、肉类及肉制品、蛋乳、水产品、干货制品和调味品等。

2. 国外常用的分类方法

国外一般按营养成分将原料分为以下几类。

（1）热量素食品，又称黄色食品，主要含糖类。

（2）构成素食品，又称红色食品，主要含蛋白质。

（3）保全素食品，又称绿色食品，主要含维生素和叶绿素。

　3．本教材对烹饪原料的分类方法

　　本教材借鉴生物学成熟的分类体系，并结合烹饪原料的性质、特点及其在烹饪中的运用特点，对烹饪原料划分如下。

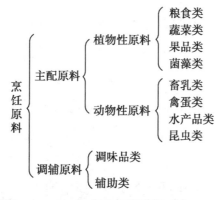

▲植物性原料　　　　　　▲动物性原料　　　　　　▲调辅原料

? 想一想

在烹饪原料的分类方法中，哪种更科学实用？

任务三　烹饪原料的营养成分和品质鉴别

一、烹饪原料的营养成分

　　烹饪原料中的营养素分为有机物质（碳水化合物、脂肪、蛋白质、维生素等）和无机物质（无机盐、水）。

（1）碳水化合物：如葡萄糖、果糖、蔗糖、麦芽糖、乳糖等。

（2）脂肪：动物脂肪通常为固态，称为脂；植物脂肪通常为液态，称为油。动物脂和植物油统称为油脂。植物油的营养价值高于动物脂，因为植物油所含的必需脂肪酸比动物脂高。

（3）蛋白质：生物体的基本组成成分，约占人体固体成分的45%，几乎所有的器官组织都含蛋白质，并且它与所有的生命活动密切联系。

（4）维生素：如维生素A、维生素B、维生素C、维生素D、维生素E等。

（5）无机盐：又称矿物质，生物体中的元素除碳、氢、氧和氮四种外，其他元素均可称为无机盐。

（6）水：烹饪原料中的水可分为束缚水和自由水。束缚水不易结冰，含束缚水较多的植物种子或孢子等能在低温下过冬；自由水又称游离水，会因蒸发而散失，含自由水较多的蔬菜、水果等在冰冻后细胞结构易被冰晶所破坏，因此，不宜冷冻储藏。

二、烹饪原料的品质鉴别

1. 烹饪原料品质鉴别的意义

烹饪原料的品质鉴别是指根据原料的性质和特征，依据一定的标准，运用一定的方法，对原料变化程度和质量优劣进行鉴定判别的过程。对烹饪原料进行品质鉴别的意义有以下几点。

（1）能够避免变质原料和伪劣原料进入烹饪过程，从而确保食品安全。

（2）有利于掌握原料质量优劣和质量变化的规律，扬长避短，因材施艺，制作出美味食品。

（3）有利于进一步了解和认识烹饪原料，为选用原料和保藏原料提供科学依据。

2. 烹饪原料品质鉴别的依据

（1）原料的固有品质：如质地、色泽、香气、滋味、外形等品质特征，以及营养物质、化学成分、质构（质地）及组织等内部品质特征。

（2）原料的纯度和成熟度：原料的纯度是指该原料占成品的比例，如纯正芝麻油的香味远比芝麻调和油的香味浓郁；原料的成熟度则是指该原料达到自然成熟状况的程度，如幼嫩期蔬菜多汁脆嫩，成熟期的水果芳香味甜，产卵前期的鱼类肥腴鲜美等。

（3）原料的新鲜度：一般从原料的形态、色泽、水分、质量、质地和气味等感官指标来判别。

（4）原料的清洁卫生程度：烹饪原料在使用时必须符合食品卫生标准。所有腐烂变质的原料绝对不可进行烹饪加工；被虫蛀、鼠咬，或者被细菌、寄生虫、病毒污染的原料也不能进行烹饪加工。

3. 烹饪原料品质鉴别的方法

烹饪原料品质鉴别的方法主要有理化鉴别和感官鉴别两类。

（1）理化鉴别：利用仪器设备或化学药剂鉴别烹饪原料的化学组成，以确定其品质好坏的鉴别方法。

（2）感官鉴别：通过眼、耳、鼻、舌、手等各种感官了解原料的外部特征、气味和质地变化程度，从而判断其品质优劣的鉴别方法。感官鉴别简便、直观，是目前餐饮业最常用的品质鉴别方法。感官鉴别法主要有以下五种。

① 嗅觉鉴别，是通过原料的气味判断原料质量的方法。例如，牛羊肉具有正常的腥膻味，若出现了臭味、哈喇味、酸味等异常味道，则说明发生了变质。

② 视觉鉴别，是通过观察原料大小、色泽、光泽、斑纹、杂质等外观形态和包装完整

度来判断质量的方法。该方法是运用得最为广泛的感官鉴别法。

③ 味觉鉴别，是利用口、舌等器官鉴别原料的滋味、口感的方法。该方法适用于可直接入口的调味品、水果及烹饪半成品。

④ 听觉鉴别，是通过敲击、摇动、捏折、咀嚼等，使原料发出声音来判断原料的脆度、硬度和成熟度的方法。例如，通过敲打西瓜来判断其成熟程度，通过咀嚼干米粒来判断干燥度，通过折断胡萝卜来判断其脆度。

⑤ 触觉鉴别，是通过手来检验原料的弹性、硬度、黏度、质量等的方法。该方法适用于不可入口的原料，如鲜肉、豆腐、水产品等。

在运用感官鉴别时，一般是多种感官综合运用，从而对原料品质做出较准确的判断。

？ 想一想

对一名厨师而言，掌握原料品质感官鉴别法有何重要意义？

任务四　烹饪原料的保藏

一、影响烹饪原料品质变化的因素

1. 原料自身因素

（1）植物性原料。

① 呼吸作用：产生呼吸热，将使果蔬升温、腐烂变质、营养价值下降、滋味淡化，如青菜、草莓等。

② 后熟作用：果实在采摘后色泽由绿色向红/黄色转化、质地软化、酸味下降、涩味减轻、香味增加、风味好转，如苹果、香蕉、柿子、梨等。

③ 发芽和抽薹：植物打破休眠状态，开始新的生长阶段，营养物质、水分在果蔬中转化、分解和重组，甚至产生毒素，如大蒜、洋葱、马铃薯等。

▲腐烂蔬菜　　　　　　　　▲发芽大蒜　　　　　　　　▲发芽洋葱

（2）动物性原料。

① 尸僵作用：使肌肉组织紧密、硬挺、弹性差、无鲜肉的自然气味，烹饪时不易煮烂，肉的食用品质差。

② 成熟作用：使僵直的动物肉重新变得柔软并且具有特殊的鲜香风味。

③ 自溶作用：使肌肉的性质发生改变，表现为肌肉表面色泽变暗、松弛无弹性，无光泽，呈棕红色，具有一定不良气味，此时的肉处于次新鲜状态，经过高温处理后还可以食用，但

品质较差。

④ 腐败作用：在自溶过程中，由于微生物大量繁殖引起的深层腐败，表现为肉表面出现液化状态，发黏，弹性丧失，产生异味，肉变为绿色、棕色等，失去食用价值。

2. 外界环境因素

（1）物理因素：包括光线、温度、湿度和压力等。

① 日光照射会促进原料中的部分成分水解、氧化，引起变色、变味和营养成分流失。

② 温度过高会加快挥发性物质和水分的流失，使原料成分、质量、体积和外观发生改变，干枯变质；而温度过低会使组织内产生冰冻情况，解冻后质地变软、腐烂、崩解。

③ 湿度过大会使微生物生长，导致食品变质加速；湿度太小会造成原料质量下降，外观萎蔫。

④ 重物挤压可使原料变形或破裂，使汁液流失，外观不良。

（2）化学因素：包括氧化、还原、分解、化合等作用。

氧化、还原、分解、化合等化学作用可使原料发生不同程度的变质，导致原料出现变色、变味等现象。

（3）生物学因素：包括微生物和虫蛀、鼠咬，其中微生物的危害较大。

微生物包括霉菌、某些细菌和酵母菌。微生物导致三种变质现象：一是腐败，常发生在富含蛋白质的肉类、蛋乳类、鱼类、豆制品等原料中，常表现为变色、变臭、变质等；二是霉变，多发生在高糖、高盐、含酸或潮湿的粮食、果品、蔬菜及其加工制品中，常表现为霉斑、长毛、变色、异味等；三是发酵，产生各种醇、酸、酮、醛等代谢产物，其中有益发酵产生的乳酸、酒精、醋酸等常常被用来制作泡菜、酸菜、酒饮料等食品，而异常发酵则导致原料或食品变酸，甚至带有刺鼻的气味。

二、常用的烹饪原料保藏方法

▲ 低温保藏

（1）低温保藏法：常用低温为 10℃以下，分为冷藏和冻藏两类。冷藏是将原料置于 0 ～ 10℃ 的环境中储藏，适用于蔬菜、水果、鲜蛋和牛乳，以及鲜肉、鲜鱼的短时间储藏。例如，大白菜、菠菜的适宜冷藏温度为 0℃ 左右，番茄为 10 ～ 12℃，青椒为 7 ～ 9℃，黄瓜为 10 ～ 13℃。冻藏常用于对肉、禽、水产品的保藏。

（2）高温保藏法：包括巴斯德消毒法、煮沸消毒法和高温高压灭菌法三种。巴斯德消毒法是将原料在 62 ～ 63℃ 的温度下加热 30 分钟以杀灭原料中致病菌的方法，适用于啤酒、牛乳、酱油、醋等原料的消毒。煮沸消毒法是将原料置于沸水中煮沸的方法，多用于餐具、肉类、豆制品的消毒。高温高压灭菌法是采用 100 ～ 121℃ 高温灭菌的方法，可杀灭各种微生物及芽孢。

（3）脱水保藏法：又称干燥保藏法。许多动植物性原料，如薯类、蔬菜、谷类、豆类，以及肉干、鱼肚、鱿鱼干等均可采用此方法储藏。脱水保藏法分为自然干燥法、人工干燥法和烘烤油炸法三种。

（4）密封保藏法：将原料封闭在一定的容器内，使其与外界隔绝，防止原料被污染和氧化的方法。例如，陈酒、酱菜、罐装的冬菇或冬笋等用的就是此种保藏法。

（5）腌渍保藏法：分为盐腌、糖渍、酸渍和酒渍四种。盐腌多用于肉类、禽类、蛋、水产品及蔬菜的保藏，如火腿、香肠、腊肉等。糖渍主要用于水果和部分蔬菜的保藏，可制成蜜饯、果脯、果酱等。酸渍是通过提高酸度保存原料的方法，如将大蒜、黄瓜浸渍在食醋中制成糖蒜、酸渍黄瓜等。酒渍是利用酒精的抑菌杀菌作用保藏食物原料的方法。

（6）烟熏保藏法：是在腌制或干制的基础上，利用木柴、树叶等不完全燃烧时产生的烟气熏制原料达到保藏目的的方法。

（7）气调保藏法：通过降低氧气含量，增加二氧化碳或氮气含量，从而减弱鲜活原料中化学成分的变化，多用于水果、蔬菜、粮食的保藏。

（8）辐射保藏法：利用一定剂量的放射线照射原料以延长保藏期的方法。

（9）保鲜剂保藏法：常用的保鲜剂有食品防腐剂、杀菌剂、抗氧化剂、脱氧剂等。

（10）活养保藏法：对购进的活体动物性原料进行短期饲养而保持或提高其使用品质的保藏方法。该方法主要适用于对新鲜程度要求较高，烹饪前需要动物排空肠肚内的泥沙或去除泥腥味的动物性原料，如虾、蟹、甲鱼、泥鳅、黄鳝、鳜鱼、鲫鱼、蝎子等。

 **知识拓展**

拓展知识

绿色食品标志

绿色食品标志由三部分构成：标志图形的上方是太阳，下方是叶片，中心是蓓蕾，象征自然生态；标志颜色为绿色，象征着生命、农业、环保；图形为正圆形，意为保护。AA级绿色食品标志与字体为绿色，底色为白色，A级绿色食品标志与字体为白色，底色为绿色。绿色食品标志用中文注明"绿色食品"，用英文注明"Greenfood"，绿色食品标志图形及文字相互组合而成的四种形式，标注在以食品为主的九大类食品上，并扩展到肥料等与绿色食品相关的产品上。绿色食品标志作为一种产品质量证明商标，必须通过专门机构认证，企业方可依法使用。

? 想一想

家庭中常用的烹饪原料保藏方法有哪些？

知识检测

一、填空题

1. 烹饪原料是指符合_____要求，能满足人体____的需要，并可通过_____制作各种食品的可食性食物的原材料。

2. 烹饪原料的质量要求是____、____、____。

3. 烹饪原料的分类是指依据_____，按照一定的标准将各种烹饪原料分门归类。

4. 烹饪原料按性质可分为_____、_____、_____和_____。

5. 烹饪原料按烹饪运用程度可分为_____、_____和_____。

6. 烹饪原料按商品种类可分为____、____、____、____、____、____、____和____等。

7. 烹饪原料中的六大营养素分别为____、____、____、____、____和____。

8. 烹饪原料的品质鉴别是指根据原料的_____，依据_____，运用一定的方法，对原料_____进行鉴定判别的过程。

9. 鉴别烹饪原料品质的依据是原料的____、____、____和____四个方面。

10. 鉴别原料新鲜度，一般是从原料的____、____、____、____、____和____等感官指标来判断的。

11. _____是植物打破休眠状态，开始新的生长阶段，物质、水分在果蔬中转化、分解和重组，甚至产生毒素，如大蒜、洋葱、马铃薯等。

12. 影响植物性原料品质变化的内在因素主要是____、____、____。

13. 影响动物性原料品质变化的内在因素主要是____、____、____和____。

14. 影响烹饪原料品质变化的物理因素主要是____、____、____和____。

15. 各种植物性原料保藏的温度不一样，大白菜、菠菜的冷藏温度为____，番茄为____，青椒为____，黄瓜为____。

二、选择题

1. 下列原料含有毒素，经加工处理后可以食用的是（　　）。

    A. 菜豆　　　　　B. 毒蕈　　　　　C. 发芽的马铃薯　D. 以上都可以

2. 原料遭虫蛀后，严重时完全败坏变质，则（　　）。

    A. 不能食用　　　B. 处理后可用　　C. 变色　　　　　D. 氧化

3. 家禽宰杀后，肌肉组织由于（　　）的作用，在经过尸僵、成熟阶段后，即进入自溶、腐败阶段。

    A. 分解酶　　　　B. 氧化　　　　　C. 乳化　　　　　D. 酸碱

4. 通常，（　　）是肉类进入腐败阶段的开始。

    A. 自溶　　　　　B. 成熟　　　　　C. 尸僵　　　　　D. 变色

5. 引起原料变质的生物学原因有昆虫的作用和（　　）。

    A. 氧化作用　　　B. 微生物的作用　C. 霉菌的作用　　D. 酸碱的作用

6. 微生物使原料变质主要是由霉菌、某些细菌和（　　）引起的。

    A. 温度　　　　　B. 湿度　　　　　C. 酵母菌　　　　D. 酸碱度

7. 低温保藏法又分为（　　）。

    A. 冷藏　　　　　B. 冻藏　　　　　C. 干藏　　　　　D. 凉藏

8. 控制温度的保藏方法是（　　　）和高温杀菌储藏。

    A. 干燥　　　　　　B. 低温储藏　　　　C. 腌制　　　　　　D. 通风

9. 腌渍保藏法分为（　　　）。

    A. 盐腌　　　　　　B. 糖渍　　　　　　C. 酸渍　　　　　　D. 酒渍

10. 控制气体成分的保藏方法包括真空储藏、充氮储藏、（　　　）和气调储藏。

    A. 加压储藏　　　　B. 减压储藏　　　　C. 腌制储藏　　　　D. 烟熏储藏

11. 利用电磁波杀菌的保藏方法有（　　　）。

    A. 紫外线消毒、微波杀菌和辐射加工处理

    B. 紫外线消毒、充氮储藏和辐射加工处理

    C. 紫外线消毒、微波杀菌和腌制加工处理

    D. 真空储藏、微波杀菌和辐射加工处理

三、判断题

1. 倡导环保、绿色、无公害是烹饪行业的基本要求，进行各种食品制作都要把食品安全放在第一位。（　　　）

2. 红色果肉苹果、紫色果肉番茄、多色玉米、彩色甜椒等不属于转基因食品。（　　　）

3. 原料的纯度是指该原料占成品的比例，原料的纯度越高，质量越好。（　　　）

4. 原料的成熟度是指该原料达到自然成熟状况的程度。（　　　）

5. 动物脂的营养价值高于植物油。（　　　）

6. 呼吸作用使果蔬升温，腐烂变质，营养价值下降，滋味淡化。（　　　）

7. 尸僵作用使肌肉组织紧密、硬挺、弹性差、无鲜肉的自然气味，烹饪时不易煮烂，食用品质变差。（　　　）

8. 紫外线可加速食品中营养素的氧化分解。（　　　）

9. 粮豆在储存过程中的主要卫生问题是泥土等夹杂物的污染。（　　　）

四、简答题

1. 烹饪原料选择的意义是什么？

2. 烹饪原料选择的原则有哪些？

3. 烹饪原料分类的意义是什么？

4. 烹饪原料品质鉴别的意义是什么？

5. 烹饪原料感官鉴别的方法有哪几种？

拓展练习

1. 以下情况中，（　　　）不是引起油脂变质的原因。

    A. 油脂里水分含量高　　　　　　　B. 油脂被阳光照射

    C. 植物油脂里含有维生素 E　　　　D. 油脂与空气长时间接触

2. 进食发芽的马铃薯会发生食物中毒，是因为发芽的马铃薯含有（　　　）。

    A．皂素　　　　　　　　　　　　　　B．龙葵素（龙葵碱）

    C．秋水仙碱　　　　　　　　　　　　D．红细胞凝集素（血液凝集素）

3. 以下（　　　）不是发生亚硝酸盐食物中毒的原因。

    A．食用硝酸盐和亚硝酸盐含量高的苦井水煮的饭

    B．把亚硝酸盐当食盐食用

    C．吃腌制的咸菜

    D．食用含硝酸盐或亚硝酸盐含量过高的蔬菜和肉制品

4. 以下有关动物性食物中毒的说法，正确的是（　　　）。

    A．河豚毒素是神经毒，中毒者有嘴舌发麻、头晕等神经系统症状，死亡率很高

    B．死了的海鱼、蟹、鳝鱼、鲤鱼、甲鱼因含组氨酸，人吃后会引起食物中毒

    C．食用死的蟹和甲鱼发生的食物中毒属于氰化物中毒

    D．河豚毒素集中在卵巢、鱼肝、血液中，皮和肉一般无毒

项目二　植物性原料——粮食类

小米　　大豆　　豆腐

任务目标

知识目标：

● 掌握粮食类原料及其制品的概念、品质特点和饮食宜忌；
● 熟悉常用粮食类原料及其制品的烹饪应用。

能力目标：

● 了解常用粮食类原料及其制品；
● 能理解粮食类原料的基本结构；
● 能运用粮食类原料的综合知识解决其在烹饪中的应用问题。

任务一　粮食类原料基础知识

一、粮食类原料的概念及分类

1. 粮食类原料的概念

粮食类原料是制作各种主食的原料的统称。未经加工处理的粮食称为原粮，主要包括谷类、豆类、薯类。粮食的营养成分主要是糖类，此外还含有少量的蛋白质、脂肪、矿物质、维生素。粮食是人类赖以生存的基本物质，作为中国人的传统饮食，在烹饪中的应用十分广泛。

2. 粮食类原料的分类

粮食类原料的分类方法很多，从生物学角度可分为以下三类。

（1）谷类：包括稻米、小麦、玉米、小米、高粱等。

（2）豆类：常见的有大豆、蚕豆、绿豆、豌豆等。

（3）薯类：常见的有木薯、甘薯、马铃薯等。

二、粮食类原料的基本结构

1. 谷类

谷类种子的结构基本相似（除荞麦外），一般由谷皮、糊粉层、胚乳和胚四部分构成。

（1）谷皮：位于谷类种子的外部。

（2）糊粉层：极薄，位于谷皮内壁。

（3）胚乳：充满谷类种子的内腔，约占种子质量的 80%，是种子储藏营养物质的主要场所，是主要的食用部位。

（4）胚：位于谷类种子的下部，所占体积很小。

2. 豆类

豆类种子的结构基本相似，主要由种皮和胚构成。

（1）种皮：位于豆类种子的最外层，起保护胚的作用。

（2）胚：由子叶、胚芽、胚轴和胚根四部分构成。

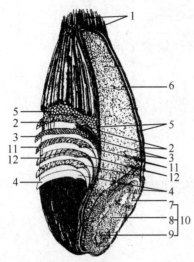

1—冠毛；2—珠心组织；3—种皮；
4—谷皮；5—糊粉层；6—胚乳细胞；
7—胚芽；8—胚轴；9—胚根；
10—胚；11—管状细胞；12—横细胞

▲谷类种子解剖图

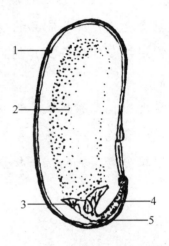

1—种皮；2—子叶；3—胚芽；
4—胚轴；5—胚根

▲豆类种子解剖图

三、粮食类原料在烹饪中的应用

粮食是烹饪中重要的原料，应用范围十分广泛。其在烹饪中的应用主要有以下几方面。

1. 作为主食原料

在中国，由于地域和气候的原因，各地的主产粮食品种差异较大，所以用于制作主食的粮食原料也不相同。黄河流域及其以北地区的主要粮食作物是小麦，其主食主要以面粉为原料，品种有面条、馒头、饼等。长江流域及其以南地区的主要粮食作物是大米，其主食主要以大米为原料，品种有米饭、粥、米糕等。

▲馒头

▲米糕

2. 作为制作菜肴的主要原料

在制作菜肴时，粮食可作为主料或辅料运用，如制作八宝饭、麻婆豆腐、松仁玉米、糯米珍珠丸子、锅巴肉片等菜肴，以及淀粉、面粉、米粉等原料在菜肴的挂糊、上浆、勾芡、拍粉时的应用。

▲八宝饭

▲糯米珍珠丸子

3. 制作各种糕点和小吃

粮食中的面粉可以制作成各种包子（如灌汤包）、油条、饺子等，谷类制品可以加工成年糕、米线、粽子、元宵，薯类可以制作红苕饼等。

▲灌汤包

▲粽子

4. 加工成各种调味品

粮食类原料可以加工成各种调味品用于烹饪，如酱、酱油、醋、味精、料酒等。

❓ 想一想

你认为粮食原料还有哪些烹饪应用？试举例。

任务二 常见粮食类原料的品种

一、谷类

谷类又称谷类作物，是将收获后的成熟果实去壳、碾磨，加工成供人类食用的一种作物。

1. 稻米

稻米又称大米，由水稻碾制脱壳而成，是世界上重要的粮食作物之一。我国是水稻的原产地之一，产地主要集中在长江流域和珠江流域，华北地区和东北地区也有生产，一般在夏季和秋季上市。

根据特点不同，稻米主要分为籼米、粳米和糯米三类，其品质特点、烹饪应用及饮食宜忌如表2-1所示。

表2-1　不同稻米的品质特点、烹饪应用及饮食宜忌

种　类	别　称	形　状	硬　度	黏　性	涨　性	烹饪应用	饮食宜忌
籼米	南米、机米	谷粒细长，色泽灰白，一般是透明或半透明的	质地疏松，硬度小，加工时容易破碎	黏性小，口感较差	涨性最大，出饭率高	通常制作成米饭、稀饭，或者加工成米粉，可制作各类糕点	一般人均可食用
粳米	大米、硬米	米粒短圆，色泽蜡白，透明度较好	质地硬而有韧性，加工时不易破碎	制作成米饭黏性大，柔软可口	涨性小，出饭率低	制作成米饭、粥，也可以制作成糕点	一般人均可食用
糯米	江米、酒米	有粳糯和籼糯两种。粳糯粒形短圆，籼糯粒形细长，两者均呈不透明的乳白色	硬度最小	黏性最大	涨性小，出饭率最低	制作成糕团等油炸食品，如年糕、船点等；也可用于煮粥和酿酒	婴幼儿及老年人和病后消化力弱的人群忌食糯米食品

▲糕团

▲船点

2. 小麦

小麦是我国膳食生活中的主食之一。我国是世界上种植小麦最多的国家之一，一般在夏季和秋季上市。

品质特点与种类：小麦按照播种季节的不同可分为冬小麦和春小麦，按照麦粒性质的不同可分为硬麦和软麦。

硬麦：胚乳坚硬，呈半透明状；含蛋白质较多，筋力大，可以磨制成高级面粉，适于制作面包、拉面等对面筋要求高的面点品种。

软麦：又称粉质小麦，胚乳呈粉状；软麦性质松软，淀粉含量多，筋力小，质量不如硬麦，磨制的面粉适于制作饼干和普通糕点等面点品种。

面粉根据加工精度的不同，可分为特制粉、标准粉和普通粉三种。

特制粉：色白，质细，含麸量少。用特制粉调制的面团，筋力大，适于制作各种精细品种，如花色蒸饺、拉面、龙须面等。

标准粉：含麸量高于特制粉，色稍带黄。其含面筋量低于特制粉，适于制作大众面食品种。

普通粉：加工精度低，含麸量高于标准粉，色泽较黄，一般制作馒头、饼干、糕点等常见面食品种。

按照用途的不同，小麦粉又有各种专用粉，常用的有面包粉、糕点粉、面条粉等。

烹饪应用：面粉在烹饪中的应用非常广泛，可以制作主食、糕点、小吃等，如面包、饼、馒头等。

饮食宜忌：小麦具有清热、养心安神等功效。小麦粉不仅可以厚肠胃、强气力，还可以作为药物的基础剂。脚气病、末梢神经炎患者应尽量少食用面粉，糖尿病患者慎用。

3. 玉米

玉米又称苞米、苞谷、玉黍粟、棒子，起源于南美洲。全世界玉米播种面积仅次于小麦、水稻，居第三位。在我国，玉米的播种面积很大，分布也非常广泛，一般在秋季上市。

品质特点与种类：玉米按照颜色可分为白色玉米、黄色玉米、杂色玉米等。按照玉米籽粒的形状特征和胚乳的性质，又可分为硬粒型、马齿型、中国蜡质型（用于制作玉米淀粉）、粉质型、甜质型等。其中，硬粒型玉米品质最好，其籽粒小，坚硬饱满，表面不皱缩、有光泽，蛋白质含量高，品质优良。

烹饪应用：玉米可以制成玉米饼、玉米粥、窝头等，或与面粉、糯米粉等混合使用制成松仁玉米、蜂窝玉米等。

饮食宜忌：多食粗玉米面可补充赖氨基酸，尿道感染、糖尿病、水肿、胆结石、冠心病、高血压、维生素 A 缺乏症等患者宜食玉米。玉米不宜烤食，不宜与富含纤维的食物搭配，肝、脑综合征及皮肤病患者忌食玉米。霉变的玉米有致癌作用，不宜食用。玉米缺乏色氨酸，长期单一食用易发生癞皮病，故以玉米为主食的地区应多吃豆类食品。

▲玉米　　　　　　　　　　▲松仁玉米

4. 小米

小米又称黄粱、谷子、粟谷等，起源于我国黄河流域，现主要分布在我国华北、西北和东北各地区，一般在秋季上市。

品质特点与种类：小米按照其性质可分为粳性小米和糯性小米两种。粳性小米米粒有光泽、黏性小，种皮多为黄、白色；糯性小米米粒略有光泽、黏性大，种皮多为深浅不一的红色。

烹饪应用：在烹饪中，小米主要作为主食原料，可以制成小米饭、小米粥，或与菜、肉同煮，如小米青菜煮肥牛；磨成粉后可以制作窝头、丝糕等；与面粉混合后可制成各式发酵食品。

饮食宜忌：喝小米粥可增强小肠功能，有安心养神之功效，为滋补之佳品。小米不宜作为产后妇女的唯一主食食用，因其赖氨酸含量过低而亮氨酸又过高，故饮食需搭配，以免营养素缺乏。

▲小米　　　　　　　　　　▲小米青菜煮肥牛

5. 高粱

高粱又称蜀黍、芦粟等。我国东北地区是高粱的主要产区，一般在秋季上市。

品质特点与种类：高粱按照用途可分为食用高粱、糖用高粱、帚用高粱。按照籽粒的颜色，高粱又有白、黄、红、黑褐等品种，质量以白壳高粱为最好，黄壳高粱次之。

烹饪应用：高粱在烹饪中可以制作成饭或粥，也可以磨成粉后制作成糕、饼等，如高粱煎饼。高粱也是酿酒、制醋、提取淀粉、加工饴糖的原料。

饮食宜忌：高粱营养丰富，可用来蒸饭煮粥；慢性腹泻患者多食高粱粥有益。高粱应去皮食用，因高粱的皮层中含有的单宁和蜡质妨碍人体的消化吸收，会引起便秘，所以糖尿病患者禁食，大便燥结者也应少食或不食。

▲高粱　　　　▲高粱煎饼

6. 燕麦

燕麦又称雀麦等，现主要分布在我国长江、黄河流域各山区、高原和北部高寒冷凉地带。夏季采收成熟果实，晒干去皮壳备用。

品质特点与种类：燕麦一般分为带稃型和裸粒型两大类。我国栽培的燕麦以裸粒型为主，常称裸燕麦。

烹饪应用：在烹饪中一般是将燕麦去掉麸皮后，制作成饭、粥等，如紫薯燕麦粥，而西方国家常将燕麦压制成燕麦片作为早餐谷物食品。

饮食宜忌：燕麦适宜体虚自汗、多汗、盗汗者食用。多食燕麦容易引起腹胀或胃痉挛；而且多食易滑肠、催产，故孕妇禁食。

▲燕麦　　　　▲紫薯燕麦粥

7. 荞麦

荞麦又称乌麦、甜荞、花荞等，现主要分布在我国西北、东北、华北、西南地区的高山地带，一般在秋季上市。

品质特点与种类：荞麦种子呈不规整的三棱锥形。种皮坚韧呈深褐色或灰色。按照形态和品质，可将荞麦分为甜荞、苦荞、翅荞、米荞等品种，以甜荞的品质为最好。荞麦以粒型完整、杂质少、含水量低、色泽正常、无异味者为佳。

烹饪应用：荞麦在烹饪中一般用于制作饭、粥，加工成粉之后可以制作成荞麦面、饸饹等。

饮食宜忌：荞麦性凉味甘，具有健胃、消积、止汗之功效。同时，荞麦能帮助人体代谢葡萄糖，是辅助防治糖尿病的天然食品；而且荞麦秧和叶中含多量芦丁，用其煮水后经常服用可预防高血压引起的脑出血。多食荞麦容易引起腹胀或胃痉挛；肿瘤患者忌食，否则病情会加重；脾胃虚寒、消化不良者不宜食用。

▲荞麦

▲荞麦面

二、豆类

豆类又称豆类作物，属于豆科植物，主要包括大豆、绿豆、豌豆、蚕豆、赤豆等。

1. 大豆

大豆又称黄豆、毛豆，原产于我国，现主要分布在我国东北、华北、陕西、四川及长江中下游地区，一般在秋季上市。

品质特点与种类：大豆按照种皮颜色可分为黄大豆、青大豆、黑大豆、紫大豆等。大豆以粒大饱满、无油、无霉、无虫蛀者为佳。

烹饪应用：在烹饪中，大豆可以制作成各式菜肴、休闲食品或作为粥品的辅料，如黄豆煲猪尾。将大豆磨成粉，与米粉混合后可制作成团子及糕饼。此外，大豆是加工各种豆制品，如豆浆、豆腐、豆芽的重要原料；大豆还可用于榨油、酿制酱油和豆酱，提取植物蛋白等。

饮食宜忌：大豆有滋补养心、祛风明目、清热利水、活血解毒等功效，是豆科植物中最富有营养而又易于消化的食物，是蛋白质最丰富又最廉价的来源。大豆富含磷、铁、钙，适宜老人和小孩食用。大豆与酸牛奶不宜同食，因为大豆所含的化学成分会影响酸牛奶中丰富钙质的吸收。大豆与猪血不宜同食，否则会引起消化不良。

▲大豆

▲黄豆煲猪尾

2. 绿豆

绿豆又称青小豆、吉豆，因其颜色而得名，原产于印度、缅甸地区，在我国已有2000

余年的栽培历史，一般在秋季上市。

品质特点与种类：绿豆按照种皮的颜色可分为青绿、黄绿和黑绿三大类。绿豆以颗粒饱满、色淡绿、富有光泽、无虫蛀的当年新绿豆为佳。

烹饪应用：在烹饪中，绿豆可以做粥，也可加工成绿豆沙，在面点中作为馅心使用；可磨粉制作绿豆糕；发芽后制成绿豆芽，作为蔬菜食用。此外，绿豆还是制取优质淀粉的原料，可以加工成粉丝、粉皮。

饮食宜忌：绿豆具有清热解毒、生津止渴的食疗作用。因此，绿豆经常成为夏季的消暑食品。绿豆性寒，中毒性肝炎患者忌食；脾胃虚弱者应少食或不食；服药期间不要吃绿豆食品。未煮烂的绿豆豆腥味重，食后易恶心、呕吐。

▲绿豆

▲绿豆粥

3. 豌豆

豌豆又称毕豆、寒豆等，起源于亚洲西部、地中海区和埃塞俄比亚等地，引入我国已有2000多年的历史，一般在春季和夏季上市。

品质特点与种类：豌豆种子的形状大多呈圆球形，还有椭圆形、扁圆形等。种皮有粉黄、白、绿、红、玫瑰等颜色。

烹饪应用：嫩豌豆大多整粒使用，用于制作菜肴，如豌豆菜花。老豌豆可以磨成粉制作糕点、粉丝、凉粉等，并且是提取淀粉的重要原料。

饮食宜忌：豌豆性平味甘，具有益中气、止泻痢、消痈肿的功效。多食豌豆会发生腹胀，慢性胰腺炎患者忌食；糖尿病患者慎食；消化不良者不宜大量食用。

▲豌豆

▲豌豆菜花

4. 蚕豆

蚕豆又称胡豆、佛豆、罗汉豆等，起源于西南亚和北非，我国以四川种植最多，一般在春季上市。

品质特点与种类：按照籽粒的大小不同，蚕豆有大粒、中粒和小粒三种。按照种皮颜色的不同，又可分为青皮蚕豆、白皮蚕豆、红皮蚕豆。蚕豆嫩时呈翠绿色，稍老时呈黄绿色，肉质软糯，鲜美微甜。

烹饪应用：在烹饪中，蚕豆可煮、炸、炒，可用于炒菜或做汤，可以制作粉丝、粉皮，可以加工成豆沙，还可作为发酵食品如酱油、豆酱等的原材料。代表菜品有油酥兰花豆、怪味蚕豆等。

饮食宜忌：蚕豆具有养胃、补中益气等功效。蚕豆不易消化，脾胃虚寒者不宜食用。蚕豆不宜生食，发生过蚕豆过敏者一定不要再吃。

▲蚕豆　　　　　　　　　　　　　　　　▲怪味蚕豆

5. 赤豆

赤豆又称红豆、小豆等，分布于我国南部、南美洲及非洲的刚果、乌干达等地，一般在夏季和秋季上市。

品质特点与种类：赤豆因皮呈赤红色而得名，种皮也有茶、绿、淡黄等颜色。豆粒呈椭圆形或长椭圆形，质地坚硬。粒大皮薄、红紫有光，豆脐上有白纹的赤豆品质最佳。

烹饪应用：赤豆多用于制作羹汤、粥品，如桂花红豆粥；煮烂脱皮后可加工成赤豆泥、豆沙、桂花红豆粥等，是制作糕点甜馅的主要原料；与面粉混合后可做各式糕点。

饮食宜忌：赤豆有清热解毒、通气利尿、健脾等功效。赤豆利尿，尿频者应少食。赤豆忌与羊肉同食。

▲赤豆　　　　　　　　　　　　　　　　▲桂花红豆粥

三、薯类

薯类又称薯类作物，是以收获富含淀粉或其他多糖类物质的膨大块根、块茎或球茎为目的的一类作物。

1. 甘薯

甘薯又称番薯、红薯、白薯、地瓜等，原产于南美洲，现我国各地均有栽培，一般在秋季上市。

品质特点与种类：甘薯肥大的块根可供食用，一般分为纺锤形、圆桶形、球形和块形。

甘薯皮色有白、黄、淡红、紫红等。肉色有白、黄、淡黄、橘红等。

烹饪应用：除直接煮、蒸、烤食外，还可与稻米混合，制作成甘薯粥；也可以在煮熟后捣制成泥，与米粉、面粉等混合，制成各种点心和小吃，如红薯饼、苕梨等；晒干磨成粉后，与小麦粉等混合，可做馒头、面条、饺子等；可作为甜菜用料或蒸类菜肴的垫底，如拔丝红薯、粉蒸牛肉等；可作为雕刻的原料；可提取淀粉制作红薯粉条、红薯粉等。

饮食宜忌：甘薯味道甜美，营养丰富，又易于消化，可供给大量热量。甘薯在胃中产生酸，所以十二指肠溃疡、胃溃疡、胃酸过多的患者不宜食用，平常人一次也不要多食。发芽的和烂的甘薯都会使人中毒，故不可食用。

▲甘薯

▲甘薯粥

2. 木薯

木薯又称树薯、木番薯，原产于热带美洲，我国主要产区在广东、广西等热带地区，一般在秋季上市。

品质特点与种类：木薯的块根呈圆锥形、圆柱形或纺锤形。表皮的色泽有紫红、乳白、淡黄等。肉质是薯块的主要部分，呈白色，含有丰富的淀粉。木薯分为甜种薯和苦种薯两个品种。

烹饪应用：木薯可直接煮、蒸、烤食用；煮熟捣泥，与米粉、面粉等混合，制成点心和小吃，如香兰木薯糕；还是提取优质淀粉的原料。

饮食宜忌：木薯具有消肿解毒的功效。木薯的各部位均含氰苷，有毒。因此，鲜木薯的肉质部分，须经水浸泡、干燥等去毒加工处理后才能食用。

▲木薯

▲香兰木薯糕

❓ 想一想

1. 请结合教材中的知识思考一下大米、面粉的食用价值和烹饪应用。

2. 请简述豆类粮食中大豆、绿豆、蚕豆的食用价值和烹饪应用。

任务三　粮食制品

一、粮食制品

粮食制品是以谷类、豆类、薯类等粮食为原料，经加工制成的烹饪原料。

二、粮食制品的种类

按照加工原料的不同，粮食制品可分为以下三类。

（1）谷制品：以面粉、稻米为原料加工而成的粮食制品，主要品种有挂面、面包渣、面筋、澄粉、糯米粉、凉粉等。

（2）豆制品：以各种豆类为原料加工而成的粮食制品，一般又可分为四类。

① 豆浆和豆浆制品（用未凝固的豆浆制成），如豆浆、豆腐衣、腐竹等。

② 豆脑制品，用点卤凝固后的豆脑制成，如豆花、豆腐脑、豆腐、豆干、百叶等。

③ 豆芽制品，即成熟的豆粒在合适的条件下发芽形成的芽菜，如黄豆芽、绿豆芽、黑豆芽等。

④ 其他豆制品，是指其他豆制品或用提取的大豆蛋白质人工制成的复制品等，如豆渣、人造肉、红豆沙、绿豆沙等。

（3）淀粉制品：以从粮食中加工提炼出的淀粉为原料，再经加工而成的制品，如粉丝、粉条、粉皮、凉粉、西米等。

三、粮食制品的共性

（1）粮食制品本身并没有特别显著的口味，适配性较强。

（2）粮食制品适于多种烹饪方法，如炸、炒、烧、煮、蒸、炖、煨等均可。

（3）粮食制品是制作素馔和仿荤菜肴的重要原料，如素鸡、素鸭、素火腿、素肉丝等。

（4）粮食制品是制作各种风味小吃的原料，如云南过桥米线、陕西凉皮、江浙一带的年糕等。

四、常用品种

1. 豆腐

豆腐是以大豆为原料，经浸泡、磨浆、滤浆、煮浆、点卤等工序，使豆浆中的蛋白质凝固后压制成形的产品。豆花是制作豆腐时的中间产物。

品质特点与种类：豆腐由于点制的方法不同，有南豆腐、北豆腐及内酯豆腐之分。南豆腐多用石膏（硫酸钙）点制，又称石膏豆腐、嫩豆腐，含水量达90%以上，质嫩色白；北豆腐又称盐卤豆腐、老豆腐，多用盐卤（氯化镁）点制，含水量85%左右，色泽白中略偏黄，质地比较粗老；内酯豆腐是用葡萄糖酸内酯作为凝固剂制成的，质地细腻有弹性，但略带酸味。

烹饪应用：适于各种烹饪方法，既可作为菜肴的主料、配料，也可作为面点馅心的用料，甚至可以做成豆腐宴。著名的菜品有白扒豆腐、文思豆腐、家常豆腐、麻婆豆腐、镜箱豆腐等。

饮食宜忌：豆腐是老人和孕妇的理想食品，也是儿童生长发育的重要食物。平时脾胃虚寒、经常腹泻、患有肾炎、肾功能不全者最好少吃，否则易引起血液中的非蛋白氮增高，使病情加重；糖尿病酮症酸中毒患者及痛风患者慎食。

▲豆腐　　　　　　　　　　▲豆花

2．豆腐干

豆腐干又称豆干、方干，是将豆腐用布包成小方块或盛入模具，压去大部分水分制成的半干性豆制品。

品质特点与种类：豆腐干是豆腐的再加工制品，咸香爽口，硬中带韧，久放不坏。豆腐干营养丰富，不仅含有大量蛋白质、脂肪、碳水化合物，还含有钙、磷、铁等多种人体所需的矿物质。豆腐干在制作过程中会添加食盐、茴香、花椒、大料、干姜等调料，既香又鲜，久吃不厌，被誉为"素火腿"。豆腐干的品种有白豆腐干、香干、臭干、茶干等。

烹饪应用：豆腐干既可作为主料烹制菜肴，也可切成丁、片、小块等作为菜肴的配菜。代表菜肴有大煮干丝、茶干拌药芹。

饮食宜忌：食用豆腐干可以去除血管壁上的胆固醇，补充钙质。豆腐干含钠较高，糖尿病、肥胖或其他慢性病（如肾脏病、高血脂）患者要慎食。老人、缺铁性贫血患者尤其要少食。臭豆腐发酵过程易被污染，且含有大量挥发性盐基氨及硫化氢，不宜多食。

▲白豆腐干　　　　　　▲香干　　　　　　▲臭干

3．油皮

油皮又称豆腐衣，是将大豆磨浆烧煮，再将蛋白质上浮凝结而成的薄皮挑出后干制而成的豆制品。

品质特点与种类：油皮色泽奶黄，薄而透明。油皮是豆制品的精华，含植物蛋白质比较丰富，属高蛋白、低脂肪、不含胆固醇的营养食品。油皮以干燥适度，薄而均匀，不破，色黄有光泽，柔软不黏，韧性较强者为佳。

烹饪应用：油皮适于炸、拌、烧等多种烹饪方法，如素烧鹅、凉拌油皮、炸春卷、拌云丝等。

饮食宜忌：油皮具有良好的健脑作用，油皮中所含有的磷脂、皂苷还能降低血液中胆固醇的含量，有防止高脂血症、动脉硬化的效果。肾炎、肾功能不全者最好少吃，否则会加重病情；糖尿病酮症酸中毒患者及痛风患者也应慎食。

▲油皮

▲素烧鹅

4．腐竹

腐竹和油皮都是将大豆磨浆烧煮，再将蛋白质上浮凝结而成的薄皮挑出后干制而成的豆制品。其中，腐竹是将湿片卷成杆状烘干而成的制品，又称支柱、甜竹。

品质特点与种类：腐竹是中国人很喜爱的一种传统食品，具有浓郁的豆香味，同时还有着其他豆制品所不具备的独特口感。腐竹色泽黄白、油光透亮，含有丰富的蛋白质及多种营养成分。

烹饪应用：腐竹在烹饪前应先用水浸泡后才可做菜，既可凉拌，也可作为菜肴的配料，如芹菜拌腐竹、干烧腐竹、豆筋烧肉等。

饮食宜忌：同油皮。

▲腐竹

▲芹菜拌腐竹

5．米粉

米粉是指大米经加工磨碎而成的粉末状原料，又指以大米为原料制成的细条食品。

品质特点与种类：根据米粉所用原料的不同可将其分为籼米粉、粳米粉、糯米粉。根据米粉加工方法的不同又可分为干磨粉、湿磨粉、水磨粉。

烹饪应用：米粉质地柔韧，富有弹性，水煮不糊汤，干炒不易断，可配以各种菜码或汤料进行汤煮或干炒。

饮食宜忌：米粉有补血益气、健脾养胃的功效，肠胃不适者宜少食。

6．米线

米线又称沙河粉、米团，是以大米为原料，经过多道加工程序制成的线状原料。

品质特点与种类：米线的质量以质地洁白、柔韧滑爽、煮后不黏条、不糊汤、断条少、无斑点、无异味者为佳。

烹饪应用：米线的食用方法很多，可以炒、煮、烩等，凉热皆宜。云南的过桥米线和小锅米线是我国著名的以米线为原料的食品。

饮食宜忌：一般人群均可食用，肠胃虚寒炎症者宜少食。

▲米线

▲过桥米线

7. 面筋

面筋是将小麦粉加水和成面团后，在水中揉洗，除去淀粉、麸皮等后得到的浅灰色、柔软而有弹性的胶状物。

品质特点与种类：刚洗出的面筋称为"生面筋"，它容易发酵变质，不耐储存，常进一步加工成不同的制品。按照加工方法不同可将面筋分为：①水面筋，将生面筋加工成块状或条状，用水煮熟，色泽灰白，有弹性；②素肠，将生面筋加工成条状，缠绕在筷子上，煮熟后抽掉筷子，成为管状的面筋，其质地和色泽与水面筋相同；③烤麸，将大块生面筋发酵后，蒸成饼状，质地多孔，呈海绵状，松软而有弹性；④油面筋，又称面筋泡、生根、生筋，将生面筋加工成小块后油炸而成，色泽金黄，中间多孔。

烹饪应用：面筋及其各种加工品口感柔韧，富有弹性。在烹饪中，面筋既可以单独食用，也可以与其他原料配合，最宜与鲜美的动物性原料合烹，适于炒、烩、烧、蒸、填馅、做汤等多种烹饪方法。

饮食宜忌：面筋补虚，无禁忌。

▲面筋

▲油面筋

8. 粉丝

粉丝又称粉条、线粉，是以豆类或薯类的淀粉作为原料，经多道工序，利用淀粉糊化和老化的原理，加工成丝或条状的制品。

品质特点与种类：粉丝中的多种维生素及钙、磷、铁等矿物质很多，因此它具有良好的食用价值。按照原料的不同，粉丝主要有豆粉丝、薯粉丝、混合粉丝。豆粉丝呈半透明状，弹性和韧性强；薯粉丝成品短粗，不透明，色泽暗；混合粉丝有韧性，色泽稍白。一般用绿豆制作的粉丝最好，著名的品种有山东的龙口粉丝等。

烹饪应用：粉丝广泛应用于烹饪中，可以作为菜肴主料、配料，适于拌、炒、烧、做汤，如水晶粉丝。

饮食宜忌：一般人群皆可食用，孕妇宜少食或不食。

▲粉丝

▲水晶粉丝

知识拓展

豆腐是怎么发明的

相传汉代淮南王刘安始创豆腐术。他曾招集大批方士改进了农民制豆腐的方法，采用石膏或盐卤作为凝结剂，洁白细嫩的豆腐就被制作出来了。两汉时，淮河流域的农民已开始使用石制水磨法。农民把米、豆用水浸泡后放入装有漏斗的水磨内，磨出糊糊摊在锅里做煎饼吃。煎饼加上自制的豆浆，是淮河两岸农家的日常食物。农民种豆、煮豆、磨豆、吃豆，积累了各种经验。后来，人们从豆浆久放变质凝结这一现象得到启发，终于用原始的自淀法创制了最早的豆腐。

❓ 想一想

1. 你熟悉的粮食类原料制品还有哪些？试举例并简述其制作过程。

2. 粮食制品的主要种类有哪些？豆腐、米线、粉丝等原料在烹饪中有哪些应用？

知识检测

一、名词解释

谷类　　豆类　　薯类

二、填空题

1. 豆腐是以大豆为原料，经浸泡、_____、_____、_____、_____等工序，使豆浆中的蛋白质凝固后压制成形的产品。

2. 面筋适于_____、_____、_____、_____、_____、_____等多种烹饪方法。

三、选择题

1. 在高粱的品种中，以（　　）壳高粱的质量最好。

A. 红　　　　　B. 黄　　　　　C. 白　　　　　D. 黑褐

2. 大米最主要的化学成分是（　　　）。

    A. 水分　　　　　　B. 糖类　　　　　　C. 脂肪　　　　　　D. 纤维

3. 豆油是由豆科植物（　　　）的种子加工而成的。

    A. 黑豆　　　　　　B. 绿豆　　　　　　C. 红豆　　　　　　D. 黄豆

4. （　　　）粒形短圆，色泽蜡白，透明或半透明。

    A. 糯米　　　　　　B. 粳米　　　　　　C. 香米　　　　　　D. 籼米

5. （　　　）白色不透明。

    A. 糯米　　　　　　B. 粳米　　　　　　C. 香米　　　　　　D. 籼米

6. 米质较疏松、硬度小，加工时易破碎、黏性小、吃水率高、涨性大、出饭率高的米是（　　　）。

    A. 糯米　　　　　　B. 粳米　　　　　　C. 香米　　　　　　D. 籼米

7. （　　　）具有味甘、性凉，清热解毒、利水消肿、消暑止渴的功效。

    A. 小米　　　　　　B. 赤豆　　　　　　C. 绿豆　　　　　　D. 大豆

8. 根据营养素构成的不同，属于高热量食品原料的品种是（　　　）。

    A. 小麦　　　　　　B. 生菜　　　　　　C. 萝卜　　　　　　D. 鸡蛋

9. （　　　）是种子储藏营养物质的主要场所。

    A. 谷皮　　　　　　B. 糊粉层　　　　　　C. 胚乳　　　　　　D. 胚

10. 我国的大米以（　　　）的产量为最多，四川、湖南、广东等省为主产区。

    A. 糯米　　　　　　B. 粳米　　　　　　C. 香米　　　　　　D. 籼米

11. 北豆腐用____作为凝固剂，南豆腐用____作为凝固剂，内酯豆腐用____作为凝固剂。（　　　）

    A. 卤水、石膏、糖精　　　　　　　　B. 石膏、卤水、葡萄糖

    C. 卤水、硫酸钙、葡萄糖酸内酯　　　D. 石膏、葡萄糖、葡萄糖酸内酯

12. 制作豆腐时须经过浸泡、（　　　）工序。

    A. 磨浆、煮浆、点卤、滤浆　　　　　B. 磨浆、煮浆、滤浆、点卤

    C. 磨浆、滤浆、煮浆、点卤　　　　　D. 磨浆、滤浆、点卤、煮浆

13. （　　　）的米线较有名。

    A. 山东　　　　　　B. 甘肃　　　　　　C. 云南　　　　　　D. 浙江

14. 粉丝又称粉条，一般以____制作的粉丝最好，以____的粉丝最有名。（　　　）

    A. 蚕豆、龙口　　B. 绿豆、龙口　　C. 赤豆、定远县　　D. 土豆、丰县

15. 下列属于豆制品的是（　　　）。

    A. 腐乳、酥皮　　B. 酥油、粉条　　C. 千张、油皮　　D. 粉丝、豆腐

16. 烤麸是将大块（　　　）经保温发酵后，放在盘中蒸制而成的。

    A. 豆腐　　　　　　B. 面粉　　　　　　C. 面筋　　　　　　D. 腐乳白坯

17. 谷类的糊粉层中含有的（　　　）较多。

A. 纤维素　　　　　B. 脂肪　　　　　　C. 水　　　　　　　D. 淀粉

18. 扁豆、豌豆、芸豆、蚕豆等一般都具有（　　　）等特点。

A. 有咬劲、口味清香　　　　　　　B. 松酥、口味清香

C. 坚实、口味清香　　　　　　　　D. 软糯、口味清香

19. 粒大皮薄、红紫有光，豆脐上（　　　）的赤豆品质最佳。

A. 有花纹　　　　B. 有白纹　　　　C. 无白纹　　　　D. 有黄纹

20. 绿豆的品种很多，以色（　　　）、粒大整齐的品质最好。

A. 淡绿、富有光泽　　　　　　　　B. 浓绿、无光泽

C. 浓绿、富有光泽　　　　　　　　D. 淡绿、无光泽

21. 下列选项不属于大豆类的是（　　　）。

A. 豌豆　　　　　B. 黄豆　　　　　C. 青豆　　　　　D. 黑豆

22. 大豆的原产地是（　　　）。

A. 中国　　　　　B. 印度　　　　　C. 希腊　　　　　D. 埃及

四、判断题

1. 南豆腐以色泽洁白，质地细腻，裂而不流脑，无味，无杂质者为佳。（　　　）

2. 粮食发生污染的途径有：①微生物的污染；②有害植物种子对粮食的污染；③仓储害虫的污染；④工业"三废"和农药对粮食的污染。（　　　）

3. 粒大皮薄、红紫有光，豆脐上无白纹的赤豆品质最佳。（　　　）

4. 大豆类原料的蛋白质营养价值较高。（　　　）

拓展练习

1. 谷类原料是人体（　　　）的重要来源。

A. 蛋白质　　　　B. 脂肪　　　　　C. 碳水化合物　　　D. 维生素

2. 动物类和豆类主要的功用是供给优良的（　　　），以弥补粮食蛋白质质量低的缺陷。

A. 维生素　　　　B. 矿物质　　　　C. 蛋白质　　　　D. 无机盐

3. 在烹饪过程中，利用旺火对蔬菜进行短时间的烹制加热，甚至烹入少量的食醋，其目的是防止（　　　）。

A. 蛋白质的氧化作用　　　　　　　B. 脂肪的氧化作用

C. 碳水化合物的氧化作用　　　　　D. 维生素的氧化作用

项目三 植物性原料——蔬菜类

菠菜　　　大白菜

任务目标

知识目标：

● 了解蔬菜的分类方法及烹饪特点；

● 掌握各类蔬菜及蔬菜制品典型品种的特点、烹饪应用及饮食宜忌；

● 掌握蔬菜及蔬菜制品的保管与鉴别方法。

能力目标：

● 能识别和合理应用常见蔬菜；

● 能鉴别常见蔬菜的品质；

● 能根据不同蔬菜品种的性质，采用相适应的烹饪方法。

任务一 蔬菜类原料基础知识

一、蔬菜的概念

蔬菜是主要用草本植物的可食部位来制作菜肴或面点馅心的一类原料，也包含少数木本植物及部分菌藻类（菌藻类另列，此处不做讲述）。

蔬菜含有多种化学成分，因产地和品种不同而有所差异。蔬菜最主要的化学成分有水、矿物质、维生素、碳水化合物、有机酸、挥发油、色素等。

二、蔬菜类原料的分类方法

我国因地域和气候因素，常食用的蔬菜有 200 多种，规模栽培的有 60 多种。烹饪专业常按食物食用部位及组织结构对蔬菜进行分类，可分为根菜类、茎菜类、叶菜类、花菜类、果菜类、芽苗类等。

（1）根菜类。根菜类蔬菜的主要食用部位是植物膨大的根部。根菜类蔬菜产量高且耐寒、耐储存，如萝卜、胡萝卜、芜菁等。

（2）茎菜类。茎菜类蔬菜的主要食用部位是嫩茎部分。茎菜类蔬菜品种繁多，有地上茎和地下茎两种类型，如芦笋、姜、洋葱、竹笋、荸荠、藕、茭白、马铃薯、大蒜等。

（3）叶菜类。叶菜类蔬菜的主要食用部位是蔬菜的叶片和叶柄。叶菜类蔬菜按照其结构特点可分为普通叶菜类、结球叶菜类和香辛叶菜类三种类型，如大白菜、小白菜、油菜、卷心菜、芹菜、芫荽、韭菜、葱、菠菜、生菜、苋菜等。

（4）花菜类。花菜类蔬菜的主要食用部位是植物的花部。花菜类蔬菜的品种不多，但有些品种具有很好的食用价值及良好的风味，如花椰菜、青菜花等。

（5）果菜类。果菜类蔬菜的主要食用部位是植物的果实或幼嫩的种子。果菜类蔬菜多数原产于热带，生长时需要较高的温度，包括茄类、荚类、瓜类蔬菜，如茄子、番茄、扁豆、四季豆、荷兰豆、菜豆、西葫芦、苦瓜、黄瓜等。

（6）芽苗类。芽苗类蔬菜的主要食用部位是植物的嫩芽，如香椿芽、豌豆苗、丝瓜尖、香椿苗、萝卜苗、绿豆芽等。

三、蔬菜类原料的烹饪应用

蔬菜类是常用的烹饪原料，在烹饪中使用非常广泛。

1. 菜肴制作中作为主料、辅料

大部分蔬菜可以作为主料制作菜肴，如拔丝山药、江干烧绣球萝卜、海米炒青菜、烧二冬、炒空心菜等。蔬菜作为辅料，可以和肉、鸡、鱼、鸭等动物性原料搭配制作菜肴，如芹菜炒肉丝、掐菜爆鸡丝、萝卜丝炖鲫鱼、笋干老鸭汤等。

2. 作为调味料

部分蔬菜具有调味作用，如葱、姜、蒜等，可除异味，增加风味。

3. 作为面点中的馅心原料

很多蔬菜可以在面点制作中作为馅心，如韭菜、白菜、荠菜、萝卜等，可以制作包子、锅贴、水饺、各种花色蒸饺等面点的馅心。

▲包子

▲锅贴

4. 作为食品雕刻、装饰原料

果蔬雕的原料是蔬菜，特别是瓜果类、根块类等，如白萝卜、胡萝卜、心里美萝卜、南瓜、黄瓜等，可以冷拼，也可以雕刻成花、鸟、虫、鱼等用于菜肴装饰点缀。

▲冷拼

▲雕刻

❓ 想一想

1. 哪些蔬菜是食品雕刻的重要原料？
2. 哪些蔬菜原料可以替代主食使用？

任务二　根菜类蔬菜

一、萝卜

萝卜又称莱菔，是十字花科，一年生或两年生的肉质根，原产于我国，四季均产。

品质特点与种类：萝卜品种较多，根据季节可分为冬萝卜、春萝卜、夏秋萝卜、四季萝卜等；肉质呈圆锥、圆球、长圆锥、扁圆等形，有白、青绿、红、紫等色。冬萝卜：9—12月收获，肉质根粗大、脆嫩、味甜、辣味轻、品质优良、产量高、耐寒性强、耐储存，为我国萝卜栽培面积最大、品种最多的一类。春萝卜：2—3月收获，肉质根中等偏小、肉质不紧实、纤维多。夏秋萝卜：7—8月收获，肉质根中等偏大、辣味重。四季萝卜：肉质根偏小、结实；尽管四季都可种植，但一般在早春上市。常见的品种还有红皮水萝卜、白萝卜、青萝卜、心里美萝卜等。萝卜一般以无病虫害、外形美观、外皮光滑、大小适中、组织细密、粗纤维少、不糠心、不黑心、新鲜脆嫩、多汁者为佳品。

烹饪应用：萝卜脆嫩，组织细密，易于刀工成形，有去腥膻异味的作用，在烹饪中既可以作为主、配料，也可以作为面点馅心，如洛阳牡丹燕菜、萝卜烧牛腩、萝卜丝鲫鱼汤等。萝卜适宜多种口味的调味，如糖醋、酸辣、咸鲜等，是食品雕刻的重要原料。

饮食宜忌：萝卜性凉味辛，有通气行气、健胃消食、止咳化痰、除燥生津等功效。阴盛偏寒体质、脾胃虚寒者不宜多食；不宜与胡萝卜同食；萝卜与人参相克，忌同食。

▲红皮水萝卜

▲白萝卜

▲青萝卜

▲心里美萝卜

二、胡萝卜

胡萝卜又称红萝卜、黄萝卜、丁香萝卜、金笋等，原产于地中海沿岸，我国以山东、河南、浙江、云南等省种植最多，四季均产，以秋末冬初上市的品质为最佳。

品质特点与种类：胡萝卜有圆锥形、圆柱形的，色呈紫色、橘红色、黄色或白色，肉质致密，有特殊的香甜味道。我国栽培最多的是红、黄两种胡萝卜。红色的胡萝卜含糖分较高、味甜；黄色的胡萝卜含胡萝卜素较多、甜味淡。胡萝卜以质脆嫩味甜、表皮光滑、形整、心柱小、肉厚、无裂口和病虫害者为佳品。

烹饪应用：胡萝卜生食、熟食均可，最适于炒、拌、烧、拔丝等烹饪方法，如凉拌胡萝卜丝，特别是用油脂加热炒制胡萝卜后，其营养成分更利于人体吸收；作为辅料与牛肉、羊肉共烧，具有去除膻味的作用，风味更佳。胡萝卜还可糖制、干制、腌制、汁制和罐藏，亦可作为食品雕刻、配色的原料。胡萝卜皮富含营养成分，不宜去皮食用，不宜切太碎或长时间浸泡在水中。

饮食宜忌：胡萝卜含有多种维生素和糖类，特别是胡萝卜素含量丰富，在民间有"小人参"之誉。胡萝卜性平味甘，有降压、强心等功效；胡萝卜有防癌作用，尤其对肺癌有一定的辅助预防作用。体弱气虚者不宜食用；不宜与白萝卜、人参、西洋参一起食用；吃胡萝卜时不宜饮酒。

▲胡萝卜

▲凉拌胡萝卜丝

三、芜菁

芜菁又称蔓菁、大头菜、圆根，两年生草本植物的肉质根，原产于我国及欧洲北部地区。芜菁是我国古老的蔬菜之一。我国华北、西北、云贵地区及江浙一带均有种植。

品质特点与种类：芜菁的肉质根柔嫩、致密，营养丰富，干物质含量高，尤其是糖分、淀粉含量高。芜菁依肉质根的皮色不同，可分为白皮、淡黄皮、紫红皮等品种类型。芜菁以体表光滑、个头大、体正、肉质坚实、无叉、无须根、不伤、不烂者为佳品。

烹饪应用：芜菁生食、熟食均可；可供炒食、煮食或腌渍，如饭腌芜菁。

饮食宜忌：芜菁性辛味甘、平，可下气消食、清热除湿、利尿解毒，老少皆宜，鲜食每次 50～80g 为宜，腌制品每次 10g 左右为宜。高血压、血管硬化患者应少食腌制品以限制盐的摄入。

▲芜菁

▲饭腌芜菁

四、凉薯

凉薯又称沙葛、豆薯、地瓜、萝沙果、地萝卜等，一年生或多年生缠绕性草质藤本植物，取其地下块根供食用，原产于热带美洲，现广泛分布于东半球热带地区，我国西南部各省常见栽培。

品质特点与种类：凉薯的块根有扁圆形和纺锤形两种，前者较小，质地细嫩，较早熟，产于贵州、四川、云南等地；后者较大，有的可重达10kg，较晚熟，产量较高，产于广西、广东等地。

烹饪应用：凉薯生食、熟食均可；可供炒食、煮食或腌渍，并能加工成沙葛粉，制作成葛粉丸子，有清凉去热的功效。

饮食宜忌：凉薯的块根肥大，肉洁白脆嫩多汁，富含糖分、蛋白质及丰富的维生素C。夏季伤暑、感冒发热、头痛、高血压、大便秘结者，以及饮酒过量、慢性酒精中毒者适宜食用。凉薯性质寒凉，体质偏寒、脾胃虚寒、大便溏薄者及糖尿病患者不宜食用；寒性痛经及女子月经期间也不宜食用；凉薯种子和叶中含鱼藤酮，对人畜有剧毒，忌食。

▲凉薯

▲葛粉丸子

？ 想一想

1. 根菜类蔬菜具备哪些优点？
2. 胡萝卜的品质特点有哪些？怎样鉴别其品质？
3. 怎样烹饪胡萝卜才最有营养？

任务三 茎菜类蔬菜

一、地上茎类蔬菜

1. 竹笋

竹笋又称笋，竹类的嫩茎。竹为多年生常绿禾木植物，原产于我国，主要分布在我国南方地区，以长江流域和珠江流域分布最多，作为蔬菜的食用部位是其嫩茎（芽）。

品质特点与种类：鲜竹笋细嫩、肉厚质脆、味清鲜、无异味，是优良的烹饪原料。按季节可将竹笋分为冬笋、春笋、鞭笋。冬笋为冬季竹在地下的嫩茎，色嫩黄、肉厚质脆、味清鲜，品质最佳；春笋为春季竹子破土而出的毛笋，色黄、质嫩味美，品质次于冬笋；鞭笋为夏秋间芽横向生长成的鞭的前端幼嫩部分，笋体瘦长、色白质脆、味鲜，品质次于冬笋。

烹饪应用：竹笋在烹饪中可应用焖、烩、炖、烧、蒸、煨等多种烹饪方法；可作为主料制作油焖冬笋、虾子烧冬笋、火腿蒸鞭笋、干烧冬笋、炝冬笋、干煸笋尖、冬笋焖肉等多种菜肴；山珍海味与普通原料，均可用竹笋作为辅料制作菜肴，是动物性原料的最佳配伍原料。

饮食宜忌：竹笋可消渴、利水、益气，常食有利于预防动脉硬化、高血压、高血脂、便秘、糖尿病等，并有抗癌作用。竹笋性寒味甘，具有清热消痰的功效。患严重消化道溃疡、上消化道出血、食道静脉曲张、尿路结石者不宜食用；脾胃虚寒、腹泻者也不宜食用。

▲冬笋

▲鞭笋

2. 莴苣

莴苣又称茎用莴苣，因其茎肥大如笋，故又称莴笋、青笋。约在 5 世纪传入我国，现我国各地均有栽培，亦有野生的品种，秋、冬、春季皆有产。

品质特点与种类：莴苣分为尖叶莴苣和圆叶莴苣。尖叶莴苣为披针形，前端尖、叶簇较小，茎似上细下粗的棒状；圆叶莴苣叶片呈长倒卵形，顶部稍圆，叶面多皱，叶簇大，茎粗大，中下部较粗，两端渐细，品质较好。莴苣一般以外形直、粗长、皮薄、肉质脆绿、水分多、不萎蔫、不空心、无泥土者为佳品。

烹饪应用：莴苣在烹饪中可加工成块、片、条、丝、丁等；适于生拌、炝、炒等烹饪方法；既可作为主料，又可作为多种菜肴的辅料。由于莴苣肉质呈淡绿色，所以在菜肴中还能起到改善色泽的作用。常见菜肴有拌莴笋丝、油炝莴笋、炒莴笋等。

饮食宜忌：莴苣含铁量较高，含有丰富的维生素 C，能预防和辅助治疗坏血病（维生素 C 缺乏症），含糖量较低，是贫血者的较佳食料。莴苣叶中含有一种味甘、微苦、乳状的汁液，具有镇静和安眠的功效。莴苣具有清热、凉血、利尿、通乳的功效，是理想的食疗佳品和瘦身美容食品。莴苣中的生化物对视神经有刺激作用，不宜多食。

▲莴苣

▲拌莴笋丝

3. 茭白

茭白又称茭笋、菰、菰笋等，多年生水生宿根草本植物。初夏或秋季抽生花茎，经菰黑粉菌侵入寄生后，因不能正常抽薹开花而刺激其细胞增生，形成肥大的嫩茎，即食用的茭白。

茭白原产于我国，主要分布在长江以南的水泽地区，特别是江浙一带较多，北方黄河中下游流域等地亦有少量出产，品质稍差，每年 6—10 月上市。

品质特点与种类：茭白外披绿色叶鞘，顶部尖、中下部粗，略呈纺锤形，去皮后长 10 ~ 30cm，粗的部分直径 4 ~ 6cm。茭白按其采集季节可分为秋季单季茭和夏秋双季茭两种，以嫩茎肥大、肉洁白者，不蔫、水分足，采摘时间短、鲜度高者为上品。

烹饪应用：茭白肉质爽口柔嫩、色泽洁白、纤维少、味清香，在烹饪中既可以制作冷菜，也可炒、油焖、拌、炝等；又因其无特殊口味，所以可以和鸡、鱼、肉等多种原料搭配制作菜肴，如虾子炝茭白、茭白炒肉片、干锅茭白等。

饮食宜忌：茭白性寒味甘，能解热毒、通利二便，具有一定的食疗功效和止痢、催乳的作用。患泌尿系统结石者不宜常食；平时脾胃虚寒、腹泻者忌食；茭白和蜂蜜忌同食。

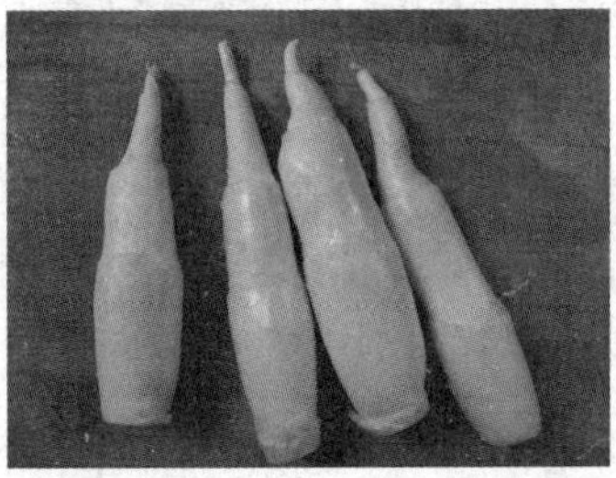
▲茭白

▲干锅茭白

二、地下茎类蔬菜

1. 马铃薯

马铃薯又称土豆、洋山药、洋芋、荷兰薯、山药蛋等，多年生草本植物，地下块茎可供食用，原产于南美洲，现我国各地均有栽培。马铃薯既可作为蔬菜，亦可作为粮食，被列为世界五大粮食作物（玉米、小麦、水稻、燕麦、土豆）之一，被一些国家称为“蔬菜之王”“第二面包”。马铃薯一般产于初夏，耐储存，全年均有供应。

品质特点与种类：马铃薯的地下块茎呈圆、卵、椭圆等形状，有芽眼，皮有红、黄、白或紫色。马铃薯以皮薄、体大、表面光滑，芽眼浅、无伤痕，肉质细密者为佳品。

烹饪应用：马铃薯在烹饪中应用广泛，适于丁、丝、条、片、块、泥等多种刀工成形；适于炸、炒、炖、烧、拔丝等烹饪方法，如拔丝土豆；还可与鸡、肉、鱼等搭配制作菜肴。如做成土豆泥，可塑造各种造型。

马铃薯含有多酚类的鞣酸，切制后在氧化酶的作用下会变成褐色，故切制后应放入水中浸泡并及时烹制，才能使原料色泽鲜亮。

▲马铃薯

▲拔丝土豆

饮食宜忌：除糖尿病、关节炎、脾胃虚寒、腹泻等患者忌食外，大部分人群均可食用。发芽及皮变绿的马铃薯含有对人体有害的龙葵素，所以不宜食用。

2. 山药

山药又称淮山药、怀山药、山菇。我国各地均有栽培，以河南沁阳、博爱、武陟、温县一带的山药品质最佳，产于秋季，耐储藏，现全年均有供应。

品质特点与种类：山药可分为普通山药（又称家山药）和甜薯（又称菜山药）两大类。普通山药在我国中部和北部栽培较多，块茎圆，较小。按形状，山药可分为扁形、块形、长柱形。山药以身干直且坚实、粗壮肥厚、肉质细白、粉性足、色洁白、没有腐烂及枯干无损伤者为佳品。

烹饪应用：山药肉质脆嫩，易折断、多黏液，烹饪中可做甜食、菜、汤等，如拔丝山药、蜜汁山药、红枣山药泥等。山药还是制作素菜的重要原料，可制成素排骨、素鱼等。

在去山药皮时不要让手背接触山药的黏液，否则皮肤会发痒。

饮食宜忌：山药对心血管、肝、肾等器官有一定的保健作用。山药性平味甘，能补中益气、滋养强壮，对身体虚弱、精神倦怠、糖尿病等有一定的疗效，是良好的滋补食物。山药有较强的收敛作用，故大便燥结者不宜食用。

▲山药

▲红枣山药泥

3. 芋头

芋头又称芋芳、毛芋头、香芋等，天南星科植物的地下球茎，我国各地均有栽培，以南方栽培较多。

品质特点与种类：芋头以外观肥大且呈圆形或椭圆形、节上有棕色鳞片毛、顶端切口处摸起来干且呈粉状、没有黏稠液体流出者品质较佳；以个大均匀，无伤疤和虫蛀，果形圆整的为上品。著名的品种有广西荔浦芋头、台湾槟榔芋头、浙江奉化芋头等。

烹饪应用：芋头成熟后质地细软糯滑，既可作为粮食又可作为蔬菜。在烹饪中，不仅可拔丝，也可单独食用，可制成香芋扣肉、蜜汁芋头、拔丝芋球、蒸芋头等。

▲芋头

▲香芋扣肉

饮食宜忌：芋头性凉味甘、辛，可消疬散结，利肠道，对便秘和消化道疾病有益。糖尿病患者忌食；一次食用忌过多。生芋头有毒，故不可生食。

4. 姜

姜又称生姜，多年生草本植物，地下茎为黄色，味辣，可供调味用，是"三大作料"（葱、姜、蒜）之一，也可入药，现我国各地均有栽培，其中陕西、安徽、山东为主产区，山东安丘、莱芜出产的大姜最为知名，一般每年8—11月收获。

品质特点与种类：北方品种姜球小、姜肉蜡黄、分枝多、辣味浓；南方品种姜球大、水分多、姜肉灰白、辣味淡；中部品种特点介于两者之间。在烹饪时一般把姜分为嫩姜和老姜两类。嫩姜又称芽姜、子姜、紫姜等，一般在8月收获，质地脆嫩、水分多、纤维少、辛辣味较轻。老姜多在11月收获，质地老、纤维多、有渣、味较辣。

姜以不烂、不萎蔫、无虫伤、无受冻受热现象、不带泥土和毛根者为上品。山东莱芜生姜，姜块黄、皮黄、姜肉质地细嫩、色泽鲜亮、纤维素含量少、姜丝细少、辣味较浓，是姜中佳品。湖北来凤姜，浙江的红爪姜、黄爪姜等也很有名，是常用的姜中佳品。

烹饪应用：姜是烹饪时重要的调味蔬菜，有很大一部分菜肴必须用姜来矫正味道。特别是老姜主要用于矫正味道，起去腥膻异味的作用，常切成片或拍松使用。姜在烹饪中可根据不同的菜品切成粒、丝、片、块等状使用。嫩姜亦可作为主要原料制作菜肴，如腌子姜、糖姜片、瓜姜鱼丝等菜肴。

饮食宜忌：姜含有挥发性的姜油酚、姜油酮等，有芳香辛辣味，无论生、熟均有辣味。姜性温味辛，有解表散寒、解毒等功效，还有健胃的作用。例如，食用蒸螃蟹时，一般和姜米醋汁同食。

腐烂的姜会产生毒性很强的黄樟素，它能使肝细胞变异。因此，腐烂的生姜切不可食用。

▲姜

▲腌子姜

5. 荸荠

荸荠又称南荠、马蹄、地栗等，多年生浅水性宿根草本植物，以球茎作为蔬菜食用，原产于印度和我国南部，现我国主产于江苏、安徽、浙江、广西、广东、福建等地的水泽地区，中原地区也有出产。每年冬季、春季上市。

品质特点与种类：荸荠球茎呈扁圆球状，表面光滑，老熟后呈深栗壳色或枣红色，有3～5圈环节，并有短鸟嘴状顶芽及侧芽。荸荠以皮色紫黑、个大清洁、薄皮肉厚、肉质洁白、细腻无渣、味甜多汁、清脆可口者为佳品，自古有"地下雪梨"之美誉，北方人视之为"江南人参"。

烹饪应用：荸荠在烹饪中，一般切成片、丁，亦可制成泥应用在某些菜品中，适于拌、拔丝、蜜汁等烹饪方法。荸荠既可作为配料，也可制作甜菜，如拔丝马蹄、荸荠糕、南荠肉片、狮子头等。荸荠有一个特性，就是成熟时也保持其脆性。做狮子头时可放荸荠，但荸荠不能拍，只能用刀切成小粒状。

饮食宜忌：荸荠含淀粉较多，富含维生素C。荸荠性寒味甘，能清热生津、消积化痰。荸荠生长在水和泥中，外皮易附着细菌和寄生虫卵等，不宜生食，食用时应清洁制熟。

▲荸荠　　　　　　　　　▲荸荠糕

6. 藕

藕又称莲菜、莲藕等，多年水生草本植物。4—10月生长，其前端数节入土后膨大而形成的根茎称为藕，主要产于池沼湖塘中，我国中、南部栽培较多。在秋季、冬季及初春均可采挖。

品质特点与种类：藕的含糖量高达20%，含淀粉较多，可制成藕粉。我国的食用藕大体可分为白花藕、红花藕、麻花藕。白花藕肥大，表皮呈白色，皮薄、细嫩光滑，其老藕呈黄白色，肉质脆嫩多汁，甜味浓郁，纤维少，品质较好，生食最佳；红花藕形瘦长，表皮呈褐黄色、粗糙，含淀粉多，水分少，藕丝较多，熟食质地绵，品质中等，适合煲汤；麻花藕呈粉红色，外表粗糙，含淀粉多，藕丝多，口感差，熟食为宜。藕以头小、身粗、皮白、第一节壮大、肉质脆嫩、水分多者为佳，藕身无伤、烂、变色，不断节、不干缩者为好。

烹饪应用：藕可用来制作甜菜，也可以生食，亦可作为配料，如琉璃藕、桂花糯米藕、烧莲棒、炸酿藕盒、炝莲菜等。另外，鲜荷花和荷叶尖可制作香炸荷花、香炸荷叶尖；鲜荷叶可制作荷叶鸡、荷叶蒸肉等；鲜莲子可用来制作冰糖鲜莲子羹等各具特色的菜肴。煮藕不宜用铁器，以免食物发黑。

饮食宜忌：藕性寒味甘，有止血、凉血、消瘀清热、解渴醒酒、健胃的功效，藕节还有止血作用。脾胃虚寒者不宜生食。

▲藕　　　　　　　　　▲桂花糯米藕

7. 大蒜

大蒜又称蒜、蒜头、胡蒜等，原产于亚洲西部高原，我国主产地是河南、山东、江苏等省。我国有名的大蒜产区很多，如山东济宁金乡县，河南郑州中牟县、开封杞县、周口沈丘县，河北邯郸永年县，江苏徐州丰县等，一般在夏季和秋季收获。

品质特点与种类：大蒜的种类较多，按照外皮颜色可分为紫皮蒜和白皮蒜两种类型。紫皮蒜的外皮呈紫色、蒜瓣少而大、辣味浓、蒜薹肥大、产量高，但耐寒性较差，多在早春栽培，又称春蒜。白皮蒜的外皮呈红色、辣味淡、抽薹力弱、蒜薹产量低、耐寒性强，多在秋季栽培，又称秋蒜。蒜薹以无粗老纤维、脆嫩、条长、薹顶不开花、不烂、不蔫、基部嫩者为好，是春末夏初的佳蔬。

烹饪应用：大蒜的花茎称为蒜薹，其色绿、味美、脆嫩，可制作蒜薹炒肉丝、鱼香肉丝等菜肴。大蒜的幼苗又称青蒜，其味清香而鲜，可作为配料切成末撒入某些热菜、汤菜中。大蒜还是重要的调味原料，如蒜烧鳝鱼、蒜香鸡块、蒜蓉青菜等。

饮食宜忌：大蒜有较强的杀菌、降血压和抗癌作用，性温味辛，有杀虫、解毒等作用。大蒜含有挥发油，消化管溃疡患者不宜多食，上火者不宜食用。

▲紫皮蒜

▲白皮蒜

8. 洋葱

洋葱又称葱头、圆葱等，原产于亚洲西部，现我国各地已广泛栽培。洋葱耐储运，适于蔬菜淡季供应，夏季和秋季收获。

品质特点与种类：常见的洋葱按照外皮颜色可分为白皮、黄皮和紫皮三个品种。白皮洋葱的外皮及鳞片肉质为白色，扁圆球形，肉质柔嫩、细致。黄皮洋葱的外皮为铜黄或淡黄色，鳞片肉质为微黄色，扁圆球形或高桩圆球形，含水分少、肉质致密、味甜而辛辣、较耐储存，品质最好。紫皮洋葱的外皮色紫红或粉红，鳞片肉质为微红色，呈圆球形或扁圆球形，含水分大、肉质粗、产量高、较耐储存。洋葱以外表干燥、抱合紧密、无损伤、有光泽、鳞片肥厚、大小均匀、味辛辣而甜者为上乘。

烹饪应用：洋葱是西餐中的重要烹饪原料，饮食行业中制作铁板菜肴常用洋葱垫底爆香，适于炒、煎、爆等烹饪方法；亦可生食，还可加工成花形，用于菜肴的装饰和点缀美化。

▲白皮洋葱

▲黄皮洋葱

▲紫皮洋葱

饮食宜忌：洋葱营养成分丰富，不仅富含钾、维生素C、锌、叶酸、硒及纤维质等营养素，还含有两种特殊的营养物质——槲皮素和前列腺素A，从而具有防病、增进食欲、杀菌、防止动脉硬化、降血压的作用，特别适宜高血压、高血脂、动脉硬化等心血管疾病、糖尿病、癌症、急慢性肠炎、痢疾患者及消化不良者。患有眼疾、眼部充血者，以及胃病和肺发炎者要少食。一次不可过量食用。

❓ 想一想

1. 怎样区别茭白和竹笋的品质和外观？
2. 鲜竹笋含有较多的草酸，在食用时要经过哪些处理？
3. 马铃薯在去皮加工后为什么要马上用清水浸泡？

任务四　叶菜类蔬菜

一、普通叶菜类蔬菜

1. 小白菜

小白菜又称青菜，一年生或两年生草本植物，原产于我国，各地均有栽培，且十分广泛，常在春秋两季上市，一年四季皆有销售。

品质特点与种类：小白菜品种多，叶片呈勺形、圆形、卵形或长椭圆形等，呈浅绿或深绿色。它生长期较短、适应性强、质地脆嫩。小白菜以全株叶完整、坚挺而不枯萎、叶色鲜绿、叶片叶柄肥厚、无腐烂变质者为佳品。

烹饪应用：小白菜可煮食、炒食或凉拌，亦可做成菜汤、面点馅心及作为汤粥配料，如海米青菜、蒜蓉小白菜、翡翠蹄筋等菜肴。烹制时间不宜过长，以免营养损失。

饮食宜忌：小白菜含有较多的无机盐和维生素，还含有较多的粗纤维，可抑制人体对致癌物质亚硝胺的吸收与合成。脾胃虚寒、大便溏薄者不宜多食和生食。

▲小白菜

▲翡翠蹄筋

2. 油菜

油菜又称油白菜、苦菜，一年生或两年生草本植物，原产于我国，各地均有栽培，但以长江流域及江南各地为最多。

品质特点与种类：油菜质地脆嫩、色泽翠绿。油菜籽可榨油，即菜籽油。油菜按其叶柄颜色可分为青帮油菜、白帮油菜。

烹饪应用：油菜在烹饪中可作为主料制作菜肴，如金钩海米扒油菜、鸡茸烧油菜、香菇扒油菜等；还可以作为辅料，如在面点中做馅，在汤、羹等菜肴中应用广泛。油菜宜旺火速成，缩短烹饪时间。

饮食宜忌：油菜富含人体所需的多种维生素（维生素 A、维生素 C）、植物纤维素及矿物质钙、铁等成分，一般人均可食用。怀孕早期妇女、小儿麻疹后期、患疥疮或狐臭者不可多食。制熟的油菜过夜后不宜食用，以免造成亚硝酸盐沉积，引发癌症。

▲油菜

▲香菇扒油菜

3. 乌塌菜

乌塌菜又称黑菜、塌棵菜、瓢儿菜等，原产于我国，主产于南方各地，一般在春节前后收获。

品质特点与种类：乌塌菜品种很多，较为常见的有黑叶油塌菜、黄心乌塌菜等，按其株型分为塌地与半塌地两种类型。塌地型植株塌地，与地面紧贴，代表品种有常州乌塌菜，上海小八叶、中八叶、大八叶、油塌菜等。半塌地型植株不完全塌地，代表品种有南京瓢儿菜、黑心乌，成都乌脚白菜等。乌塌菜以叶色深绿、呈卵圆形、外形整洁、质嫩清香者为佳品。

烹饪应用：乌塌菜一般切成片状，适于烧、煮、焖、炖、熬等烹饪方法，亦可做汤，为冬日家常菜。乌塌菜烹饪时宜长时间加热，调味忌用酱油。

饮食宜忌：乌塌菜性平味甘，可润肠、养胃、利五脏，并富含维生素，对人体消化吸收有利；隔夜的熟制品不宜食用。

▲乌塌菜

▲黄心乌塌菜

4. 蕹菜

蕹菜又称空心菜、竹节菜等，原产于我国南部，近年来北方已开始引进栽种。蕹菜性喜温暖湿润、耐炎热，为夏、秋高温季节的蔬菜。

品质特点与种类：蕹菜茎蔓生，中空，叶长呈心脏形，叶柄长，色绿，其嫩梢可供食用。蕹菜有旱蕹、水蕹之分。蕹菜以茎叶比较完整、新鲜而细嫩、不长须根者为佳品。

烹饪应用：蕹菜宜炒食、凉拌、制汤，一般烹饪时加蒜会更出味，可制作清炒蕹菜梗、姜汁蕹菜、腐乳炒蕹菜、蒜蓉炒蕹菜等菜肴。因其色翠绿，也可作为菜肴的配色料。蕹菜容易失水而发软、枯萎，炒菜前将它在清水中浸泡约半个小时后，即可恢复碧绿、鲜嫩的质感。

饮食宜忌：蕹菜营养价值高，维生素 A、维生素 C、钙、铁、粗纤维等含量较高。蕹性寒味甘，有清热、凉血、止血、利尿之功效，适宜于便血、血尿和鼻衄患者食用。蕹菜性寒滑利，故体质虚弱、脾胃虚寒、大便溏薄者不宜多食。

▲蕹菜

▲清炒蕹菜梗

5. 菠菜

菠菜又称菠棱、赤根菜、鹦鹉菜、波斯菜等，一年生草本植物，原产于伊朗，汉、唐朝时期传入我国，现已普遍栽培。我国北方以秋季栽培和冬播春收为主，南方则春、秋、冬季均可栽培。

品质特点与种类：菠菜主根粗长，赤色，带甜味。叶呈椭圆形或箭形，颜色为浓绿色，叶柄长而质嫩；含水分较多，富含叶绿素，是常用的叶绿素提取原料。菠菜以叶片宽大、根部有红头、不带根须、干净、无虫眼、无黄叶、叶色深绿且带有自然光泽、茎干长短适中、无开花现象者为佳品。

烹饪应用：菠菜软嫩翠绿，在烹饪中应用广泛，适于炒、汆、拌、烫等烹饪方法，可作为主料制作菜肴，如蒜蓉菠菜、凉拌菠菜等；或用于垫底或围边，如菠菜松；因其色泽翠绿，在菜肴中可作为辅料起点缀菜肴的作用。菠菜不要加热过度，以防其不鲜艳或色泽不佳。

饮食宜忌：菠菜性凉味甘，有养血止血、调燥的功效。菠菜含有较多的草酸，因此吃菠菜前要先焯水处理，吃时应尽可能多地搭配一些碱性食物，以促使草酸钙的排出，防止结石。菠菜不能和抗凝血药同食。婴幼儿和缺钙、软骨病、肺结核、肾结石、腹泻者不宜食用生菠菜。

▲菠菜

▲蒜蓉菠菜

6. 苋菜

苋菜又称米苋、葵菜，一年生草本植物，谚语有"六月苋赛鸡蛋，七月苋金不换"，可见苋菜的营养价值很高。苋菜耐热，我国北方产于夏季，南方春、夏、秋季皆有产。

品质特点与种类：苋菜有人工栽培的，也有野生的，按颜色可分为绿苋菜和紫苋菜。苋菜叶为卵圆形或菱形，嫩茎叶供食，以肥嫩者为佳品。苋菜中含有丰富的维生素A、维生素C、钙、铁。

烹饪应用：烹饪中可素炒、凉拌、制汤，要旺火速成。可制作鸡米炒苋菜、蒜蓉苋菜、苋菜粥等。清炒时宜加蒜末。因苋菜草酸含量高，所以食用前应做焯水处理。

饮食宜忌：苋菜性凉味甘，有清热解毒的功效。苋菜的叶中含甜菜碱、赖氨酸，对促进青少年和幼儿生长有明显作用，也是贫血和骨折患者的优良菜肴。一次不宜食用过多，否则易引起皮炎；肠胃不适、消化不良者宜不食或少食；不可与甲鱼同食。

▲绿苋菜　　　　　　　　　　　▲紫苋菜

7. 生菜

生菜又称叶用莴苣，原产于地中海沿岸，现我国各地均有栽培，以南方种植较多，一般四季均可生长。

品质特点与种类：生菜可分为结球生菜、散叶生菜和皱叶生菜三种类型。生菜植株矮小，叶为扁圆形、卵圆形或狭长形。生菜以不带老帮，茎色带白，无黄叶、烂叶，不抽薹，无病虫害，不带根和泥土者为佳品。不新鲜的生菜会因为空气氧化的作用而变得像生了锈斑一样，不能食用。

烹饪应用：在烹饪中生菜应用很广，可直接蘸酱生食，亦可炒食、沸水焯后拌食，如蚝油生菜、生菜沙拉、拌生菜等。

饮食宜忌：生菜的含水量很高，营养非常丰富，富含 B 族维生素和维生素 C、维生素 E 等，还含膳食纤维及多种矿物质。生菜性寒味苦，可治热毒、疮肿、口渴。生菜可以促进胃肠道的血液循环，对于脂肪、蛋白质等大分子物质，有帮助消化的作用。另外，生菜对于胆汁的形成也有促进作用，并且可以为血液消毒。生菜还含有干扰素诱生剂，具有抑制人体细胞癌变和抗病毒感染的作用。生菜是难得的保健和养生原料，但性寒，尿频、胃寒的人应少食。

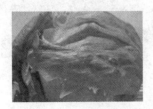 

▲结球生菜　　　　　　　　　　▲皱叶生菜

8. 木耳菜

木耳菜又称落葵、紫角叶、胭脂菜等。因咀嚼时如吃木耳一般清脆爽口，故名木耳菜，原产于亚洲热带，在非洲、美洲也有分布，现我国各地普遍栽培，在南方热带地区可多年生栽培，在北方多采用一年生栽培。木耳菜为夏令佳蔬。

品质特点与种类：木耳菜以幼苗、嫩梢或嫩叶供食。木耳菜主茎含黏液，通体鲜嫩滑润，清香香糯,肉质光滑。菜叶色翠绿、茎紫红,单叶互生,近圆形和长卵形,前端钝或微凹。根据花的颜色,木耳菜可分为红花落葵、白花落葵、黑花落葵。作为蔬菜用栽培的主要为前两种。木耳菜以淡绿色圆叶品种为佳品。

▲木耳菜

烹饪应用:木耳菜可做汤菜、爆炒、烫食、凉拌等,如鸡茸豆腐落葵粥、蒜蓉清炒木耳菜、蒜泥拌木耳菜等。

饮食宜忌:木耳菜性寒味甘、酸,可清热润肠,凉血解毒,有利五脏。其味清香、清脆爽口,营养价值高,老少皆宜。肠胃不适者不宜食用。

9. 马齿苋

马齿苋又称蚂蚱菜、瓜子苋、马踏菜、马生菜等。马齿苋生于原野,在我国分布甚广,现已有人工栽培,四季均产。

品质特点与种类:马齿苋有野生和人工栽培之分。野生马齿苋多产在春季和夏季,采摘其嫩茎叶食用。马齿苋茎为紫色,叶为绿色,呈倒卵形匙状,以棵小、质嫩、叶多、青绿色者为佳品。

烹饪应用:马齿苋在烹饪中焯水后可凉拌,还可和面粉或玉米面混合熬粥、制汤、做饼或蒸食,如凉拌马齿苋、蒜蓉马齿苋等。干马齿苋泡发后可制作面点馅心。马齿苋原为民间菜,现已进入餐饮业,是深受人们喜爱的野味佳蔬。

饮食宜忌:马齿苋性寒味酸,可清热解毒、散血消肿,还可辅助治疗痢疾,有凉血、利湿的功效。孕妇忌食,脾胃虚寒者不宜多食。

▲马齿苋

▲凉拌马齿苋

10. 荠菜

荠菜又称净肠草、血压草、清明草、护生草、细细菜等。荠菜原为野菜,现我国各地均有栽培,主要长于荒野土地。荠菜一直被视为春季野菜佳品。

品质特点与种类:荠菜的栽培品种有板叶荠菜、散叶荠菜,以颜色深绿、根粗、须长、不开花者为佳品。

烹饪应用:在我国,食用荠菜的习惯始于古代。荠菜的吃法很多,宜拌、炒和制汤、制作馅心等。民间食用的方法更多,如荠菜丸子、蒜香荠菜、荠菜蛤蜊鲜汤、荠菜鲜饺子等。

饮食宜忌:荠菜性平味甘,具有和脾、利水、止血、明目的功效,对原发性高血压、胃溃疡、肾炎、水肿等症有辅助治疗作用。阴虚火旺、痤疮、热感冒者及身体虚弱者不宜食用。

▲荠菜

▲荠菜丸子

二、结球类蔬菜

1. 大白菜

大白菜又称结球白菜、黄芽菜、包心白、京白菜、绍菜等，一年生或两年生草本植物，原产于我国。早在1000多年前，白菜就是我国人民一种常食的蔬菜。我国华北地区是大白菜的主要产区，一般从每年9月以后上市。

品质特点与种类：大白菜的茎扁阔而颜色雪白，叶片薄而大、长圆或椭圆形、浓绿或浅绿色、面上有许多细白茎，心叶绿白或浅黄色。大白菜的品种很多，按其外形大体可归纳为三个基本形状：卵圆形、平头形和直筒形。大白菜可分为早熟、中熟和晚熟三个品种，即所谓的白口菜、青白口菜和大青口菜。

烹饪应用：大白菜在烹饪中应用广泛，适于拌、炝、炒、熘、扒、烧、炖、蒸等多种烹饪方法、多种口味，也是制作面点馅心和腌制咸菜的重要原料，如奶汤白菜、干贝白菜、炒冬菇白菜、白菜猪肉水饺等。

饮食宜忌：大白菜性平味甘，有养胃消食、清热解渴之功效，营养价值高。腹泻者不宜食用。腐烂的白菜会产生毒素，忌食。

▲大白菜

▲奶汤白菜

2. 卷心菜

卷心菜又称结球甘蓝、包菜、包心菜、圆白菜、洋白菜等，原产于地中海地区，现我国各地均有栽培，是我国东北、西北、华北等地区春、夏、秋季的主要蔬菜之一。

品质特点与种类：卷心菜叶片厚、卵圆形、叶柄短，叶心包合成球。按叶球形状的不同，可将卷心菜分为尖头形、圆头形、平头形。按其叶片的颜色可将卷心菜分为两类：一种叶片呈绿白色，产量最大；另一种叶片呈紫色，称为紫卷心菜、紫甘蓝等，近年来我国各地均有栽培。卷心菜以无机械损伤、病虫害，无烂叶、黄叶、枯叶、大根和泥土，鲜嫩清洁，叶球包得紧实者为佳品。

烹饪应用：卷心菜适于拌、炝、炒及制汤等，还可利用其叶片大的特点卷上馅，制作成菜卷。紫色的卷心菜，还可利用其天然紫色，对菜肴进行点缀，如油激包菜、酸辣包菜、洋白菜焖肉片、沙拉五彩时蔬等。

饮食宜忌：一般人群均可食用。卷心菜富含"溃疡愈合因子"维生素 U，对消化管溃疡有一定的止痛愈合和保护作用。皮肤瘙痒性疾病、眼部充血患者忌食。包心菜的粗纤维含量高，且质硬，故脾胃虚寒、泄泻及小儿脾弱者不宜多食。

▲ 卷心菜

▲ 紫卷心菜

三、香辛类蔬菜

1. 芹菜

芹菜又称旱芹、药芹、香芹等，原产于地中海沿岸的沼泽地带，现世界各国已普遍栽培。我国芹菜栽培始于汉代，至今已有 2000 多年的历史，四季均产，以秋、冬季较多。

品质特点与种类：中国栽培的品种主要是"本芹"，即中国芹菜，叶柄较细长，有白芹、青芹，品种很多。近些年从国外引入，已广泛栽培并深受人们喜爱的"西芹"，叶柄宽厚，单株叶片数多，可达 1kg 以上。芹菜以大小整齐、不带老梗和黄叶、叶柄无锈斑、颜色鲜绿或洁白、叶柄充实肥嫩者为佳品。

烹饪应用：芹菜可用于热、凉菜的制作，适于炒、拌、焓等烹饪方法，作为主、配料均可，还可以制作成面点馅心，如芹菜炒肉丝、焓芹黄、芹菜肉馅饺子等。芹菜不可加热过度，否则会失去脆嫩感及翠绿色。芹菜的心即芹黄，色鹅黄，香鲜肥嫩，是席上的珍品。

饮食宜忌：芹菜的钙、磷含量较高，所以它有一定的镇定和保护血管的功效，又可增强骨骼、预防小儿软骨病，对缺铁性贫血、肝病、原发性高血压有显著疗效。因芹菜具有降血压、降血脂的作用，故血压偏低者慎食。

▲ 芹菜

▲ 芹菜炒肉丝

2. 洋芫荽

洋芫荽又称法国香菜、荷兰芹、欧芹，一、二年生草本植物，原产于地中海沿岸，我国近年才较多栽培，一般在 1—5 月收获，由于栽培技术的发展和普及，洋芫荽的上市季节没有明显界限。

品质特点与种类：洋芫荽为羽状复叶，叶面卷曲，呈鸡冠状，叶缘有深锯齿，叶色浓绿，叶味辛香且软嫩，风味独特。洋芫荽以植株完整、气味清新、新鲜、无黄叶者为佳品。

烹饪应用：洋芫荽是西餐中不可缺少的香辛调味菜，现在中餐中的应用亦越来越多，一般作为菜品的装饰，可生食或做汤，如海蛤浸荷兰芹；也可蒸食，如作为沙拉配菜，水果和果菜沙拉的装饰及调香。

饮食宜忌：洋芫荽由于香辣味浓，有除口臭作用，如食用葱蒜后，咀嚼一点洋芫荽叶，可消除口腔异味。洋芫荽含有多种芳香物质，并且有一定的药用价值。在西方国家，医学界把洋芫荽推荐用于治疗膀胱炎和前列腺炎的蔬菜膳食谱中，或与利尿草药混合使用。

▲洋芫荽

▲海蛤浸荷兰芹

3. 芫荽

芫荽因有特殊香味故又称香菜、胡荽、香荽，原产于地中海沿岸，现我国以华北栽培最多。虽四季均产，但其性忌炎热、喜冷凉，故秋、冬季种植较多。

品质特点与种类：芫荽的品种、形状与常见的芹菜有些相似，但芫荽径直立中空、有分枝、色泽浓绿、叶很小且茎细。芫荽质地脆嫩，产销数量虽不大，但由于其具有浓郁香味，可作为调味蔬菜使用。芫荽以植株完整，气味清新，无黄叶、无残破叶、无腐烂叶者为佳品。春季香味更浓。

烹饪应用：我国北方食用芫荽非常普遍，尤其是制作动物性汤羹类菜肴，更是不可缺少。芫荽在烹饪中可凉拌，也可在热菜中切末撒在成熟的菜肴上，以增加菜肴的特殊香味，如香菜白肉卷、涮羊肉、酸辣肚丝汤、羊肉汤等。芫荽是芫爆菜肴的主要原料，如芫爆里脊、芫爆鸡丝等。一般在菜肴成熟时加入，过早加入会失去脆嫩感和翠绿色。芫荽的叶子和种子中含有挥发性的芫荽油，具有去腥增香的作用，可用于调味。

饮食宜忌：芫荽因含有挥发油等，故具有浓郁的特殊芳香气味，具有增进食欲，调节肠胃蠕动，促进消化吸收的功效。阴虚、皮肤瘙痒、口臭、狐臭、脚气、严重龋齿、胃肠溃疡患者及生疮者忌食。

▲芫荽

▲香菜白肉卷

4. 茴香

茴香又称茴香菜、香丝菜、菜茴香等，伞形科多年生草本植物，原产于中亚及地中海沿岸，通过丝绸之路引入我国。现我国各地普遍栽培，但北方栽培较普遍，一般可常年收获，四季均有供应。

品质特点与种类：茴香有大茴香、小茴香和球茎茴香三种。茴香苗是茴香的嫩茎及叶。茴香苗茎叶小、叶颜色浓绿呈羽状分裂，以颜色鲜绿、叶子有弹性者为佳品。

烹饪应用：烹饪中茴香苗多用于制作面点馅心，可同其他原料炒食，也可作为冷盘的点缀原料，如豆腐丝拌茴香苗、茴香苗拌杏仁、生拌茴香、小米椒爆茴香苗、茴香猪肉饺子等，也可制作西式汤羹和煎饼等风味小吃。

饮食宜忌：茴香苗叶含有挥发油，故具有浓郁的芳香气味，并且含有较多的维生素 A 和无机盐，是补充维生素 A 的主要食物。多数人群可食用茴香，尤其适宜痉挛疼痛、白细胞减少症患者。阴虚火旺者不宜食用，多食会伤目、长疮。

▲茴香苗

▲茴香苗拌杏仁

5. 葱

葱又称大葱、汉葱、直葱等，百合科多年生草本植物，两年生栽培。葱主要产于我国淮河、秦岭以北和黄河中下游地区，可以四季常长，终年不断，但主要以冬、春两季为多。

品质特点与种类：葱分龙爪葱（大葱的变种）、分葱、香葱和韭葱等品种。分葱和香葱主要产于我国南方。我国著名的大葱品种有山东的章丘大葱、鸡腿葱等。章丘大葱白、长且粗，纤维少，肥大脆嫩多汁，辣味淡，稍有清甜之味，称为"大梧桐"。鸡腿葱形似鸡腿，茎洁白粗厚，品质致密柔嫩，味道辣香浓郁，葱白短。

冬季储存葱应根朝下叶朝上，不能沾水，沾水后叶易腐烂，保藏时应绑成捆，晒干外皮和根。冬天如果葱受冻，不要乱动或碰撞，待其自然化冻后便能恢复原样。

烹饪应用：葱在烹饪中应用广泛，大部分菜肴都需用到，以起到去腥解腻、增香、除异味、调和多种口味等作用，如大葱烧海参、葱烧鲫鱼、大葱爆羊肉等。葱可切成段、丝、末、马蹄葱、灯笼葱等，不同刀工的成形效果也是多种多样的。

饮食宜忌：葱性温味辛，有杀菌和促进食欲的作用，有通阳发表、祛风发汗、解毒消肿之功效，烧制鱼、肉时宜作为调味品调味。狐臭及表虚多汗、眼疾、肠胃疾病尤其是溃疡病患者忌食。

▲葱

▲香葱

6. 韭菜

韭菜又称起阳韭菜，多年生宿根草本植物，因其分蘖力强，一种而久，故称韭菜，原产于亚洲东部，现我国各地已普遍栽培。由于种植技术的普及和推广，韭菜四季均产，但以春、秋季为佳（因韭菜喜凉冷气候），春韭味道最好、品质最优。冬季的韭黄品质也较好。

品质特点与种类：韭菜一般按食用部分的不同，可分为叶用韭菜、花用韭菜和叶花兼用韭菜。叶用韭菜的叶片较宽而且柔软，抽薹较少，以食用韭叶为主。叶用韭菜又可分为宽叶韭菜和细叶韭菜两种：宽叶韭菜的叶宽而柔软、颜色淡绿、纤维较少，但韭菜香味不及细叶韭菜。宽叶韭菜性耐寒，在我国北方栽培较多，种植面积较广。细叶韭菜叶片狭小而长、色泽深绿、纤维较多、香味浓厚、耐热性强，在我国南方栽培较多。

韭菜含维生素较丰富，还含有矿物质，其所含挥发油和硫化物等成分是韭菜香气的来源，具有兴奋和杀菌的功能。韭菜以植株粗壮肥嫩、叶肉肥厚、不带烂叶及黄叶、中心不抽花心者为佳品。

烹饪应用：韭菜有特殊的鲜美滋味，适于炒、拌等烹饪方法，是很多面点馅心的上乘原料，如韭菜炒腰花、韭菜炒鸡蛋、韭菜煎饼、韭菜馅饺子等。夏季韭菜抽出的嫩茎又名韭菜薹，可以炒食或制作面点馅心，韭菜花经腌制后成为火锅的调料之一。

饮食宜忌：韭菜性温味甘、辛，有温肾助阳、健胃提神、止汗固涩的功效。韭菜的粗纤维较多，并且较坚韧，能增强胃肠的蠕动，但不容易被消化，有消化道疾病的患者不宜食用。

▲韭菜

▲韭菜炒腰花

7. 茼蒿

茼蒿又称同蒿、蓬蒿、春菊等，因有异味微有蒿气故名茼蒿，菊属一、二年生草本植物，原产于地中海，现我国各地已普遍栽培。茼蒿性喜冷凉，冬、春季上市。

品质特点与种类：茼蒿幼苗及嫩茎和叶可供食用。茼蒿通常有尖叶和圆叶两种类型。尖叶茼蒿叶片小，缺刻深，吃口粳性，但香味浓；圆叶茼蒿叶片宽大，缺刻浅，吃口软糯。茼蒿以颜色水嫩、深绿色，茎短且粗细适中，没有抽薹、花蕾者为佳品。

烹饪应用：茼蒿在烹饪中多作为主料使用，适于多种烹饪方法，如蒜泥拌茼蒿、粉蒸茼蒿、蒜蓉炒茼蒿等，并能做出多种特色食品。

饮食宜忌：茼蒿性平味甘、辛，有消痰利两便之功效，所含精油有开胃、健脾作用。因茼蒿中芳香精油易遇热挥发，故烹饪时宜旺火速成，否则会减弱健胃的作用。腹泻者不宜多食。

▲茼蒿

▲粉蒸茼蒿

知识拓展

果蔬原料的清洗

选择新鲜、安全的原料是基本前提，而确保蔬菜原料彻底清洗干净是保证食品安全的重要环节。

首先，要选择适宜的洗涤方法。常用的洗涤方法有以下几种。

（1）冷水洗涤。这是常用的洗涤方法，可使蔬菜颜色鲜。用流动的水充分清洗蔬菜上的泥土等污物，可减少蔬菜表面的寄生虫、虫卵和细菌，降低蔬菜中的农药残留。

（2）盐水洗涤。这种洗涤方法可以杀菌，有些菜叶上的小虫用清水不易洗净，可放在浓度为2%的食盐水中浸洗，菜叶上的小虫即可浮出水面而被洗掉。例如，西洋菜宜用盐水洗涤。

（3）热水洗涤。有些有异味的原料要用热水洗。例如，豆腐干用热水泡洗能去掉豆腥味。还有些原料用热水洗易去掉外皮，如西红柿。

（4）碱水洗涤。在温水中加一些碱，这样的稀碱液可起到解味、去皮的作用。例如，洗干莲子就可用此方法。

然后，用果蔬消毒剂或净水进一步清洗消毒（对于直接食用、不经加热处理的果蔬，可进行此项工作），注意消毒剂的浓度和作用时间。一般蔬菜用浓度为0.2%～0.3%的漂白粉溶液，浸泡3min，瓜果的消毒时间可长一些。还可用浓度为0.5%～1.0%的盐酸溶液浸泡，清除果蔬表面的砷、铅，有效率可达89%～99%。稀盐酸溶液对果蔬组织没有影响，洗涤后残留溶液容易挥发，无须进行中和处理，用清水漂洗干净即可。

？ 想一想

1. 在市场调查过程中讨论一下芹菜、西芹在外观、质地上的区别。

2. 在清洗叶类蔬菜时可用哪些方法清除青菜叶上的虫卵？为什么？

3. 如何除去菠菜中的草酸？

任务五　花菜类蔬菜

一、花椰菜和青花菜

1. 花椰菜

花椰菜又称花菜、菜花、白花菜等，原产于地中海沿岸，现在我国温暖地区栽培较普遍，较多收获于夏、秋季节。

品质特点与种类：花椰菜的叶片呈长卵圆形，前端稍尖。其头部与西蓝花的头部类似，为洁白、短缩、肥嫩的花蕾、花枝、花轴等聚合而成的花球，是一种粗纤维含量少，品质鲜嫩，营养丰富，风味鲜美，人们喜食的蔬菜。花椰菜品种较多，各地常以叶片颜色、叶片形状、生育期长短作为命名的依据。花椰菜以花球洁白微黄、无异色、无毛花、花球周边未散开者为佳品。

烹饪应用：花椰菜刀工成形多为小块，作为主料时适于拌、炝、炒、烧及制汤等烹饪方法，如木耳海米拌菜花、鸡茸菜花、海白菜奶汤炖花菜、花椰菜煨牛肉脯等。花椰菜富含 B 族维生素和维生素 C。这些成分为水溶性的，易受热溶出而流失，所以花椰菜不宜高温烹饪，也不适合水煮。

饮食宜忌：花椰菜性凉、味甘、助消化、增食欲、生津止渴、含有多种营养成分。口干口渴、消化不良、食欲不振、大便干结、癌症、肥胖者宜食。需注意的是，尿路结石者不宜食用。

▲花椰菜

▲花椰菜煨牛肉脯

2. 青花菜

青花菜又称茎椰菜、绿菜花、意大利花菜、西蓝花等，原产于意大利，20 世纪 70 年代以后我国由南到北逐渐有所栽培，一般在夏、秋季上市。

品质特点与种类：青花菜叶色蓝绿，蜡粉较多，紫色品种茎叶略紫，以品质柔嫩、纤维少、水分多、色泽鲜、质地紧密者为佳品。除常见品种外，近些年从欧洲引进的绿塔菜花又称宝塔菜花、珊瑚菜花，是花椰菜的一个变种。其形状独特，口感脆嫩，营养丰富，用刀切开后放在餐盘显得高贵典雅，深受宾馆、饭店及中高档消费者的欢迎。

烹饪应用：青花菜在烹饪中以刀工成形，以小块和朵为多，适于炒、拌、炝及制成汤菜等，如蒜蓉绿菜花、海米炝西蓝花、菌菇奶汤西蓝花等。另可用于冷、热菜的装饰，也是菜肴配色点缀的常用原料。

饮食宜忌：青花菜营养丰富，含有较多的叶绿素、维生素 C 等。其对杀死导致胃癌的幽门螺旋杆菌具有神奇功效。青花菜是含有类黄酮最多的食物之一，类黄酮除了可以防止感染外，还是很好的血管清理剂，能够阻止胆固醇氧化，防止血小板凝结，因而减少患心脏病与中风的概率。有些人皮肤一旦受到小小的碰撞和伤害就会变得青一块紫一块的，这是因为体内缺乏维生素 K 的缘故，补充的最佳途径就是多食青花菜。

▲青花菜　　　　　　　　　　　　　▲绿塔菜花

二、食用菊

菊花为多年生草本植物，栽培历史悠久，在我国种植较为广泛，尤其是河南开封种植培育品种多达千种，已形成可观产业。在众多菊花中，那些口感无苦涩味、味甘芳香的是可食用的菊花，被归为食用菊类，产于秋、冬季节。

品质特点与种类：菊花种类繁多，有些花可入药，泡茶，制作菜肴、风味小吃等。可食用的菊多为白菊和黄菊，做菜以白菊为佳，杭白菊和黄山贡菊为菊中佳品。

烹饪应用：做菜时应先用清水泡去花粉。食用菊可以凉拌、制汤、泡茶，制作饮品、粥、羹，也可制成面点馅心，如香干拌菊花、凉拌黄菊花、菊花羹、菊花饼、菊花茶等。

饮食宜忌：菊花性微寒味甘、苦，口干目赤、头晕目眩、高血压、冠心病、头痛、眼疾等患者可经常食用；菊花适宜中老年人食用。体质虚寒、胃寒者忌食。

▲白菊　　　　　　　　　　　　　　▲凉拌黄菊花

三、槐花

槐花是槐树的嫩花。比较常见的槐花有国槐花、洋槐花和红槐花，这里的槐花是指可供食用不可入药的洋槐花。洋槐树常植于屋边、路边，我国各地普遍栽培，以黄土高原和华北平原为多，一般在每年 4—5 月开花，花期为 10 ～ 15 天。

品质特点与种类：槐花为多生花，总状花序，蝶形花冠，盛开时呈簇状，重叠悬垂。小花多皱缩而卷曲，花瓣多散落，完整者花萼钟状，黄绿色，先端 5 浅裂；花瓣 5 片，以黄色或黄白色多见，也有其他颜色如紫红色（开红花的毛洋槐不可食用）。气微，味微苦。

烹饪应用：槐花鲜品有甜味，适于凉拌，也可制成面点馅心，做汤、粥及风味小吃，如粉蒸槐花、槐花豆腐羹、槐花窝窝等。

饮食宜忌：槐花性平味苦，无毒，可清热凉血、止血，对风热目赤、痔疮、咽炎有疗效。槐花中的芦丁可改善毛细血管的功能，高血压、糖尿病患者常食有益。槐花性凉，平常脾胃虚寒的人不宜食用。

▲槐花

▲粉蒸槐花

❓ 想一想

1. 青花菜在烹饪中有哪些应用？
2. 试举例还有哪些花常用于菜肴制作。（可查阅相关资料）

任务六　果菜类蔬菜

一、瓜类蔬菜

瓜类蔬菜包括黄瓜、冬瓜、西葫芦、丝瓜、苦瓜、南瓜等。

1. 黄瓜

黄瓜因成熟的表皮呈黄色而得名，又称王瓜、胡瓜、青瓜等。黄瓜为一年生草本植物，原产于印度北部地区，现我国各地普遍种植，一年四季皆产。

品质特点与种类：黄瓜以未成熟的嫩果供食用。黄瓜品种繁多，按成熟期可分为早黄瓜和晚黄瓜；按栽培方式可分为地黄瓜和架黄瓜；按果实表面棱刺可分为有棱型和无棱型；按果实形状又可分为刺黄瓜、鞭黄瓜、短黄瓜和小黄瓜四类。近些年，市场上出售的小型黄瓜有荷兰乳瓜，短黄瓜有白玉黄瓜。黄瓜呈圆筒形或棒形，绿色，瓜上有刺，刺基常有瘤状突起。南方生产的一般为无刺黄瓜。黄瓜以青绿鲜嫩、带白霜、顶花未脱落、带刺、无苦味者为佳品。

烹饪应用：黄瓜在烹饪中应用广泛，可直接生食；刀工成形时可切丝、丁、条、片、块等。黄瓜作为主料适于拌、炝、炒等烹饪方法，可制作炝黄瓜、蓑衣黄瓜、泡青瓜等，还可以作为菜肴的配料和菜肴装饰的原料，如作为菜码用在烤鸭、烤方肋等菜肴中。

▲黄瓜

▲白玉黄瓜

饮食宜忌：黄瓜性凉味甘，有清热、利水、解毒等作用，适宜高血压、动脉硬化患者及肥胖者食用。黄瓜生吃不宜多；脾胃虚弱、腹痛腹泻、肺寒咳嗽者宜少食；有肝病、心血管病、胃肠病及高血压的人不宜吃腌黄瓜。

2. 冬瓜

冬瓜又称白瓜、枕瓜等，一年生草本植物，原产于我国，很早已普遍栽培，在夏、秋季采收，耐储存，是冬季的主要蔬菜。

品质特点与种类：冬瓜老嫩果皆可食用。瓜呈圆、扁圆或长圆形，大小因品种各异。冬瓜的品种按成熟期可分早熟、中熟、晚熟三种；按皮色可分为青皮、灰皮两种；按形状可分为小型和大型两种。小型冬瓜果形小，单果重2～3kg，果形多呈短圆筒形、圆形或扁圆形；大型冬瓜果形大，单果重3.5～30kg，果形多为长圆筒形，果皮青绿色可间有淡绿色花斑、多数品种成熟品表面有毛绒及白粉，果肉厚、白色、果肉疏松、味淡，富含水分。冬瓜以果肉厚、表面无坑疤、新鲜者为佳品。

烹饪应用：冬瓜在初加工时一般切成片、块；作为主料时适于炖、扒、熬、瓤等烹饪方法和制作汤菜。冬瓜本身味清淡，可配以鲜味较浓的原料；用冬瓜制作菜肴时一般不宜加酱油，否则菜肴的口味发酸。

饮食宜忌：夏季气候炎热，心烦气躁，闷热不舒服时宜食；热病口干烦渴，以及小便不利者宜食。冬瓜可以同动物性原料一同炖汤，常吃冬瓜可瘦身、去水肿，故水肿型肥胖人群可多尝试食用。冬瓜性寒，久病不愈者与脾胃气虚、腹泻便溏、胃寒疼痛者忌食。

▲冬瓜

▲青皮冬瓜

3. 西葫芦

西葫芦又称美国南瓜、番瓜、夏南瓜、荬瓜、葫芦等，一年生草本植物。西葫芦喜湿润，不耐干旱，特别是在结瓜期，只有保持土壤湿润，才能获得高产。高温干旱条件下易发生病毒病；高温高湿易造成白粉病。西葫芦原产于美洲，后传入我国并被广泛栽培。

品质特点与种类：西葫芦以幼果供食。果实呈圆筒形，粗壮平滑，皮墨绿色、黄金色或白色，可有花纹等。西葫芦以瓜长椭圆形，瓜肉绿白色，肉质致密，纤维少者为佳品。

烹饪应用：西葫芦口感脆嫩清爽，在烹饪中多切成片使用。西葫芦作为主料时适于炒、醋熘等烹饪方法和制作汤，如炒西葫芦、醋熘西葫芦、煎西葫芦等；还可作为面点馅心，如西葫芦猪肉饺子、西葫芦鸡蛋素包子等。

饮食宜忌：糖尿病、肝病、肾病患者宜食；肺病患者宜吃白糖西葫芦。西葫芦不宜生吃。脾胃虚寒者应少吃。

▲西葫芦

▲黄金西葫芦

4. 丝瓜

丝瓜又称天络丝、天吊瓜、锦瓜、布瓜等，原产于亚热带，现我国各地均有栽培，在夏、秋季收获。

品质特点与种类：丝瓜分普通丝瓜和有棱丝瓜两种。普通丝瓜果长呈圆筒形，瓜面无棱、光滑或有数条深绿色细纹，幼瓜肉质较柔嫩。有棱丝瓜又称八棱瓜，果呈纺锤形，表面有8～10条棱线，肉质致密。丝瓜以果形端正、皮色青绿有光泽、新鲜柔嫩、果肉组织不松弛、不带瓜柄者为佳品。

烹饪应用：丝瓜去皮常切成片、块使用；作为主料时适于炒或制作汤菜；质地滑嫩，口味以清淡为佳，如豆腐烩丝瓜、上汤丝瓜、鸽蛋烧丝瓜等。

饮食宜忌：适宜热病期间身体烦渴、痰喘咳嗽、肠风痔漏，以及夏季疖肿患者食用；适宜妇女产后乳汁不通者食用。食用以嫩者为美，药用以老者为优。脾胃虚寒，大便溏薄者不宜食用；丝瓜性凉，不宜多食。丝瓜久食会引起阳痿。

▲普通丝瓜

▲有棱丝瓜

5. 苦瓜

苦瓜又称凉瓜、癞瓜、癞葡萄、锦荔枝等，因其果肉有苦味而得名，一年生草本植物，原产于印度尼西亚，在我国以广东、广西等地栽培较多，现已逐渐向北方拓展，一般在夏季收获。

品质特点与种类：苦瓜果呈纺锤形或长圆筒形，果面有瘤状突起。嫩果为青绿色，成熟果为橘黄色。果肉脆嫩，食用时有特殊风味，稍苦而清爽，一般绿色和浓绿色的味较浓，淡绿色、白色的次之。苦瓜以质脆嫩、肉肥厚、籽少者为佳品。

烹饪应用：苦瓜在烹饪时常用拌、炒、烧等烹饪方法，可制作辣子炒苦瓜、苦瓜炒肉片等菜肴；在烹饪时若嫌其苦，可将切好的苦瓜提前用冰水多浸泡一会儿，或者用盐稍腌，苦味即可减轻。

饮食宜忌：苦瓜性寒味苦，无毒，具有清热祛暑、明目解毒、降压降糖、利尿凉血、解劳清心、益气壮阳之功效。糖尿病、急性痢疾、癌症患者宜食。胃寒虚者慎食；脾胃虚湿阳气滞、腹泻便溏、腹闷胀满、舌苔腻者不宜食用；苦瓜含奎宁，孕妇忌食。

▲苦瓜　　　　　　　▲白苦瓜

6. 南瓜

南瓜又称番瓜、倭瓜、北瓜等，一年生蔓生草本植物，原产于墨西哥到中美洲一带，现我国各地均有栽培，在夏、秋季大量上市。

品质特点与种类：南瓜果实有圆、扁圆、长圆、纺锤形或葫芦形的，先端多凹陷，表面光滑或有瘤状突起和纵沟，成熟后有白霜。种皮灰白色或茶褐色，边缘明显粗糙。肉厚，黄白色，老熟后有特殊香气，味甜而面，种子扁。嫩瓜可作为蔬菜，是夏、秋季的瓜菜之一，味甘适口。老瓜用于制作饲料或代糖，不少地方称之为"饭瓜"。南瓜以果实结实、瓜形整齐、瓜肉肥厚、瓜皮坚硬有蜡粉、不破裂者为佳品。

烹饪应用：南瓜味甜、质地细腻，适于炒、烧、煮、蒸等烹饪方法，亦可制作面点的馅心，代表菜品有相思南瓜、铁扒南瓜、南瓜蒸肉、南瓜八宝饭、焖南瓜等。南瓜可代替粮食作为主食，还可以用于食品雕刻，尤其适合作为大型果蔬雕的主要原料。

饮食宜忌：南瓜补中益气，适宜肥胖者、老年人及便秘者食用。南瓜性温，胃热盛者宜少食；南瓜性偏壅滞，气滞中满者慎食；南瓜为发物，服用中药期间不宜食用；脚气、黄疸患者忌食。

▲南瓜　　　　　　　　▲相思南瓜

二、茄果类蔬菜

1. 辣椒

辣椒又称辣子、海椒、番椒等，一年或有限多年生草本植物，原产于墨西哥，明朝末期传入我国，现各地均有栽培，以西南、西北、湖南、江西等地区栽培最为广泛，四季均有供应。

品质特点与种类：辣椒果皮含有辣椒素，果实通常呈圆锥形或长圆形，未成熟时呈绿色，成熟后变成鲜红色、黄色或紫色，以红色最为常见。辣椒中维生素C的含量在蔬菜中居第一位。辣椒的品种繁多，形状各异，按果形可分为五大类，即樱桃椒类、圆锥椒类、簇生椒类、长角椒类和灯笼椒类；按辛辣味程度可分为甜椒类、辛辣类、半辣类。辣椒以果实鲜艳、大小均匀、无病虫害、无腐烂、无其他损伤者为佳品。

烹饪应用：辣椒是烹饪中辣味的主要来源；可切为段、片、丝、末等形；适于炒、爆等烹饪方法。辣椒作为主料时可制作酿青椒、芙蓉柿椒等菜肴；作为辅料时可制作很多风味独特的菜肴，如炒辣椒、宫保鸡丁、干烧鱼、辣子炒肉丝等。用辣椒还可以制作泡辣椒、辣椒油、辣椒酱、辣椒面儿等调味品。

饮食宜忌：辣椒富有营养，但不宜多食。阴虚火旺、高血压、肺结核等患者也应慎食。

▲ 长辣椒

▲ 甜椒

▲ 樱桃椒

2. 番茄

番茄又称西红柿、洋柿子、爱情果等。在秘鲁和墨西哥，最初称之为"狼桃"。番茄原产于南美洲，现我国各地均有栽培，现四季均有生产，夏季出产较多。

品质特点与种类：番茄的品种很多，按果实的颜色可分为红色番茄、粉红色番茄和黄色番茄三种。番茄以色正、大小均匀、形状端正、成熟适度者为佳品。市场上的樱桃番茄也非常受欢迎。

烹饪应用：番茄生、熟食皆可，在烹饪时主要是切块；适于拌、炒或制作汤菜；番茄色泽鲜艳，可用来切成花形，以装饰菜肴，还可以制成番茄酱等调味品。番茄作为主料时可制作糖拌西红柿、西红柿炒鸡蛋、西红柿鸡蛋汤等菜肴。

饮食宜忌：番茄营养丰富，具有特殊风味。其具有减肥瘦身、消除疲劳、增进食欲、提高对蛋白质的消化能力、减少胃胀食积等功效。急性肠炎、菌痢及溃疡活动期患者不宜食用。烹饪时应避免长时间高温加热，从而增强保健作用。未成熟的青色番茄，因含有毒的龙葵碱，不宜食用。

▲ 番茄

▲ 樱桃番茄

3. 茄子

茄子又称茄瓜、落苏、昆仑果等，原产于印度，现我国各地普遍栽培。茄子是为数不多的紫色蔬菜之一，也是夏、秋季主要蔬菜之一，现在四季均有生产。

品质特点与种类：茄子的颜色多为紫色或紫黑色，也有淡绿色或白色品种，形状上有圆形、椭圆形、梨形等。茄子可分为三个变种：圆茄子、长茄子和矮茄子。茄子以皮薄、色泽鲜艳、果实端正、鲜嫩、肉厚者为佳品。

烹饪应用：茄子适于烧、蒸、炸等烹饪方法，菜肴如炸茄盒、烧茄子、拌茄泥等。用茄子制作菜肴以熟烂为好，并且喜重油。吃茄子时建议不要去皮，因为茄子皮里面含有维生素 B，而维生素 B 和维生素 C 又是一对很好的搭档，摄入了充足的维生素 C，但这个维生素 C 的代谢过程是需要维生素 B 的支持的。

饮食宜忌：茄子适宜发热、便秘、高血压、动脉硬化、坏血病、眼底出血、皮肤紫斑等容易出内血的人食用。茄子切忌生吃，以免中毒。茄子性寒，消化不良、容易腹泻、脾胃虚寒、目疾患者及孕妇忌食。不要选择老茄子，特别是秋后的老茄子，含有较多茄碱，不宜多吃。

▲紫茄子　　　　　　　▲绿茄子

三、豆类蔬菜

1. 菜豆

菜豆又称四季豆、芸豆、荷包豆等，一年生草本植物，原产于美洲的墨西哥和阿根廷，现我国各地均有栽培，常年都有上市。

品质特点与种类：菜豆荚果扁平、顶端有尖，嫩荚或成熟的种子都可作为蔬菜，现多以嫩荚作为蔬菜应用。菜豆按栽培方法可分为矮生和蔓生两种。菜豆以颜色鲜绿、无虫害者为佳品。

烹饪应用：菜豆刀工成形时可切成丝、段、末等；适于拌、炝、炒、焖等烹饪方法。可作为主、辅料使用，亦可作为面点馅心制作水饺、蒸包等。菜肴有海米炝菜豆、炒菜豆、菜豆焖肉片、姜汁菜豆、砂锅四季豆等。用菜豆制作菜肴时不易入味。

饮食宜忌：一般人群均可食用。菜豆有健脾胃、增进食欲、益气和消肿之功效，特别适宜心脏病患者和患有肾病、高血压等需低钠及低钾饮食者食用。菜豆在消化吸收过程中会产生过多的气体，造成胀肚，故消化功能不良、有慢性消化道疾病的人应尽量少食。菜豆含有有毒物质皂素，必须煮透食用，否则会引起中毒。

▲菜豆　　　　　　　▲砂锅四季豆

2. 豇豆

豇豆又称浆豆、长豆角等，一年生草本植物，原产于印度和缅甸，现我国各地均有栽培，多在夏、秋季上市。

品质特点与种类：豇豆茎有矮性、半蔓性和蔓性三种。南方栽培以蔓性为主，矮性次之。花果期6—9月。荚果长条形，有绿色、青灰色、紫色。豇豆可分为短豇豆和长豇豆两种。豇豆以颜色鲜绿、水分充足、无病虫害或其他损害者为佳品。

烹饪应用：豇豆在烹饪中多切成段状使用；适于拌、焅、炒等烹饪方法。豇豆可作为主料，亦可制作面点的馅心和腌制，如炒豇豆、麻汁豆角、海米拌豆角、豇豆肉馅饺子等。

饮食宜忌：豇豆含有能促进胰岛素分泌的磷脂（可以参与糖代谢），是糖尿病患者的理想食品。豇豆煮熟再加适量调味品，消化不良者最适宜食用，而且疗效显著。豇豆性味平和，但多食则性滞，气滞便结者应慎食。豇豆与粳米一起煮粥食用最佳，但不宜一次过量，以防产气腹胀。

▲豇豆

▲炒豇豆

3. 扁豆

扁豆又称蛾眉豆、鹊豆、藤豆等，一年生草本植物，蔓生，原产于印度尼西亚，现我国各地均有栽培，一般在秋季收获。

品质特点与种类：扁豆荚果扁平、短而宽大，呈淡绿色、红色或紫色。扁豆作为蔬菜主要是食其嫩荚。扁豆按荚的颜色可分为白扁豆、青扁豆、紫扁豆。扁豆以色正整齐、鲜嫩饱满、肥厚结实、无虫害、无豆梗者为佳品。

烹饪应用：扁豆在烹饪中可原形，亦可切成丝使用；适于炒、煎等烹饪方法。扁豆可作为主、配料，如腊肉炒扁豆、炒扁豆丝、煎扁豆、扁豆炖猪肉（风干扁豆有特殊风味）等。

饮食宜忌：适宜脾虚便溏、饮食减少者，尤其适宜癌症患者服食。脾胃虚寒者应少食；尿结石者忌食。扁豆中含皂素和植物血凝素，故须彻底制熟方可食用，否则易中毒。

▲扁豆

▲腊肉炒扁豆

4. 菜用豌豆

菜用豌豆是豌豆的一个变种，即软荚豌豆，又称荷兰豆，由原产于地中海沿岸及亚洲西部的普通粮用豌豆演化而来，现我国亦有栽培，一般产于春、夏、秋三季。

品质特点与种类：菜用豌豆的荚果宽大，色浅绿，柔软鲜嫩、爽脆、清香、甘甜。菜用豌豆以颜色均匀、大小整齐、脆嫩、无病虫害者为佳品。

烹饪应用：菜用豌豆的荚特别适于炒、拌、汆、涮、扒等烹饪方法；可原形使用，亦可改刀成段，还可围边或垫底为菜肴增色，如酱焖荷兰豆、蒜香荷兰豆、清炒荷兰豆、拌荷兰豆丝等。

饮食宜忌：菜用豌豆具备豆类的营养，是膳食中蛋白质的良好来源，可应用于消渴——取豌豆适量，淡煮常食。炒熟的菜用豌豆尤其不易消化，过食可引起消化不良、腹胀等。菜用豌豆也是豆类中含糖量比较高的一种，故糖尿病患者应慎食。

▲荷兰豆

▲酱焖荷兰豆

？ 想一想

1. 丝瓜和苦瓜有哪些区别？
2. 四季豆含有哪种毒素？在烹饪时有哪些注意事项？

任务七　芽苗类蔬菜

一、香椿芽

香椿芽又称香椿头，是香椿树春季生发的嫩芽。我国是唯一用香椿做蔬菜的国家。香椿树在我国多分布于长江流域及其以北地区。香椿芽生长很快，清明前后采摘为佳。

品质特点与种类：香椿芽一般分为青芽和红芽。青芽的枝芽呈青绿色，叶尖呈茶绿色、质嫩、香味浓，是供食用的主要品种。红芽的芽叶呈红褐色，质粗、香味差。另外，香椿树种子所发的苗芽为香椿苗，亦可食用。

烹饪应用：香椿芽在烹饪中作为主料时，适于拌、炸、炒等烹饪方法，可制作香椿芽拌豆腐、炸香椿芽、香椿芽炒鸡蛋等菜肴。香椿芽还可腌制。

▲香椿芽

▲香椿苗

饮食宜忌：香椿芽能增进食欲，可辅助治疗慢性肠胃炎，适宜慢性肠胃炎、痢疾患者食用。

香椿为生发物，多食易诱使故疾复发，故慢性皮肤病、淋巴结核、恶性肿瘤等患者均应禁食。

二、豌豆苗

豌豆苗为豆科植物豌豆的嫩苗。豌豆苗的供食部位是嫩梢和嫩叶，营养丰富，含有多种人体必需的氨基酸。

▲豌豆苗

品质特点与种类：豌豆苗叶清香、质柔嫩、滑润爽口，色、香、味俱佳，现常采用无土、立体栽培技术，用长方形的种植盘种植。豌豆苗按豌豆的颜色可分为黑豌豆苗、绿豌豆苗和黄豌豆苗。豌豆苗以色绿、长短均匀、无杂物者为佳品。

烹饪应用：豌豆苗是豌豆的嫩苗，可炒、做汤、凉拌等，具鲜香、色翠绿的特点。

饮食宜忌：豌豆苗富含蛋白质、钙、铁，尤其含铁量是辣椒的15倍。豌豆苗可防治便秘；能分解亚硝酸胺，具有防癌、抗癌作用；有抗菌消炎、增强新陈代谢的功效。一般人群均可食用，百无禁忌。

三、萝卜苗

萝卜苗又称娃娃缨萝卜，俗称萝卜芽。

▲萝卜苗

品质特点与种类：萝卜苗以苗高约10cm，子叶平展，充分肥大，叶绿、梗红、根白，全株肥嫩清脆，散发出清香的萝卜气味者为佳品。

烹饪应用：萝卜芽是萝卜的嫩苗，可凉拌等，有萝卜特有的麻辣、清香味，色泽翠绿。

饮食宜忌：萝卜苗可消积滞、化痰清热、下气宽中、解毒，所含热量较少，纤维素较多，吃后易产生饱腹感，有助于减肥。萝卜苗不宜与高酸性食物同食，否则营养不吸收。体质虚弱、气血不足者不宜食用。

四、蒲菜

蒲菜又称蒲芽、蒲白、草芽等，为香蒲的嫩芽。蒲菜系生于水边或池沼内的多年生草本植物，主要以黄河中下游及江浙一带出产较多，江苏淮安地区的蒲菜品质最佳；每年4—5月上市。

品质特点与种类：蒲菜呈长圆柱形，长约30cm，直径约2.5cm，外皮绿色，剥皮后呈洁白色。

烹饪应用：蒲菜一般刀工成形时多为段；适于炒、锅塌、扒和制汤等烹饪方法；还可制作成面点馅心。用蒲菜制作菜肴时不宜加热过度，以保其脆嫩，一般制作时不宜加酱油。菜品有开洋扒蒲菜、锅塌蒲菜、奶汤蒲菜等。

饮食宜忌：蒲菜性凉味甘，能清热利血、凉血，是药食佳品，久食有轻身耐老、固齿明目聪耳之功，生吃有止消渴、补中气、活血脉之效。

▲蒲菜

▲开洋扒蒲菜

五、豆芽类

豆芽是将豆类种子在一定的温度、湿度条件下，无土栽培的芽菜的统称。

1. 绿豆芽

绿豆芽是干绿豆经水泡发而成的豆芽。因其色白、亮，故又称银芽。将其掐去头尾后称为掐菜。

品质特点与种类：绿豆芽芽条较短，脆嫩、无异味，籽叶淡绿色。绿豆芽以豆瓣淡黄、梗粗壮、主根短、无须根、洁白脆嫩者为佳品。

烹饪应用：绿豆芽是素菜中的重要原料。在烹饪时以原形使用，作为主料时适于拌、炝、炒等旺火速成的烹饪方法，可制作鸡丝拌银芽、掐菜鸡丝、金钩银芽等菜肴。绿豆芽性寒，烹饪时宜配上一点姜丝，中和它的寒性。炒绿豆芽时加入一点醋，既能去除豆芽的涩味，又能保持其爽脆鲜嫩，还可防止维生素C流失。

饮食宜忌：绿豆芽性寒味甘，具有清热解毒、利尿除湿的作用，可解酒毒、热毒。一般人群均可食用，尤其适宜长期吸烟者食用。体质虚弱的人不宜多食。

2. 黄豆芽

黄豆芽是干黄豆经水泡发而成的豆芽。

品质特点与种类：黄豆芽营养成分胜于黄豆，特别是维生素B、维生素C及胡萝卜素的含量很高。豆芽不要生得过长，因为长得越长，营养物质损失就越多。黄豆芽以豆瓣不散开、豆瓣黄色、无须根、梗白者为佳品。

烹饪应用：黄豆芽也是素菜中的重要原料。黄豆芽在烹饪时以原形使用，炝、炒、煮汤较多。烹饪过程要迅速，或用油急速快炒，或用沸水略汆后立刻取出调味、食用。烹饪黄豆芽切不可加碱，要加少量食醋，可保持维生素B不减少。可制作冬菜黄豆芽汤、炖黄豆芽、炒黄豆芽等菜肴。

饮食宜忌：黄豆芽具有清热解毒、降血压、美肌肤的作用。黄豆芽性寒，慢性腹泻及脾胃虚寒者不宜食用。市场上的无根豆芽不宜食用。

六、柳芽

柳芽是柳树的嫩芽果。柳树在我国广泛种植，河南、河北、山东等地较多。

品质特点与种类：柳芽味苦，食用前需焯水，再放入清水泡去苦味。春季开花前食用，叶和花均可食用。

烹饪应用：柳芽作为主料时适于拌，如凉拌柳芽，也可制作成面点的馅心。

饮食宜忌：柳芽性凉，具有清热作用，干、鲜品均可食用。

▲柳芽

▲凉拌柳芽

七、榆荚

榆荚又称榆钱，是榆树的嫩芽果。榆树在我国种植地广泛，华中、华北地区种植较多。3—4 月间开幼花，可食用。

品质特点与种类：新鲜榆荚翅果近圆形，顶端有凹缺。

烹饪应用：榆荚作为主料时可蒸制和制汤，还可做主食，如榆钱窝窝、蒸榆钱等。

饮食宜忌：榆荚性平味甘、微辛，有安神健脾、止咳化痰、杀虫消肿等功效。中医认为，多食榆荚可助消化、防便秘。

▲榆荚

▲榆钱窝窝

? 想一想

可烹饪的芽苗类蔬菜还有哪些？请举例。

任务八 蔬菜制品

一、笋干

笋干是鲜笋经水煮、榨、晒或烘烤、熏制而成的。我国产笋地区很广，大批量加工笋干的地区有福建、江西、浙江等省。其中，福建的产量和质量均居首位。

品质特点与种类：优质笋干所用的鲜笋以清明节前后的为好，福建等地区挖笋期可长达 45 天，常见的有玉兰片、晒笋干和熏笋干等品种。

玉兰片是用冬笋或春笋蒸熟后，再用炭火焙干而成的，玉白色，片形短，中间宽、两端尖，形状很像玉兰花的花瓣，故得此名。玉兰片鲜品按采收时间的不同，分为宝尖、冬片、桃片和春片四种。宝尖由立春前含苞笋制成，片平滑尖圆，色黄白，肉细嫩，是玉兰片中的上品，它丰腴肥美，柔弱微脆，形似宝塔，又像龙角，所以又有金色宝塔、龙角之称。冬片由雨水前的冬笋制成，形状呈对开片，片平光滑，色白、片厚、肉细嫩，节距紧密。桃片由惊蛰前未出土的竹笋制成，片面光洁，节距较密，根部刨尖，肉质稍薄，尚嫩，味较鲜。春片由春分至清明之间的春笋制成，节距较疏，节棱凸起，笋肉薄，质较老。这四个品种各具特色，制作工艺都很讲究。按品质优次排序为宝尖（笋尖）→冬片→桃片（桃花片）→春片。

晒笋干是将春笋煮熟，在阳光下晒干而成的，色泽深黄。

熏笋干是将春笋煮熟，再用烟熏而成的，色泽发黑。

笋干以色泽黄亮、质嫩、有竹的清香、干燥、根薄、硬如竹片、形整、无虫蛀、无霉烂、无火焦片者为佳品。市场供应的玉兰片及笋干较少，较多的为罐头笋制品，它具有干品无法比拟的优点，即鲜嫩、不用涨发、省时、省力、食用方便，所以很受欢迎。

烹饪应用：笋干需经水涨发后使用，它是大众化的干菜。刀工成形时多切成丝、片等；多作为辅料使用，烧汤、炒菜时荤素皆宜。

饮食宜忌：玉兰片性平味甘，可定喘消痰，有助食、开胃之功效，可增进食欲、防便秘、清凉败毒。一般人群均可食用。

▲笋干　　　　　　　　　　▲玉兰片

二、霉干菜

霉干菜又称乌干菜，是用芥菜茎或雪里蕻腌制的干菜，主要产于我国广东、江浙一带。

品质特点与种类：霉干菜是一种物美价廉的传统副食品，是绍兴的著名特产，生产历史悠久。浙江产者以细叶、阔叶雪里蕻或九头芥腌制。广东产者以一种变种芥菜腌制，也有用萝卜茎或榨菜叶腌制的，但质量差且有苦味。

烹饪应用：霉干菜咸淡适宜、质嫩鲜香。在食用前，先用冷水迅速洗净，便可蒸炒、烧汤，制成荤素食品；用霉干菜烧肉或扣肉，是江浙一带经典的家常菜，菜透肉味，肉具菜香，油而不腻，入口香、鲜、糯、甜，即使在盛夏酷暑，放上两三天，也不会发馊变质；霉干菜煮烂、切碎后配猪肉调制包子馅心也别有风味。

▲霉干菜　　　　　　　　　▲霉干菜扣肉

饮食宜忌：霉干菜忌与羊肉同食，否则会导致胸闷。

三、雪里蕻

雪里蕻又称雪菜、春不老、霜不老、石榴红等。雪里蕻是叶用芥菜的一种，是指将鲜雪里蕻经腌制加工后的腌制品，可直接食用。早在 2000 年以前的秦汉时期，用雪里蕻做腌菜就已经很流行。雪里蕻多产于我国江南地区，现北方各地均有栽培。

品质特点与种类：雪里蕻鲜叶呈长圆形，叶齿细密、叶片较小、叶柄细长，叶色有黄绿色、绿色、紫色等，有板叶型和花叶型等品种。雪里蕻于霜降初冬时节收获，经腌制后可长年食用，以色正味纯、棵型完整、鲜嫩、咸淡适口、无异味者为上品。

烹饪应用：鲜雪里蕻不宜直接食用，烹饪时所用多为经腌制加工后的腌制品。鲜雪里蕻经腌制后不仅能去掉鲜品的辛辣味，还能增加咸鲜清香，保持浓绿脆嫩的特色。腌制的雪里蕻经加工后作为主料时可制作雪里蕻炒肉、炒雪冬、雪菜炖肉等菜肴；作为辅料时也可制作菜肴，如干烧鱼。

饮食宜忌：雪里蕻具有醒脑提神、解毒消肿、开胃消食、明目利膈、减肥、排铅、抗老化等功效，适宜脑力劳动者、食欲不振者食用。内热偏盛、单纯性甲状腺肿、瘙痒性皮肤病、痔疮、眼疾患者不宜食用；另春芥亦需禁食。

▲雪里蕻

▲雪里蕻炒肉

四、榨菜

榨菜是芥菜的瘤状茎，经独特的工艺处理，配以传统的调味料，加工成半干状态的发酵性腌制品。由于在传统的加工过程中要用木榨排出多余的水，故名榨菜。

榨菜始创于四川涪陵县，是我国著名的特产之一，主要产于四川、浙江两省。榨菜与德国的甜酸甘蓝、法国的酸黄瓜被誉为世界三大著名腌菜。

品质特点与种类：榨菜由于生产和加工的气候条件不同，原料栽培和加工工艺也存在差别，可分为川式榨菜和浙式榨菜两大类。榨菜脆嫩爽口，味咸且鲜，并带有特殊的酸味，以干湿适度、咸淡适口、色泽鲜明、无泥沙、无污物者为佳品。

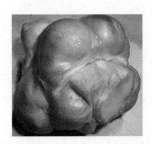

▲榨菜

烹饪应用：榨菜肉质脆嫩、光亮鲜艳、味道鲜美、咸淡适度、香气浓郁，可直接食用，适于拌、炒、氽汤等烹饪方法，如拌榨菜丝、椒麻榨菜拌舌掌、榨菜肉丝汤等。

饮食宜忌：常吃油腻者、大病初愈或患小病而胃口不佳者尤其适合食用。孕妇要尽量少食；呼吸道疾病、糖尿病、高血压患者应少食；慢性腹泻者忌食。

五、魔芋

魔芋又称鬼头、鬼芋、磨芋等，多年生草本植物，原产于我国西南、东南地区，现广泛栽种于我国西南及长江中下游地区，以四川、湖北、湖南、福建、浙江、江苏等地较多。

品质特点与种类：魔芋株高40～70cm，地下有球茎，一株只长一叶，羽状复叶，叶柄粗长似茎，开紫红色花，有异臭味，地下球茎圆形，可加工处理成魔芋制品。

烹饪应用：市场上所售的加工成豆腐状的魔芋食品，称为魔芋豆腐。此外还有魔芋粉、魔芋干等魔芋食品。烹饪中主要是用这些魔芋的加工制品制成菜肴，如魔芋烧鸭、魔芋鸡翅、拌魔芋豆腐等。

饮食宜忌：魔芋是有益的碱性食品，食用动物性、酸性食品过多的人搭配吃点魔芋，可以达到食品酸碱平衡的作用。此外，魔芋还具有降血糖、降血脂、降血压、减肥开胃等多种功效。生魔芋有毒，必须煎煮3h以上才可食用。消化不良的人，每次食量不宜过多；有皮肤病者少食；魔芋性寒，有伤寒感冒症状者也应少食。

▲魔芋

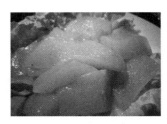

▲魔芋制品

想一想

1. 蔬菜制品都有哪些分类？
2. 蔬菜制品在烹饪前需进行哪些处理？
3. 烹饪时怎样除去魔芋的毒性？

知识检测

一、填空题

1. 蔬菜是指主要用草本植物的_____来制作菜肴或面点馅心的一类原料，也包含_____及_____。

2. 蔬菜最主要的化学成分包括水、_____、_____、_____、_____、_____、_____等。

3. 芋头性凉味甘、辛，可_____，_____，对便秘和消化道疾病有益。

4. 荸荠含_____较多，富含_____，生长在水和泥中，不宜生食。

5. 青花菜营养丰富，含有较多的_____、_____等。

6. 黄瓜性凉味甘，有清热、_____、解毒等作用。

7. 冬瓜性寒，久病不愈者与_____、_____、胃寒疼痛者忌食。

8. 柳芽味苦，食用前需_____，再_____。

9. 蒲菜是药食佳品，久食有_____、_____之功，生吃有_____、_____、活血脉之效。

10. 世界三大著名腌菜是_____、_____、_____。

二、选择题

1. 下列蔬菜中属于叶菜类蔬菜的是（　　　）。
   A. 球茎甘蓝　　　　B. 茎用芥蓝　　　　C. 茎用莴苣　　　　D. 结球甘蓝

2. 下列蔬菜中属于根菜类蔬菜的是（　　　）。
   A. 土豆　　　　　　B. 荸荠　　　　　　C. 慈姑　　　　　　D. 芜菁

3. 下列蔬菜中不属于根菜类蔬菜的是（　　　）。
   A. 土豆　　　　　　B. 萝卜　　　　　　C. 胡萝卜　　　　　D. 豆薯

4. 竹笋在我国主要产于（　　　）。
   A. 黄河流域　　　　B. 长江流域　　　　C. 东北地区　　　　D. 渤海湾地区

5. 优质竹笋的特征不包括（　　　）。
   A. 笋肉厚　　　　　　　　　　　　　　B. 质地嫩
   C. 节间长　　　　　　　　　　　　　　D. 肉质呈乳白色或淡黄色

6. 马铃薯又称土豆，性质是（　　　）。
   A. 爽脆透明　　　　B. 酥松香甜　　　　C. 软糯细嫩　　　　D. 色泽鲜明

7. 马铃薯又称土豆、（　　　）。
   A. 地栗　　　　　　B. 洋山药　　　　　C. 马蹄　　　　　　D. 芋芳

8. 发芽马铃薯中含有的有害成分有（　　　）。
   A. 皂素　　　　　　B. 亚麻苦苷　　　　C. 苦杏仁苷　　　　D. 龙葵素

9. 腐烂的姜含有的（　　　）能使肝细胞变异。
   A. 秋水仙碱　　　　B. 龙葵素　　　　　C. 黄曲霉菌　　　　D. 黄樟素

10. 我国特产的叶菜蔬菜有（　　　）。
    A. 生菜　　　　　　B. 菠菜　　　　　　C. 大白菜　　　　　D. 卷心菜

11. 菠菜中含有较多的（　　　），故食用前要先焯水处理。
    A. 碳酸　　　　　　B. 单宁物质　　　　C. 植物碱　　　　　D. 草酸

12. 苋菜又称米苋，含有丰富的（　　　）。
    A. 维生素A、维生素C、钙、铁　　B. B族维生素
    C. 维生素 B_1、B_2　　　　　　　　D. 微量元素

13. 可用（　　　），清除青菜叶上的虫卵。
    A. 氽水方法　　　　　　　　　　　　B. 熏蒸方法
    C. 浓度为2%的食盐水洗涤　　　　　D. 浓度为0.5%的盐酸溶液洗涤

14. 食用菊花前（　　　）。
    A. 应先经水泡洗　　　　　　　　　　B. 无须水泡

C. 要焯水　　　　　　　　　　　D. 要汽蒸

15. 槐花是可食的季节时令花类蔬菜，食用部位是（　　　）。

　　A. 嫩叶　　　　B. 开放的槐花　　　　C. 即将开放的花　　　　D. 叶、花均可

16. 苦瓜因其果肉苦而得名，为减轻苦味需（　　　）。

　　A. 水泡　　　　　　B. 油炸　　　　　　C. 焯水　　　　　　D. 去皮

17. 茄果类蔬菜包括（　　　）。

　　A. 辣椒、茄子、番茄　　　　　　　　B. 辣椒、荀瓜（西葫芦）、茄子

　　C. 番茄、南瓜、丝瓜　　　　　　　　D. 吊瓜、丝瓜

18. 四季豆中容易引起食物中毒的有毒物质是（　　　）。

　　A. 龙葵素　　　　B. 氢氰酸　　　　　C. 皂素　　　　　　D. 秋水仙碱

19. 食用香椿时的部位是（　　　）。

　　A. 春季时的嫩芽　　　　　　　　　　B. 夏季时的嫩芽

　　C. 春夏时的叶片　　　　　　　　　　D. 夏秋时的嫩茎叶

20. 绿豆芽是常用蔬菜，四季均有，适合的火候是（　　　）。

　　A. 小火炒　　　　B. 中、小火炒　　　C. 旺火炒　　　　　D. 水煮

21. 用于制馅的蔬菜制品有（　　　）、口蘑。

　　A. 玉兰片、木耳　　　　　　　　　　B. 萝卜、冬瓜

　　C. 西葫芦、南瓜　　　　　　　　　　D. 玉兰片、萝卜

22. 用玉兰片制作馅应选择（　　　）者。

　　A. 质细、脆嫩　　B. 粗质、较嫩　　　C. 质细、较成熟　　D. 质细、较嫩

23. 霉干菜是用（　　　）腌制而成的。

　　A. 大白菜外叶　　B. 白菜小叶　　　　C. 芥菜或雪里蕻　　D. 青笋叶

24. 榨菜始创于（　　　）。

　　A. 重庆　　　　　　B. 涪陵县　　　　　C. 浙江　　　　　　D. 广西

25. 魔芋是有益的碱性食品，具有（　　　）的功效。

　　A. 降血糖　　　　　B. 降胃酸　　　　　C. 促消化　　　　　D. 清热

拓展练习

1. 荠菜原为野菜，（　　　）在我国开始栽培。

　　A. 20世纪50年代　　　　　　　　　　B. 20世纪60年代

　　C. 20世纪70年代　　　　　　　　　　D. 20世纪80年代

2. 西红柿属于（　　　）蔬菜。

　　A. 瓠果类　　　　B. 浆果类　　　　　C. 荚果类　　　　　D. 假果类

项目四　植物性原料——果品类

哈密瓜　　　　梨　　　　苹果

任务目标

知识目标：

● 了解果品类原料的概念和种类；

● 了解果品的主要成分及营养价值、特殊品种的食用宜忌；

● 掌握果品的烹饪应用规律、品质鉴别及保藏。

能力目标：

● 能识别各种常见果品；

● 能根据不同的烹饪方法和菜点制作要求选择果品原料；

● 能对果品类原料及制品的品质进行鉴别。

任务一　果品类原料基础知识

一、果品类原料的概念及主要化学成分

（一）果品类原料的概念

果品类原料是指高等植物所产的可直接生食的果实或制熟可食用的种子，以及它们的加工制品。

（二）果品类原料的主要化学成分

果品种类很多，不同的果品类原料所含有的营养素存在差异，主要由水分、糖、淀粉、有机酸、纤维素、维生素、糖苷、含氮物质、单宁物质、色素、酶、无机盐、果胶物质、芳香油等组成。

1. 水分

水分是果品类原料中含量最大的化学成分。一般鲜果中的含水量为70%～90%。果品类原料中含水量越多，则越新鲜，肉质越嫩；含水量越少，肉质越老。在相同保藏条件下，果品类原料含水量越多越容易萎蔫或腐烂变质。

2. 糖

糖是果品类原料中最主要的营养素。各种果实的含糖量为10%～15%，其中葡萄、大

枣等果品类原料的含糖量可达到20%以上，随着果实的成熟，含糖量逐渐增加，当果实充分成熟时，含糖量也达到最高值。

果品类原料中所含的糖分主要是葡萄糖、蔗糖和果糖。

3. 淀粉

成熟的果实中一般不含有淀粉或含有极少量的淀粉，未成熟的果实中含有大量的淀粉。在保藏过程中，果实中的淀粉逐渐转化成单糖，其甜味加大。

4. 有机酸

有机酸是果实中酸味的主要来源。果品类原料中所含的有机酸主要有苹果酸、柠檬酸和酒石酸三种，统称为酒酸。酒石酸酸度最大，其次是苹果酸，再次是柠檬酸，大多数果实中都含有苹果酸，但柑橘类果实则只含有柠檬酸，葡萄中则以酒石酸为主，果实中总酸含量为0.1%～0.5%，柠檬酸含量最高达到5%～6%。

果实酸味的强弱，既与总酸含量有关，也取决于果实中酸碱度的高低。酸度上升，酸味增强，甜味降低。

在果实成熟过程中，有机酸的含量随果实的生长而增长，但接近成熟时逐渐减少。

5. 纤维素

纤维素是构成果实细胞壁和输导组织的重要成分，它不溶于水。在果实的表皮细胞中，纤维素又与木质素、果胶等结合成为复合纤维素，对果实起到保护作用。

果品类原料中所含纤维素的多与少、精与粗直接影响果品类原料的口感。果品类原料中所含的纤维素越多，则越粗，在食用时越感到粗老。

纤维素可促进人体胃肠蠕动，刺激消化腺，分泌消化液，对人体的消化起到一定的间接作用，对一些消化道的疾病起到预防作用。

6. 维生素

果品类原料中所含的维生素比较丰富，主要有以下几种。

（1）维生素C：大枣、山楂含维生素C的量比较多。

（2）胡萝卜素：在橙色水果中（如橘、杏、柿子等）都含有少量的胡萝卜素，它不溶于水，而溶于脂肪，容易被氧化破坏。

（3）维生素P：又称柠檬酸，可溶于水，大多数水果中都含有，但含量极少，枣中含量较高。

7. 糖苷

糖苷是由糖与醇、醛、酚、单宁酸、含硫或含氮化合物等构成的。脂态化合物果实中含有各种苷，大多数都有苦味，有的含有剧毒。例如，杏仁苷在酶的作用下可分解成苯甲醛，散发出果实特有的芳香，同时也产生氢氰酸，所以食用过多的苦杏仁，会发生食物中毒。

8. 含氮物质

水果中含氮物质极少，一般为0.2%～2.1%，主要是蛋白质。

9. 单宁物质

单宁物质是几种多酚类化合物的总称。它溶于水且有涩味，存在于许多果实中，含量低时会给人一种清凉味，含量高时不宜食用。

10. 色素

水果的颜色是多种色素混合而成的。果实之所以颜色不同是由于果实中含有的色素种类和数量不同。由于生产条件不同和成熟度的变化，果实的颜色也随之发生变化。果实的色素分为两大类：一类是水溶性的，如花青色素、花黄色素；另一类是非水溶性的，如叶绿素和类胡萝卜素。

11. 酶

酶是有机体的生命活动中不可缺少的物质，它能控制生物体的新陈代谢。酶是由蛋白质构成的，它因受外界条件的影响而不断变化。新鲜水果在温度较高的情况下，酶的活性增强，物质分解速度加快，极易变质；在温度较低的情况下，酶的活性变弱，物质分解速度变慢，延缓它的成熟。

果实的不同器官在不同的成熟阶段及在保藏过程中都与酶的作用有关，随着果实的成熟，酶的活动逐渐趋向水解，淀粉转化成糖，使水果变甜。

12. 无机盐（又称矿物质）

果实中含有很多种无机盐，如钙、磷、铁、镁、钾、钠等。果实中橄榄的含钙量较高，草莓、香蕉含磷量较高，樱桃含铁量较高。

13. 果胶物质

果胶物质是构成植物细胞壁的主要成分，是植物细胞中普遍存在的多糖化合物，以原果胶、果胶和果胶酸三种不同形式存在于水果的组织中。

14. 芳香油

水果清香宜人，其香味来源于水果本身所含有的各种不同芳香物质，即芳香油，主要存在于果皮中，而果肉中含量较少。果实中所含的芳香物质决定果实的香味，香味能刺激食欲，有助于人体对其他物质的吸收，有的芳香油还具有杀菌能力。

二、果品类原料的分类及组织结构

果品类原料的分类方式有多种，本教材采用商品学分类方法，将果品分为鲜果类、干果类和果品制品类。

  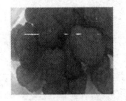

▲鲜果　　　　　▲干果　　　　　▲果品制品

三、果品类原料的烹饪应用

果品在烹饪中应用很广，从大型筵席到日常小吃，都有果品的使用，如传统高级筵席上的四干碟、四果脯、四蜜饯、四鲜果、四蜜碗等。概括起来，其烹饪应用体现在以下几个方面。

1. 作为菜肴的主料，多用于甜菜的制作（如拔丝苹果、水果沙拉）

▲拔丝苹果

▲水果沙拉

2. 作为菜肴的配、辅料，增加其风味特色（如宫保鸡丁、菠萝咕咾肉）

▲宫保鸡丁

▲菠萝咕咾肉

3. 作为菜肴的装饰物，起美化作用（如香橙冬瓜条、龙井虾仁）

▲香橙冬瓜条

▲龙井虾仁

4. 可制作糕点的馅心，起改善风味、美化作用（如五仁月饼、红枣发糕）

▲五仁月饼

▲红枣发糕

5. 制作药膳及保健粥品（如桂圆红枣莲子汤、山药红枣莲子粥）

▲桂圆红枣莲子汤

▲山药红枣莲子粥

四、果品类原料的品质鉴别和保藏

（一）果品类原料的品质鉴别

果品类原料的品种较多且比较复杂，没有统一的品质鉴别标准，所以在鉴别果品类原料质量时，主要根据感官来鉴别果实的品质、颜色和大小。其中，果品的品质最为重要。果品的品质包括果形、成熟度、病虫害、机械损伤等项目，它直接关系到果品的营养和食用价值。

果品质量的基本感官指标有果形、色泽和花纹、成熟度、病虫害、机械损伤等。

在选择果品时，要挑选果形典型、色泽鲜艳、成熟度好、果大、无病虫害和无机械损伤的果实，以保证烹饪原料的质量。

（二）果品类原料的保藏

果品类原料特别是鲜果的保藏原理是，创造一个适宜的外界环境条件，既要维持果品正常的生理活动，又要尽量抑制其呼吸过程，以达到保存质量，减少损耗，延缓原料变质，延长储存时间的目的。常见果品类原料的保藏方法有以下几种。

1. 低温保藏法

苹果、梨、桃等水果，储藏的适宜温度为 0℃左右。

2. 窖藏法

地窖里的温度，冬季一般能维持在 0℃左右，春、秋季也能保持较低温度。

3. 库藏法

采用库藏法时，可根据水果的种类，以及对温度、湿度的不同要求而进行人工调控。

应根据不同果品类原料的特点分别进行处理。例如：

（1）果干类的脱水比较充分，采用不同的干燥方法（如日晒、熏或烘烤等方法）均容易保存，注意防尘、防潮、防虫蛀、防鼠咬等即可；

（2）干果本身比较干燥，保藏时重点要注意防潮、防虫蛀、防出油；

（3）蜜饯、果脯由于用糖熬煮过，一般不会变质，但时间也不宜太久，否则会出现干缩、返潮、有霉陈味等现象。一旦出现，用糖重新熬煮即可。

果品保管储藏要求：按类存放，严格挑选，合格码放，定期检查，发现问题及时处理，以确保果品类原料安全储藏。

注：在保藏果品时，切忌库内存放碱、油、酒，以及化学原料物质，以免刺激水果变色变味。

？ 想一想

1. 进行市场调查，列出常见果品并按商品学分类方法进行分类。

2. 果品类原料的烹饪用途和特点主要表现在哪些方面？

任务二　鲜果类

鲜果是指新鲜的、可食部分肉质化、柔嫩多汁或爽脆适口的植物果实。

一、桃

桃又称桃子，原产于我国，现在各省区广泛栽培，世界各地也均有种植，每年6月中旬到10月初均有成熟。

品质特点与种类：桃形状多为尖圆形，表面有绒毛，蒂部凹陷，果实肉厚，甘甜多汁，果肉呈白色、黄色或夹红晕，少数呈红色；肉质柔软、脆硬或密韧。品种有油桃、毛桃、蟠桃、黄桃等，以个大、无虫蛀、色白或略带红色，肉质柔软多汁，味甘甜者为佳品。

烹饪应用：在烹饪中，桃可鲜食、制作果盘，也可制作桃羹、蜜汁桃、拔丝桃、桃脯等。

饮食宜忌：桃果肉性温味甘酸，归胃、大肠经，具有养阴、生津、润燥活血的功效。桃子性热，有内热生疮、痈疖、面部痤疮者忌食；糖尿病患者忌食；桃子忌与甲鱼同食；烂桃不可食用。

▲油桃　　　　　　　　　▲毛桃

▲蟠桃　　　　　　　　　▲黄桃

二、苹果

苹果古称柰、平安果、超凡子等，是世界四大水果之一，原产于欧洲、中亚、西亚和土耳其一带，19世纪传入我国。我国主要产区为辽东半岛和山东半岛，自夏季至秋末陆续上市。

品质特点与种类：苹果形状多为圆形，表面光滑，蒂部凹陷，主要品种有辽伏、祝光、红星、富士系、国光系、元帅系、甜香蕉等，以个大、无疤痕、质脆、味甜而清香者为佳品。

▲红富士　　　　　　　　▲黄元帅

▲绿元帅　　　　　　　　▲红星

烹饪应用：苹果除鲜食外，主要适于拔丝、酿、蜜汁、扒等烹饪方法，也可加工成果脯、果干、果汁、果酒、果酱等制品。

饮食宜忌：苹果含有多糖、苹果酸、柠檬酸、酒石酸、鞣酸、单宁等，性平味甘、微酸，具有生津止渴、益脾止泻、和胃降逆的功效。苹果富含糖类和钾盐，冠心病、肾病、糖尿病患者不宜多食。心肌梗死患者不宜食用。饭前饭后不宜立即吃苹果。吃苹果后最好刷牙，因苹果含果酸和果糖，对牙齿有较强的腐蚀作用。

三、柑橘类

柑橘类是芸香科的一大类果实的总称，包括柑、橘、橙、柚、柠檬等。

1. 柑

柑又称柑子、金实，芸香科植物多种柑类的成熟果实，原产于我国，自长江两岸到闽、浙、两广、云贵、台湾等省都产柑。据《禹贡》记载，在4000年前的夏朝，柑就被列为进贡之物。柑于10—12月成熟。

品质特点与种类：柑的果实为球形稍扁，皮显黄色、橙黄色或橙红色，果皮粗厚，海绵层厚，质松，果皮同果肉的附着力大，较难剥离，果肉丰满，汁多核少，种子呈卵形，味甜酸适度，耐储藏。柑以同样大小，重者汁多，外皮呈鲜橙色，味甜者为佳品。

烹饪应用：主要鲜食。

饮食宜忌：柑类有清胃热、利咽喉、生津止渴、醒酒之功效。柑性凉，胃、肠、肾、肺功能虚寒的老人不宜多食，以免诱发腹痛、腰膝酸软等症。一般人群也不宜多食，多食柑易上火，易引起口角生疮、目赤肿痛，易诱发痔疮。

▲柑

2. 橘（桔）

橘又称橘子、蜜橘、黄橘等，为芸香科植物福橘或朱橘等多种橘类的成熟果实，产于我国江西、四川、浙江等地，10月下旬出产。

品质特点与种类：橘果实小而扁，顶部平或微凹，果皮呈红黄色或青黄色，果皮薄而宽松，海绵层薄，质韧，容易剥离，果心不充实，种子呈尖细状，仁绿色，囊瓣7～11个，味甜或酸，不耐储藏。橘的品种有温州蜜橘、四川红橘等。

▲橘（桔）

烹饪应用：橘适于鲜食、甜羹等烹饪方法，果肉可加工成罐头、蜜饯、果酱、果糕、果冻、果糖等耐储存制品，还可制作成果汁、果酒等饮料。

饮食宜忌：中医认为，橘子具有润肺、止咳、化痰、健脾、顺气、止渴的功效，肉、皮、络、核、叶皆可入药。橘络含有丰富的维生素P，用于防治高血压病，故吃橘子时不要撕去橘络。橘不宜多食，多食则湿热内生，使抵抗力下降，容易引发口腔炎、牙周炎、咽炎。饭前或空腹时不要吃橘子，以防有机酸刺激胃黏膜。患有风寒咳嗽、多痰及糖尿病患者忌食。

3. 橙

▲橙

橙又称橙子、黄果、甜橙、广柑，是芸香科植物橙的成熟果实，原产于我国东南部，约有近4000年的栽培历史，产于四川、湖南、湖北、广东等地，10月出产。

品质特点与种类：橙子果实呈球形或长球形，果皮呈黄色或橙黄色，皮厚光滑，与瓤瓣紧密地连在一起，不宜剥离。橙子分甜橙和酸橙，酸橙很少鲜食。鲜食以甜橙为主，果实汁液多，酸甜适度，富有香气。

烹饪应用：橙子以鲜食为主，也能加工成橙汁，亦可做成美味菜肴。

饮食宜忌：橙子可止呕恶，宽胸膈，解酒、解毒，但多食会伤肝气。贫血者不宜多食；糖尿病患者忌食；不宜与萝卜同食，以免诱发甲状腺肿大；饭前或空腹时不宜食用。

4. 柚

柚，常绿乔木，其果实称"柚子"，又称文旦、气柑，多见于我国南方，主要产于福建、广西、广东、浙江、四川等地，秋末出产。

品质特点与种类：柚子果实大，呈球形或倒卵形，成熟时呈淡黄色或橙色，果皮厚，难剥离。著名品种有广州金兰柚、福建文旦柚、四川沙田柚、台湾葡萄柚。果肉呈红色或白色，核大而多，汁多味厚，甜酸适口。

烹饪应用：柚子以鲜食为主。去除苦味的柚皮和柚肉可入肴，如柚羹汤丸、柚子炖乌鸡、蚝油柚皮等。

饮食宜忌：柚子性寒，体虚者不宜多食。高血压患者不宜吃柚子，尤其葡萄柚。常人服药期间不要食用柚子。过苦的柚子不宜食用。

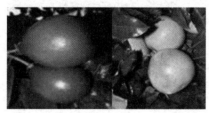

▲柚　　　　　　　　　　　　▲葡萄柚

5. 柠檬

柠檬又称柠果、洋柠檬、益母果等，为芸香科常绿小乔木果实，原产于马来西亚，现在我国台湾、福建、广东、广西等地也有栽培，10—12月果实陆续成熟。

品质特点与种类：依果实成熟后的表皮颜色，可将柠檬分为绿色和黄色两大类。青（绿）柠檬原产于热带及亚热带地中海海洋气候区，是在我国台湾地区经多年改良培育而成的一个柠檬品种，形状呈椭圆形，表皮呈绿色或黄绿色，粗糙不光滑。黄柠檬果实呈椭圆形或圆形，顶端有乳头状突起，果皮为黄色，表面粗糙，皮厚而香，果汁极酸。柠檬中含有丰富的柠檬酸，因此被誉为"柠檬酸仓库"。因其味极酸，肝虚孕妇最喜食，故称益母果或益母子。著名品种有尤利格、里斯本、北京柠檬等。

烹饪应用：柠檬可生食，一般切片吃或做鸡尾酒的装饰。烹饪有膻腥味的食品时，可在起锅前将柠檬鲜片或柠檬汁放入锅中，去腥除腻。

饮食宜忌：柠檬味极酸，易伤筋损齿，不宜食用过多。牙痛、糖尿病患者忌食，胃及十二指肠溃疡或胃酸过多者忌食。

▲黄柠檬　　　　▲青柠檬

四、梨

梨又称快果、果宗、蜜父、玉露等。我国是梨属植物的中心发源地之一，并多在华北、东北、西北及长江流域各省分布，亚洲梨大都源于亚洲东部，日本和朝鲜也是亚洲梨的原始产地，8—9月果实成熟时采收。

品质特点与种类：梨果实有圆形、扁圆形、椭圆形、瓢形等，果皮呈黄白色、赤褐色、青白色或暗绿色，果肉近白色。梨的品种很多，主要有：白梨，果实呈倒卵状或卵圆形，品种有鸭梨、香梨等；沙梨，果实呈圆形，品种有雪梨、三花梨、砀山梨等；秋子梨，果实呈球形或扁球形，品种有香水梨、京白梨、南果梨等；西洋梨又称洋梨，品种有巴梨、茄梨等。梨是"百果之宗"，因其鲜嫩多汁、酸甜适口，所以又有"天然矿泉水"之称。

▲鸭梨

▲砀山梨

▲秋子梨

▲茄梨

烹饪应用：梨主要适于酿、蜜汁、甜羹。

饮食宜忌：梨富含维生素C、钙、磷；梨性寒味甘、微酸，有降血压、清热镇凉的作用，多食会引发腹泻。梨含糖量高，糖尿病患者应少食。

五、香蕉

香蕉又称蕉果、金蕉。我国是世界上栽培香蕉的国家之一，主要产于海南、云南、台湾、广东等热带地区，四季均产。

品质特点与种类：香蕉果实为长柱形，有棱，呈串状，成熟后果皮呈黄色，易剥离，果肉呈白黄色，软嫩，滑爽，滋味甜美。香蕉的主要品种有矮脚蕉、甘蕉和大蕉三类，以皮黄、洁净、无疤痕者为佳品。

烹饪应用：香蕉除鲜食外还适于炸、熘、拔丝、蜜汁等烹饪方法，如脆皮香蕉、拔丝香蕉等。

饮食宜忌：香蕉延年益寿，老少皆宜，亦是减肥者的首选。但香蕉性寒，体质偏虚寒者如胃寒、虚寒、肾炎者不宜食用。

▲香蕉　　　　　　　　　　　　　▲拔丝香蕉

六、葡萄

葡萄又称草龙珠、山葫芦等，原产于亚洲西部地区，现世界各地均有栽培，在我国主要产于新疆、山东、辽宁、河北等地，秋季上市。

品质特点与种类：葡萄果实多为圆球形或椭圆球形，色泽随品种而异，产量几乎占全世界水果的1/4，品种有紫玫瑰葡萄、龙眼葡萄、无核白葡萄、巨峰葡萄等。

烹饪应用：葡萄的用途很广，除鲜食外还可以做甜菜（如拔丝葡萄），葡萄干可用于制作面点、甜饭的配料或装饰用料，亦可制干、酿酒、制汁、酿醋、制罐头、制果酱等。

饮食宜忌：葡萄有补血、健胃、益气、滋肾之功效。葡萄不宜多食。糖尿病患者不宜食用。

▲紫玫瑰葡萄　　　　　▲龙眼葡萄　　　　　▲无核白葡萄

七、西瓜

▲西瓜

西瓜又称水瓜、原瓜、寒瓜，由西域传入我国，所以称为西瓜，在我国主要产于山东、河南、河北、浙江等地，7—8月成熟。

品质特点与种类：西瓜为圆形或椭圆形，果皮呈浓绿色、绿白色或绿色夹蛇皮纹，瓤有红色、浅红色、黄色等，味甜，营养价值高，果皮、果肉、种子都可食用、药用，有无籽西瓜、花皮西瓜等品种，以果实光洁不软，花纹亮，用手轻拍瓜时声砰砰者为佳品。

烹饪应用：西瓜除用于鲜食、果盘、制酱外，也可制作热菜。

饮食宜忌：西瓜具有清热解暑、除烦止渴、降压美容、利水消肿等功效。脾胃虚寒湿盛、消化不良、腹胀腹泻、食欲不振者，或肾功能不好者均应慎食或忌食。

八、菠萝

菠萝又称凤梨、草菠萝等，原产于巴西，现在我国产于广东、广西、福建、台湾等地。

品质特点与种类：菠萝果实呈球果状，是一个多汁的聚花果，有鳞片牙苞。果实中心有一层厚的肉质中轴，果肉为淡黄色，松软多汁，甘甜鲜美，有特殊的芳香气味。

烹饪应用：菠萝除用于鲜食、果盘外也可制作热菜，如菠萝饭、菠萝咕咾肉等。

饮食宜忌：菠萝有解暑止渴、消食止泻的功效。皮肤湿疹、疮疖、糖尿病患者及菠萝过敏者忌食。胃寒、寒咳、虚喘者不宜生食或生饮菠萝汁，可煎煮后食用。（有人食鲜菠萝会发生过敏反应，预防"菠萝病"的方法是将菠萝用盐水泡一会儿。）

▲菠萝

▲菠萝饭

九、樱桃

樱桃又称楔荆桃、车厘子，在我国主要产于山东、安徽、江苏、浙江、河南、甘肃、陕西等地。

品质特点与种类：樱桃果实色泽鲜艳、晶莹美丽，红如玛瑙，黄如凝脂，营养特别丰富，富含糖、蛋白质、维生素及钙、铁、磷、钾等多种元素。樱桃可分为中国樱桃、毛樱桃、甜樱桃、酸樱桃，著名品种有短柄樱桃、泰山樱桃、大鹰紫甘桃等。樱桃外擦能防治冻疮，但樱桃不易储藏。

烹饪应用：除供鲜食外还可制成罐头、果酱、果酒、果汁、蜜饯等。

饮食宜忌：一般人群均可食用。樱桃的含铁量特别高，常食可补充身体对铁元素的需求，促进血红蛋白再生，既可防治缺铁性贫血，又可增强体质，健脑益智；樱桃可调中益气，健脾和胃，祛风湿；消化不良者、瘫痪者、风湿腰腿痛者、体质虚弱者适宜食用。有溃疡症状者、上火者慎食；糖尿病患者忌食。

▲短柄樱桃　　　　　　　　▲泰山樱桃

? 想一想

1. 列举出所知的用水果制作的菜肴。
2. 柑、橘、橙的区别是什么？

任务三　干果类

干果是指含水量低，外壳坚硬或内有果核、质地坚实的一类果实。常见的干果有以下几种。

一、核桃

核桃又称胡桃、羌桃、长寿果等，主要分布在欧洲东南部、喜马拉雅山，我国分布也很广，主要生长于空旷的林地。

品质特点与种类：核桃果实近球形，果皮坚硬，有浅色皱褶，呈黄褐色。核仁质脆，呈不规则块形，整体似球形，凹凸不平。种皮不易剥落，果仁有油脂味、甘甜。核桃以个大、皮薄、饱满、干透、无虫蛀、无哈喇味者为佳品。

烹饪应用：核桃仁分干、鲜两种，一般鲜者适合做各种热菜，如琥珀核桃仁，干者适合做馅心甜菜。

饮食宜忌：核桃的营养价值很高，含有糖类、脂肪、蛋白质和丰富的矿物质。核桃性温味甘，入肾、肺、大肠经，多食会引起腹泻。痰火喘咳、阴虚火旺、便溏腹泻者不宜食用。为保存营养，食用时核桃仁表面的薄皮不宜去掉。

▲核桃　　　　　　　　　▲琥珀核桃仁

二、板栗

板栗又称栗子、魁栗、毛栗，原产于我国，多见于山地，已由人工广泛栽培，9—10月成熟。板栗素有"干果之王"的美誉。

品质特点与种类：板栗果实呈半圆形或半球形，果皮赤褐色，果肉有光泽、味甜、营养丰富。我国板栗有南方和北方两大品种。南方品种，果形大，甜度低，淀粉含量高，肉质偏粳性，适于菜用；北方品种，果形小，蛋白质与糖分含量较高，淀粉含量低，肉质糯性，适于炒食，著名的有京东板栗等。板栗以粒大、饱满、均匀、味甜、质地脆、无虫蛀、无霉蛀者为佳品。

烹饪应用：板栗可生食，多数熟食。烹饪适用面广，可制作菜肴、主食、点心。制作菜肴时，主配、冷热、荤素、甜咸无不相宜，烧、焖、炒、炖、扒、煎、拔丝均可，如栗子鸡、栗子烧白菜等；还可做成栗子粉。

饮食宜忌：板栗有健脾胃、益气、补肾、壮腰、强筋、止血和消肿强心的功效。脾胃虚弱、消化不良者或患风湿者不宜食用。生食一次不宜多。变质的栗子不能食用。

▲板栗

▲栗子烧白菜

三、花生

花生又称落花生、番豆、地豆等，原产于南美洲一带，现我国大部分地区均有种植，花果期为6—8月。

品质特点与种类：花生果实呈椭圆形，每个荚果内有1～4粒花生种子，果皮厚革质，有凸起的网脉，色泽黄白，硬而脆，外有淡红色薄膜种衣，种仁白色。花生被人们誉为"植物肉"，含油量高达50%，品质优良，气味清香，品种主要有普通型、蜂腰型、多粒型、珍珠豆型等。花生去壳、去内衣为花生仁，以粒大身长、粒实饱满、色泽洁白、香脆可口、含油脂多者为佳品。

烹饪应用：花生生熟均可食用。带壳花生可用盐水煮，做小菜；去壳者，可油炸、挂霜、水煮、酱卤，做凉菜；热菜中一般作为配料，是"宫保"式菜肴的必配原料；还可以榨油。

饮食宜忌：花生性平味甘，入脾、肺经，可以醒脾和胃、润肺化痰、滋养调气、清咽止咳。花生含油量极高，痛风患者、胃溃疡、慢性胃炎、慢性肠炎患者禁食，糖尿病患者需控制每日摄入量。

▲花生　　　　　　　　　　▲挂霜花生

四、杏仁

杏仁为蔷薇科植物杏的核仁，原产于我国，遍植于中亚、西亚、地中海地区，我国主要分布于河南、河北、辽宁、甘肃等地，花期为 3—4 月，果期为 6—7 月。

品质特点与种类：杏仁略扁，顶端渐尖，基本纯白，左右不对称，以扇形粒大饱满、纹路均匀、味香而甘、圆扁整齐、白黄洁净、不发油者为佳品。品种有苦杏仁和甜杏仁。苦杏仁多为山杏的种子，内蒙古多产苦杏仁。

▲杏仁

烹饪应用：烹饪中用的杏仁均为甜杏仁，可以制成饮料、西点的馅心，也可用温油炸制或作为菜肴的辅料。

饮食宜忌：正确食用杏仁，能够达到生津止渴，润肺定喘，滑肠通便，减少肠道癌的功效。产妇、幼儿、湿热体质的人和糖尿病患者不宜食用。

五、腰果

腰果又称鸡腰果、介寿果，腰果树的果实，上面部分像红苹果，下面挂着的才是腰果。种子长在果实外面。腰果原产于巴西，16 世纪传到亚洲，在 50 多年前才引进我国，在广东、广西、海南和云南等地有种植。

品质特点与种类：腰果与榛子、核桃、杏仁被称为"世界四大干果"，呈心形或肾形，色泽黄白，味微甜。腰果以颗粒饱满，肉色白、光亮，无虫蛀、霉变，不走油、无哈喇味者为佳品。

烹饪应用：腰果适于炸、炒等烹饪方法，既可作为菜肴配料，也可作为点心馅料及装饰。代表菜肴有腰果鸡丁、腰果虾仁等。

▲腰果　　　　　　　　　　▲腰果虾仁

饮食宜忌：腰果补脑养血，补肾，健脾，下逆气，止久咳。腰果果皮和种皮有毒，其水提取物与皮肤接触会发生刺痛、红肿和起泡，误食则会引起舌部刺痛和腹痛。过敏体质的人慎食。

六、莲子

▲莲子

莲子又称藕实、莲蓬子、水芝丹。我国大部分地区均有出产，以江西、福建出产的最佳，秋、冬季果实成熟。

品质特点与种类：莲子果实呈圆形，质坚硬，不易破开，内含籽粒，即莲籽，表皮红棕色或黄棕色，有纵纹，紧贴种仁上，不易剥离。莲子以个大形圆、均匀饱满、颗粒完整、肉色玉白者为佳品。

烹饪应用：莲子自古以来就是公认的老少皆宜的鲜美滋补佳品。其吃法很多，可用来配菜、做羹、炖汤、制饯、做糕点等。

饮食宜忌：莲子具有清心醒脾、养心明目、补中养神、健脾补胃、止泻固精、益肾涩精止带、滋补元气之功效。中满痞胀及大便燥结者忌服。

七、白果

白果又称鸭脚子、灵眼、佛指柑，是银杏的成熟种子，主产于我国广西、四川、河南、山东、湖北等地，秋末种子成熟后采收。

▲白果

品质特点与种类：白果呈椭圆形，长 1.5 ~ 2.5cm，宽 1 ~ 2cm，厚约 1cm。表面呈黄白色或淡黄棕色，平滑坚硬，一端稍尖，另一端钝，边缘有 2 ~ 3 条棱线，种皮（壳）质硬，内种皮膜质。一端为淡棕色，另一端为金黄色。种仁粉性，中间具小芯，味甘、微苦。

烹饪应用：白果除去肉质外种皮后洗净，煮熟后即可做菜。

饮食宜忌：白果含有氢氰酸，食用前一定要煮熟，否则易出现中毒症状，且一次不能多食。

八、桂圆

桂圆又称龙眼，原产于我国南部及西南部，6—8月果实成熟，呈黄褐色时采摘。

▲桂圆

品质特点与种类：桂圆果实呈球形，浅黄色，果肉呈白色，多汁，味甘甜，透明，以颗粒大而均匀、身干无破壳、不霉变、无虫蛀、色泽黄褐色者为佳品。

烹饪应用：桂圆可直接食用。经加工后制成的桂圆干一般制成甜菜或甜点。

饮食宜忌：桂圆益心脾，补气血，安神，但属湿热食物，多食易滞气，有上火、发炎症状的时候不宜食用。变味的桂圆不要食用。

九、榛子

▲榛子

榛子又称平榛、槌子、山板栗，为桦木科植物榛的种仁，是一种野生的名贵干果，主产地是土耳其，秋季成熟后采收。

品质特点与种类：榛子果形似栗，卵圆形，有黄褐色外壳；种仁气香、味甜、具油性（含油量达45%～60%，高于花生和大豆）。榛子以个大、饱满，壳薄、无木质毛绒，果实的仁衣色泽黄白、仁肉白净者为佳品。

烹饪应用：榛子适于炒的烹饪方法，也可作为糕点、糖果的配料。

饮食宜忌：榛子具有补气、健胃、养血的功能，一般人群均可食用，是适合癌症、糖尿病患者食用的坚果补品。榛子含有丰富的油脂，胆功能严重不良者应慎食。存放时间较长后不宜食用。每次食用20粒为宜。榛子性滑，泄泻便溏者应少食。

十、松子

松子又称松籽、松子仁、红松果等，为松树的种子，我国东北、云南等地均有出产。

品质特点与种类：目前国内的松子主要分为两种，即东北松子和巴西松子。松子呈黄褐色，有明显的松脂芳香味，以个大、饱满，壳浅褐色、光亮，仁洁白，芽芯白者为佳品。

▲东北松子　　　　　　　▲巴西松子

烹饪应用：松子以炒食、煮食为主。存放时间长了会产生"油哈喇"味，不宜食用。

饮食宜忌：松子有滋补作用，不论年老年少皆可食用。松子中的脂肪成分是油酸、亚油酸等不饱和脂肪酸，有很好的软化血管的作用。便溏、精滑、咳嗽痰多、腹泻者，胆功能严重不良者应慎食。每天食用松子的量以 20 ～ 30g 为宜。

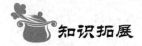 **知识拓展**

如何选择糖炒板栗

刚出锅的糖炒板栗非常受欢迎。专家提醒，"卖相"太好的糖炒板栗可能加入了对身体有害的工业石蜡，这样炒出来的板栗颜色鲜亮，销路好。因为工业石蜡成分比较复杂，过多摄入会对身体产生一定的影响。因此在板栗等食品中是禁止添加工业石蜡的。专家建议，购买糖炒板栗要选择正规的有经营许可证的商家或有食品质量标志的袋装糖炒板栗，切不能购买街边不法商贩的糖炒板栗，以免损害健康。

? 想一想

1. 以腰果为主料或辅料制作的菜肴有哪些？（可查阅相关资料）
2. 干果和鲜果的区别是什么？

任务四 果品制品

果品制品是指对鲜果进行干制、糖制、罐制等人工处理，以保持果品的风味和营养价值，增强果品耐储性的一类烹饪原料。一般将常见的果品制品分为果干类、果脯蜜饯类、果酱类。

一、果干类

果干是指鲜果经过晾晒或烘干而成的食品。果干的水分在 12% 以内便于保存，供直接食用或复制食品用。

常见果干如表 4-1 所示。

表 4-1 常见果干

种　类	中国产地	品质特点与种类	烹饪应用	饮食宜忌
红枣	主产于山西、陕西、河北、山东、河南、甘肃六大传统产枣大省及新疆新兴枣产区	以干燥适度、没有破损、没有病虫害、色泽红润、大小整齐、皮薄肉厚、皱纹少而浅，掰开果肉不见丝纹，甜性足，无涩、酸味者为佳品。分为大枣和小枣两类。名品有乐陵金丝小枣、保定大枣、新郑大枣、山西大枣等	适于烧、煨、蒸、炖、蜜汁、拔丝等烹饪方法，可制成枣泥或馅心	老少皆宜。湿热内盛者，小儿疳积和寄生虫病儿童，齿病疼痛、痰湿偏盛、腹部胀满、舌苔厚腻者忌食，糖尿病患者不宜多食。鲜枣不宜多吃，否则易生痰、助热、损齿
葡萄干	主产于吐鲁番、哈密等地	以粒大壮实、柔糯甜蜜、不酸不涩者为上品。主要有白葡萄干、红葡萄干、绿葡萄干。其中白葡萄干采用新疆无核白葡萄加工而成，质量最好	生食，煮汤、羹，可制作糕点	糖尿病患者忌食，肥胖者也不宜多食

续表

种　类	中国产地	品质特点与种类	烹饪应用	饮食宜忌
柿饼	主产于山东、河北、陕西、山西、河南等地	以个大圆整、柿霜白而厚、肉色红亮、质软糯、味甜不涩、无核或少核者为佳品。 分为灯笼柿饼和扁形柿饼。 名品有山东曹州柿饼、陕西柿饼、河南柿饼等	除可生食外，多用于甜菜、点心馅料的制作	空腹不宜食用太多
荔枝干	主产于广东、广西、云南、海南、四川、台湾及福建南部等地	以身干、颗粒大、圆整均匀、壳色亮黄、肉厚、甜味足、核小者为佳。 分为兴花圆、泡圆等	除可生食外，多用于甜菜、点心馅料的制作	性温味甘、酸。鲜食荔枝一次不宜过多。忌空腹食用。过敏体质者不宜食用

自古以来就被列为"五果"的是桃、李、梅、杏、枣。

二、果脯蜜饯类

果脯蜜饯属于果品的糖果制品，都是用新鲜瓜果经过高浓度糖液的腌渍加工而成。

1. 果脯

（1）果脯的概念：是指将鲜果直接用糖液浸煮后，晒干或烘干的干性制品。

（2）果脯的特点：果身干爽、保持原色、质地透明。

（3）果脯的分类：按其加工方法的不同可以分为北方果脯和糖衣果脯两大类。

① 北方果脯：将鲜果经糖液浸煮后干燥制成。表面较干燥，一般呈半透明状，不黏手，基本保持鲜果原来的色泽。北方果脯有北京、河北产的苹果脯、猕猴桃脯、圣女果脯、桃脯、金丝蜜枣、话梅、梨脯、青梅脯等。

② 糖衣果脯：将鲜果用糖液浸煮后冷却而成。表面挂有细小的砂糖结晶，质地清脆。糖衣果脯有浙江、江苏、福建、广东、四川等地生产的橘饼、糖冬瓜、糖藕片、糖姜片、青红丝等。

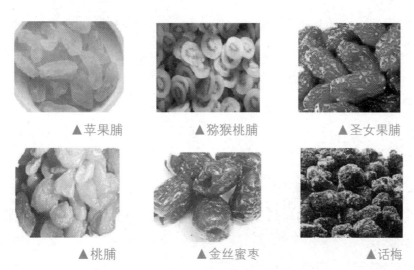

▲苹果脯　　　　▲猕猴桃脯　　　　▲圣女果脯

▲桃脯　　　　▲金丝蜜枣　　　　▲话梅

2. 蜜饯

（1）蜜饯的概念：将鲜果或干果坯作为原料，经糖液浸煮后，加工而成的半干性制品。

（2）蜜饯的特点：果形丰润、甜香俱浓、风味多样。

（3）蜜饯的分类：按其制法不同可分为糖衣蜜饯、带汁蜜饯和甘草蜜饯三类。

三、果酱类

果酱是指把水果、糖及酸度调节剂混合后，在超过100℃的温度下熬制而成的凝胶物质，又称果子酱。果酱类包括果酱、果泥、果冻等多糖高脂食品。烹饪中可制作各式冷菜，也可制作热菜，如蓝莓山药。

▲橙子酱　　　　▲番茄酱　　　　▲蓝莓酱　　　　▲苹果酱

? 想一想

怎样制作番茄酱？

知识检测

一、填空题

1. 果品类原料是指高等植物所产的_____或_____，以及它们的_____。

2. 莲子以_____、_____、颗粒完整、肉色玉白者为佳品。

3. 蜜饯按其制法可分为_____、_____和_____三类。

4. 糖制果品主要包括_____和_____两大类。

二、选择题

1. 水果种类很多，但一般以（　　　）感为多。

A. 清香的甜味　　　B. 酸甜味　　　　C. 涩味和甜味　　　D. 果香和甜味

2. 低温保藏水果时温度应控制在（　　　）左右为宜。

A. 0℃　　　　　　B. 5℃　　　　　　C. 10℃　　　　　　D. 15℃

3. 下列属于香蕉的主要产地的是（　　　）。

A. 广东　　　　　　B. 辽宁　　　　　　C. 大连　　　　　　D. 新疆

4. 下列水果中含糖指数较低的水果是（　　　）。

A. 西瓜　　　　　　B. 柚子　　　　　　C. 猕猴桃　　　　　D. 香蕉

5. 核桃的营养价值很高，含有糖类、（　　　）、蛋白质和丰富的矿物质。

A. 维生素C　　　　B. 脂肪　　　　　　C. 纤维素　　　　　D. 维生素A

6. 板栗的成熟期为（　　　）。

A. 6—7月　　　　　B. 9—10月　　　　C. 7—8月　　　　　D. 8月上旬

7. 我国著名的京东板栗产于（　　　）。

A. 山东省泰安市   B. 辽宁省丹东市

C. 河南省确山县   D. 北京东部燕山山区

8. 下列不属于世界四大干果的是（   ）。

A. 核桃   B. 腰果   C. 榛子   D. 花生

9. 花生又称落花生，通常在（   ）上市。

A. 2—3月   B. 3—5月   C. 6—7月   D. 9—10月

10. 花生去壳、去内衣为花生仁，以粒大身长、粒实饱满、色泽洁白、（   ）、含油脂多者为佳品。

A. 绵软   B. 酥脆   C. 香脆可口   D. 入口即化

11. 杏仁有甜、苦两种，甜杏仁中（   ）的含量低，苦杏仁含量高。

A. 苯四醛   B. 苦杏仁苷   C. 苦杏仁素   D. 氢氰酸

12. 腰果原产于（   ）。

A. 中国大陆   B. 巴西   C. 日本   D. 中国台湾

13. 白果的假种皮腐烂，露出晶莹洁白的果核，敲开果核，才是（   ）的果仁。

A. 白色   B. 黄色   C. 玉绿色   D. 棕色

14. 白果仁含有白果苷，可分解出（   ），食用不当会引起中毒。

A. 营养素   B. 维生素   C. 毒素   D. 龙葵素

15. 以假种皮为食用对象的水果是（   ）。

A. 苹果   B. 橘子   C. 桃子   D. 龙眼

16. 桂圆的上市时间是（   ）。

A. 3—5月   B. 6—7月   C. 8—9月   D. 10—11月

17. 榛子是世界四大干果之一，是一种（   ）的名贵干果。

A. 培植   B. 移植   C. 野生   D. 嫁接

18. 榛子的含油量达（   ），高于花生和大豆。

A. 30%～35%   B. 35%～40%   C. 45%～60%   D. 65%

19. 松子呈黄褐色，有明显的（   ），以个大、饱满，壳浅褐色、光亮，仁洁白，芽芯白者为佳品。

A. 松脂芳香味   B. 清香味   C. 甜香味   D. 花香味

20. 果干的水分应保持在（   ）以内。

A. 10%   B. 11%   C. 12%   D. 13%

21. 蜜饯是将鲜果或干果坯作为原料，经（   ）后加工而成的半干性制品。

A. 油炸   B. 风干   C. 发酵   D. 糖液浸煮

22. 金丝蜜枣属于（   ）果脯。

A. 北方   B. 南方   C. 高原   D. 非

三、判断题

1. 一般来说，未成熟的果品营养价值较高。（　　）

2. 果品类原料按商品学分类方法可以分为鲜果类、干果类和果品制品类。（　　）

3. 保持适宜温度是保藏水果至关重要的条件。（　　）

4. 水果主要含有维生素C和无机盐，食用水果不利于钙、铁的吸收。（　　）

5. 早熟苹果成熟期为每年的8月下旬至9月下旬。（　　）

6. 苦杏仁中含有苦杏仁苷，在人体内水解释放出氢氰酸而使人中毒。（　　）

拓展练习

1. 果品一般是指木本植物和（　　）所产的可以直接生食的果实和各植物的种仁。

　　A. 部分草本植物　　　　　　　　　B. 部分低等植物

　　C. 部分水生植物　　　　　　　　　D. 部分裸子植物

2. 鲜果的品种很多，有苹果、梨、橘子、香蕉等（　　）余种。

　　A. 10　　　　　　B. 20　　　　　　C. 30　　　　　　D. 40

3. 苹果按（　　）可分为伏苹果和秋苹果。

　　A. 成熟期　　　　B. 种植期　　　　C. 口感　　　　　D. 颜色

4. 核桃以饱满、无杂质、（　　）、无虫蛀、未出过油的为佳品。

　　A. 无异味　　　　B. 无香味　　　　C. 味醇正　　　　D. 无苦味

5. 杏仁为我国原产，（　　）多产苦杏仁。

　　A. 辽宁　　　　　B. 内蒙古　　　　C. 新疆　　　　　D. 北京

6. 白果于（　　）果实成熟，有椭圆形、倒卵形和圆珠形。

　　A. 5月　　　　　B. 7月　　　　　C. 10月　　　　　D. 12月

7. 榛子具有补气、健胃、（　　）的功能。

　　A. 养血　　　　　B. 明目　　　　　C. 榨油　　　　　D. 健脾

8. 松子一般在（　　）开始成熟。

　　A. 2月上旬　　　B. 6月上旬　　　C. 10月下旬　　　D. 9月上旬

9. 蜜饯有（　　）和不带汁的两种。

　　A. 带果核的　　　B. 带果肉的　　　C. 带糖粒的　　　D. 带汁的

10. 蜜饯是水果用高浓度的糖液或（　　）浸透果肉加工而成。

　　A. 白糖　　　　　B. 红糖　　　　　C. 蜜汁　　　　　D. 蜂蜜

11. 带汁蜜饯含有（　　），鲜嫩适口，光亮湿润，浸在半透明的蜜汁或浓汤液中，故习惯称蜜饯。

　　A. 水分较多　　　B. 果肉较多　　　C. 糖水较多　　　D. 果核较多

项目五 植物性原料——菌藻类

竹笋

 **任务目标**

知识目标：

● 了解菌藻类原料的概念和种类；

● 了解菌藻类原料的主要成分及营养价值、特殊品种的饮食宜忌；

● 掌握菌藻类原料的烹饪运用规律和保藏方法。

能力目标：

● 能识别各种常见菌藻类原料；

● 能根据不同的烹调方法和菜点制作要求选择菌类原料；

● 能对常见的菌藻类原料品质进行鉴别。

任务一 食用菌类

一、食用菌简介

菌类原料是指以肥大子实体作为蔬菜食用部位的某些烹饪原料。子实体常为伞状，包括菌盖和菌柄两个基本组成部分，此外还有耳状、花状、头状等，且颜色繁多。食用菌类又称菇、蕈。食用菌按商品来源可分为野生和栽培两种；按加工方法，可分为鲜品、干品、腌渍品和罐头 4 类。现已知的食用菌有 2000 多种，广泛被食用的有 30 多种。

二、食用菌的营养及保健功能

菌类蛋白质含量占干重的 20% ~ 40%，富含多种氨基酸，具有特殊的鲜香风味。食用时，需注意不要误食毒菇。毒菇大多数颜色艳丽，菌盖和菌柄上一般长有斑点，并常有液状物质，如破损则在破损处有白色汁液渗出，并且很快变色。多数可食用菌类为白色或者棕黑色，有时为金黄色或土黄色，肉质厚软，表皮干、滑并带有光泽。

三、烹饪中的常用品种

1. 木耳

木耳又称黑木耳、云耳、黑菜，我国各地均有栽培，东北、东南、西南各地均产，主产区为东北。

品质特点与种类：根据木耳的生长及采收季节可分为春木耳、伏木耳和秋木耳。春季和秋季产的木耳肉质较厚，质量好；夏季产的肉质比较薄，质量稍差。干木耳以朵面乌黑光润，朵背略呈灰白色，朵形大小适度、涨性好、干燥、蒂端不带树皮，气味清香者为佳品。

烹饪应用：木耳烹制时可作为主、配料，可与多种原料搭配，适于冷菜、热菜多种烹饪方法，也可作为菜肴的装饰原料。

饮食宜忌：木耳性平味甘，有清胃涤肠、帮助消化纤维类物质的功能。但鲜木耳中含有毒素（卟啉物质），会引起日光性皮炎，故不可食用。黑木耳有活血抗凝的作用，故有出血性疾病者不宜食用。孕妇不宜多食。

▲干木耳

▲凉拌木耳

2．银耳

银耳又称白木耳、雪耳、银耳子等，被称为"山珍"。

品质特点与种类：银耳子实体由许多瓣片组成，状似菊花或鸡冠，白色、胶质、半透明、多皱褶；干燥后呈黄色或白色，质硬而脆。煮后胶质浓厚，润滑可口。我国许多地区均有栽培，其中福建所产的漳州银耳久负盛名。银耳以子实体大而完整、色洁白、光亮、质较松、体轻干燥、味清香、胶质厚重者为佳品。

烹饪应用：烹饪食用银耳要讲究科学，如用银耳滋养调补宜煮食；治病宜蒸食；冬令进补应炖食。烹制中，银耳常与冰糖、枸杞等共煮后作为滋补饮品；也可采用炒、熘等烹饪方法与鸡、鸭、虾仁等配制成佳肴，如珍珠银耳、银耳虾仁、冰糖银耳羹等。

饮食宜忌：用银耳滋补身体不需特别多食，每日能服 3 ~ 9g 就可以满足人体需要，达到养身之目的。患外感风寒咳嗽或湿热生痰咳嗽时忌食。变质的银耳禁食。冰糖银耳含糖量高，睡前不宜食用，以免血黏度增高。

▲银耳

▲冰糖银耳羹

3．香菇

香菇又称香菌、冬菇、香蕈等，有"菌中之王""蘑菇皇后"的美称，是世界四大栽培食用菌（香菇、草菇、蘑菇、平菇）之一，也是素菜三菇（香菇、平菇、蘑菇）之一，通常为人工栽培，也有野生的，多分布于我国南方地区，产量很大，浙江南部是主产区。

品质特点与种类：香菇菌盖半肉质，淡褐色或紫褐色；表面覆以一层褐色小鳞片，露出白色菌肉；菌肉厚而致密，白色；菌褶白色。香菇按生长季节可分为春菇、秋菇、冬菇；按品质可分为花菇、厚菇、薄菇、菇丁。气候越冷，香菇菌盖长得越慢，肉质厚而结实，品质好。若表面有菊花纹，称为花菇；若无花纹，称为冬菇（厚菇）。春菇（薄菇）：春天气候回暖，菇盖开得快，大而薄，品质稍次。菇丁：菌盖直径小于2.5cm的小香菇，质柔嫩，味清香。香菇以子实体完整、色正味纯、无杂质、无霉烂、无异味者为佳品。

烹饪应用：香菇在烹饪中鲜、干均可用。香菇可作为主、配料，可炒、炖、煮、烧、拌、做汤、制馅及拼制冷盘，并常用于配色，如香菇炖鸡、葱油香菇、香菇菜心等。

饮食宜忌：香菇富含丰富的蛋白质及维生素D等，含18种氨基酸，7种人体必需氨基酸，现代中医认为其有调节新陈代谢、降血压和治疗贫血、抗癌等作用，且性平味甘，有益胃气。但香菇为发物，脾胃虚寒气滞者、患顽固性皮肤瘙痒症者不宜食用。

▲干香菇

▲香菇菜心

4．平菇

平菇又称冻菌、北风菌、鲍菇、蚝菇等，在我国广为分布及栽培，也是产量很大的一种食用菌。

品质特点与种类：平菇子实体肉质化肥厚，菌盖呈扇形，菌褶如扇骨；菌柄偏生或侧生，有的无柄；质地嫩滑可口，有类似于牡蛎的香味。平菇以形体完整、色正味纯、鲜嫩、无异味、无霉烂者为佳品。

▲平菇

烹饪应用：平菇在烹饪上常用鲜品，也可加工成干品、腌渍品，采用炒、炸、炖、蒸、拌、烧、烩等烹饪方法制作菜、汤，如炸平菇、烧平菇、凉拌平菇、椒盐平菇等。

饮食宜忌：平菇补虚，诸无所忌。消化系统疾病、心血管疾病及癌症患者尤其适宜。体弱者和更年期妇女也适合食用。

5．蘑菇

蘑菇又称洋蘑菇、肉蕈等，原产于欧洲、北美洲和亚洲的温带地区，在我国广为栽培，是我国主要的食用菌，福建、广西、浙江、河南等地产量大，多在冬季和春季上市。

▲蘑菇

品质特点与种类：蘑菇菌盖表面干爽，呈白色、灰色或淡褐色，初为扁半球形，后平展；菌肉厚而紧密，白色至淡黄色，菌褶初为淡红色，后变为紫褐色；质地致密，鲜嫩可口。常见的有双环蘑菇、双孢蘑菇、四孢蘑菇，以菇形完整，菌盖不开张，色泽正常，质地肥厚致密者为佳品。

烹饪应用：蘑菇在烹饪中多适于凉拌、炒、烧、汆汤；或作为菜肴配料及面点的臊子、馅心用料等。常见菜品有蘑菇烧鸡、海米烧蘑菇、软炸蘑菇、扒蘑菇等，宜配清香荤料烹制。

饮食宜忌：蘑菇含有人体必需的8种氨基酸，并含钙、铁、磷等多种营养元素，具有降血压、抗癌等作用。蘑菇性凉，便泄者慎食。

6. 金针菇

金针菇又称朴菇、朴菰、冻菌、金菇、智力菇等，因其菌柄细长，似金针菜，故称金针，近年来在我国发展很快，各地均有栽培。

品质特点与种类：金针菇菌盖肉质，最初呈球形，后开展为扁平状，湿润时表面黏滑，干燥后稍具光泽，呈淡黄色或黄褐色；菌柄细长。整个子实体状似金针。金针菇滋味鲜甜，质地脆嫩黏滑，有特殊清香，以形体完整、色正味纯、鲜嫩者为佳品。

烹饪应用：金针菇在烹饪中可凉拌、炒、扒、炝、熘、烧、炖、涮、煮汤及制馅等，亦可作为荤素菜的配料使用，如金针菇炒鸡丝、金针菇豆苗竹笋汤、酸汤金针菇肥牛等。

饮食宜忌：一般人群均可食用。金针菇可以预防和辅助治疗肝脏病及胃肠道溃疡，高血压患者、肥胖者宜多食。金针菇性寒，脾胃虚寒、腹泻者忌食。

▲金针菇

▲酸汤金针菇肥牛

7. 草菇

草菇又称包脚菇、兰花菇、麻菇，由于常生于潮湿腐烂发酵的稻草上而得名，国外称之为"中国蘑菇"，原产于我国，距今已有300多年的历史，约20世纪30年代由华侨传入世界各国。主产于广东、广西。草菇种植近年来在我国发展很快。

品质特点与种类：草菇由菌盖、菌柄、菌褶、外膜、菌托等构成。菌盖初呈钟形，伸展后中央稍凸起，幼时黑色，后变成鼠灰色至灰白色，中部色深，周围色浅；菌肉白色；菌柄近圆柱形，白色；杯状的菌托大，膜质，白色，上缘灰黑色。草菇以色正味纯、外形端正、菌盖未开、子实体肥厚、味清香、无黏液、无泥土者为佳品。由于草菇在低温条件下易出现黄褐色黏液，并很快变质，所以不宜冷藏。

烹饪应用：草菇在烹饪中可炒、炸、烧、炖、煮、蒸或制作汤料，也可干制、腌渍或罐藏。经典菜式有草菇蒸滑鸡、蚝油草菇等。

饮食宜忌：草菇有一定的解暑作用，宜在炎热的夏季服食。草菇脂肪含量低，不含胆固醇，常食能够减慢人体对碳水化合物的吸收，是糖尿病患者的良好食品。注意：生草菇有一定的毒性，煮熟后毒性消失。

▲草菇　　　　　　　　　　　　▲蚝油草菇

8．红蘑菇

红蘑菇又称红菌，由于颜色鲜红而得名，是生长于原始森林中的一种珍稀野生食用真菌，其生长条件十分讲究，只有在气温高、雨水多的夏秋季节，以及原始森林中才有可能生长。

品质特点与种类：红蘑菇菌盖呈扁半球形，中部下凹，深菜红色、紫红色，菌肉呈白色。红蘑菇的种类有正红菇、大红菇和大朱菇等，其中以正红菇品质最佳。野生红蘑菇人工无法种植，产量不高。正红菇在福建三明分布最广，产量最多，也最有营养价值。

烹饪应用：红蘑菇既可以单独煮、蒸、炖，又可以作为一种作料加到肉类、蛋类中，如红菇炖鸡、红菇山药排骨汤等。

饮食宜忌：红蘑菇含蛋白质、多种维生素、氨基酸、矿物质钙等许多人体必需的营养成分，具有养颜护肤、补血提神、滋阴补阳的功效，是产后妇女不可缺少的营养食品。红蘑菇是菌类中的珍品，是一种天然的绿色食品，具有很高的营养价值，老少皆宜。

▲生长着的红蘑菇　　　　　　　▲采摘的红蘑菇

9．竹荪

竹荪又称僧笠蕈、竹参、竹菌，多见于我国四川、云南、广西、海南等地夏秋季的竹林和树林中，为名贵的野生食用菌类，现已有人工栽培。

品质特点与种类：竹荪肉质细腻，脆嫩爽口，味鲜美。子实体幼时呈卵球形，白色至淡紫褐色，成熟时包被开裂，伸出笔状菌体；顶部有带网格的钟状菌盖，菌盖上有微臭、暗绿色的产孢体；菌盖下有白色网状菌幕，下垂如裙。依菌裙长短，竹荪可分为长裙竹荪和短裙竹荪。菌盖和菌托部分有臭味，食用时需切去。竹荪以色正、质地细嫩、形状完整、无杂质者为佳品。

烹饪应用：竹荪在烹饪中鲜、干均可用，常用烧、炒、扒、焖、烩的方法，尤适于制清汤菜肴，如竹荪汽锅鸡、竹荪烩鱼片、白扒竹荪，并常利用其特殊的菌裙制作工艺菜，如"推纱望月"。竹荪有一定的防腐作用，夏天在剩菜汤中放一两朵竹荪，可以延长菜肴的保质期。

饮食宜忌：竹荪蛋白质含量高，可有效降低胆固醇。竹荪性凉，脾胃虚寒者、腹泻者不宜多食。黄裙竹荪有毒，不可食用。

▲干竹荪　　　　　　　　　　　　　　　▲鲜竹荪

10．猴头菌

猴头菌又称猴头菇、阴阳菇、刺猬菌等，我国大多数省份均产，东北大、小兴安岭产量高，所产猴头菌最有名。

品质特点与种类：猴头菌子实体为块状，基部狭窄，白色，干燥后呈淡褐色；除基部外，均密生肉质、针状的刺，整体形似猴头，肉质柔软，嫩滑鲜美，微带酸味，柄蒂部带苦味。猴头菌的品种有珊瑚猴头菇、小刺猴头菌、分枝猴头菌等，以形整无缺、茸毛齐全、身干体大、色泽金黄者为佳品。

烹饪应用：在食用前，猴头菌干品需浸水一昼夜，涨发去苦味，蒸煮后切片、炒食或烧汤，代表菜肴有红焖猴头、猴头扒菜心、白扒猴头菇、猴头菇炖排骨等。

▲猴头菌　　　　　　　　　　　　　　　▲猴头菇炖排骨

饮食宜忌：猴头菌是一种药食两用真菌，性平味甘，能利五脏、助消化、滋补、抗癌，辅助治疗神经衰弱。猴头菌提取物颗粒可医治消化不良、胃溃疡、十二指肠溃疡、食道癌、胃癌等消化系统疾病。霉变的猴头菇不可食，感冒和腹泻者不宜食用。

11．口蘑

口蘑又称白蘑、虎皮香蕈，是生长在草原上的食用菌的总称，原产于旧时河北张家口集散地，所以被称为口蘑，现主要产于内蒙古与河北西北部。原为野生，现已人工种植。

▲口蘑

品质特点与种类：口蘑主要分为白蘑、青蘑、黑蘑和杂蘑4类，其中以白蘑质量最佳。口蘑肉质厚实而细腻，香味浓郁，以味鲜美而著称，以形状完整、色正味纯、鲜嫩、无杂质、无腐烂、无异味者为佳品。口蘑除鲜食外，主要为干制。

烹饪应用：口蘑在烹饪中可作为各种荤素料的配料，适于多种烹饪方法，做汤尤为醇香浓郁，如口蘑豆腐汤、口蘑鸭子、口蘑锅巴。

饮食宜忌：口蘑营养丰富、滋味鲜美，是良好的补硒食品，含有大量植物纤维，具有排毒作用。最好吃鲜蘑，市场上有泡在液体中的袋装口蘑，食用前一定要多漂洗几遍，以去掉某些化学物质。用口蘑制作菜肴时，不宜放味精或鸡精，以免损失原有的鲜味。

12．羊肚菌

▲羊肚菌

羊肚菌又称羊肚菜、羊肚蘑，为优良食用菌之一，多见于春夏之交的阔叶林中，世界各地均有分布。

品质特点与种类：菌盖呈圆锥形，表面有许多凹陷，似翻转的羊肚，故称羊肚菌。羊肚菌为淡黄褐色；菌柄白色，有浅纵沟，基部稍膨大；质嫩滑，富弹性，味鲜美。羊肚菌以子实体完整、鲜嫩、无霉烂、无异味者为佳品，一般鲜食，也可干制。

烹饪应用：羊肚菌适于多种烹饪加工方式，可瓤馅、炖、烧或煮汤，如瓤羊肚菌、羊肚菌烧肉。

饮食宜忌：羊肚菌性平味甘，无毒，有益肠胃、助消化、化痰理气、补肾壮阳、补脑提神等功效，另外还具有强身健体、预防感冒、增强人体免疫力的功效。羊肚菌过敏者勿食； 羊肚菌和粽子不可同食。

13．鸡枞

鸡枞又称鸡松菌、伞把菇、白蚁菇、夏至菌等，是我国西南地区的著名食用菌之一，主产于四川、贵州、云南等地，每年6—9月为盛产季，尤以云南省产量大，质量好。

▲鸡枞

品质特点与种类：鸡枞菌盖初呈圆锥形，伸展后中央显著凸起，湿时有黏性，表面平滑呈微黄色，常呈辐射状开裂，菌肉厚，菌褶细密白色，老熟后呈微黄色；菌柄白色至灰白色，表面平滑，常扭曲。鸡枞有黑皮、白皮、黄皮和花皮等类型，其中以黑皮质量为佳，质地细嫩，气味纯香，味如鸡肉，极鲜美，以子实体完整、鲜嫩、无霉烂、无异味者为佳品。

烹饪应用：鸡枞在烹饪中可炒、炸、腌、煎、拌、烩、烤、焖、清蒸或做汤等，常用于筵席中。鸡枞可以单料为菜，如生蒸鸡枞、红烧鸡枞，也能与蔬菜、鱼肉及各种山珍海味搭配，无论如何烹饪，滋味都很鲜美。除鲜食外，常制作成盐鸡枞或油鸡枞。前者晒成半干后，加盐搓匀于缸中腌制数日，取出穿串晾干而成。后者晒成半干后，加盐及干辣椒，注入沸油浸渍数日后再供食用。

饮食宜忌：鸡枞性平味甘，有补益肠胃、疗痔止血、促消化、清神等功效，老少皆宜。适合与土鸡一起烹饪，忌用味精、鸡精等调味料。

14. 冬虫夏草

▲ 冬虫夏草

冬虫夏草又称虫草、夏草冬虫、冬虫草，主要分布于我国西藏、青海、四川、云南等地的高山草原上。夏秋时节，真菌菌丝体侵入冬虫夏草蛾的幼虫体内，在虫体内发展、蔓延，形成菌核。被害幼虫一般在土内潜伏越冬。翌年夏季，虫体内的菌核长出具柄的棒形子座，伸出僵虫体外，故称为"冬虫夏草"。

品质特点与种类：冬虫夏草的外壳一般为淡黄褐色，虫壳有环纹，某些品种腹面有足。干制后，长 2 ~ 5cm，质嫩而脆，味淡。冬虫夏草以形体丰满、色正、有光亮、菌座粗壮、无异味、无杂质、无腐烂者为佳品。

烹饪应用：冬虫夏草在烹饪中可蒸、炖、煮汤食用，常与鸡鸭同蒸、炖，如虫草蒸鸭、虫草炖鸡、虫草炖老鸭。

饮食宜忌：冬虫夏草富含多种氨基酸、不饱和脂肪酸、糖醇、维生素 B_{12} 和多种矿物质，其中所含的虫草酸和虫草素等特殊物质具有明显的药理作用，为增强体质的滋补用料。严重感冒时慎用。

? 想一想

1. 菌类原料常用的烹饪方法有哪些？
2. 菌类原料常与清香异味小的原料烹制成菜，为什么？
3. 冬虫夏草是虫还是草？为什么？
4. 常食菌类原料对人体健康有哪些好处？

任务二 食用藻类、地衣类

一、食用藻类、地衣类简介

食用藻类、地衣类植物是自然界中比较低等的植物。它们的植物体没有根、茎、叶的分化，但在大小、构造上的差异很大。

二、食用藻类

食用藻类常见的品种有紫菜、海带、石花菜、裙带菜等。

1．紫菜

紫菜藻体呈薄膜状，紫色、褐黄色或褐绿色，形态随种类而异，固着器为盘状，生长于浅海潮间带的岩石上。紫菜种类较多，我国沿海主要产有圆紫菜、坛紫菜、条斑紫菜、甘紫菜等。现人工养殖较多，辽东半岛、山东半岛、浙江、福建沿海均有出产。紫菜是采集鲜品后经加工干制而成的。日本人嗜食紫菜。

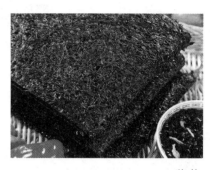

▲紫菜

品质特点与种类：紫菜含有丰富的矿物质、维生素、蛋白质等营养成分，特别是钙、磷、碘、维生素 A、维生素 U 及氨基酸等，常食对人体健康大有裨益。紫菜以色黑紫、光亮平滑、菜幼嫩、质干、无泥沙、大小均匀，四边自然、平整、片薄，每片重 3g 左右者为佳品。紫菜的干制品主要有饼菜和散菜两种，而饼菜中又分为长方形饼菜和圆形饼菜两种。在我国福建、浙江产的多为圆形饼菜，江苏生产的紫菜饼多为长方形。

烹饪应用：紫菜在烹饪中可作为主、配料，可拌、炝、蒸、氽汤用。氽汤使用既可调色又可提味，也可制作素菜，如拌紫菜、紫菜汤等，还可利用其片状的特点加上其他原料制作紫菜卷。北方食馄饨时常撒入少许，起提味、点缀作用。

饮食宜忌：紫菜性寒味甘咸，有化痰软坚、清热利尿等功效。脾胃虚寒、腹痛便溏者忌食。身体虚弱者，每次食用不宜过多，以免引起腹胀、腹痛。

2．海带

海带又称昆布、江白菜，是一种在低温海水中生长的大型海生褐藻植物，不仅是营养价值高的蔬菜，同时具有一定的药用价值，含有大量的碘质，可用来提制碘、钾等。中医入药时称海带为昆布，有"碱性食物之冠"一称。我国主要产于山东半岛、浙江、福建沿海，现已大量人工养殖，一般在夏季采收。

品质特点与种类：海带藻体褐色，革质，一般长 2 ~ 4m，最长可达 7m。海带全株分三部分，下部为分枝的假根，中部有圆柄，上部为扁平狭长的带片，是食用部位。商品海带是干制品，分为淡干和盐干两种。海带以体厚宽大，长 1.5m 以上，浓黑色或浓褐色，尖端无白烂、干燥、含盐量低、无沙土杂质者为佳品。淡干海带因营养成分损失较少，较盐干海带质量好，且易于储存保管。

烹饪应用：海带在烹饪中可切丝、片等形状，作为主料适于拌、炒等烹饪方法，可制作拌海带丝、酥海带、排骨豆腐海带汤等。因其色黑亦可作为配色的原料。

饮食宜忌：海带中所含的碘、钙等矿物质特别丰富，对因缺碘引起的疾病（如甲状腺肿大）有防治作用。中医认为，海带性寒味咸，有软坚化痰、清热利水的功效。但脾胃虚寒、甲亢、痰多便溏者不宜食用。孕妇和哺乳期妇女不宜多吃海带，因海带中的碘可随血液循环进入胎（婴）儿体内，引起胎（婴）儿甲状腺功能障碍。

▲海带

▲排骨豆腐海带汤

3．石花菜

石花菜又称海冻菜、红丝、凤尾等，是红藻的一种，也是提炼琼脂的主要原料，生于中潮或低潮带的岩石上，分布于我国黄海、渤海、东海等水域。

品质特点与种类：石花菜藻体呈紫红色，羽状分枝，通体透明，犹如胶冻，口感爽利脆嫩。石花菜以条粗壮、坚实、色红有光泽、无杂质者为佳品。

烹饪应用：石花菜多为干品，经泡发后多做凉菜，亦可热炒或制作凉粉。食用石花菜前可在开水中焯，但不可久煮，否则石花菜会溶化掉。凉拌时可适当加些姜末或姜汁，以缓解其寒性。

饮食宜忌：石花菜是较为寒凉的藻类食品，故脾胃虚寒、肾阳虚者要慎食。患有痛风、关节炎和高尿酸血症的人应少吃，因为海产品中嘌呤含量较高，患者吃了以后容易在体内形成尿酸结晶，加重病情。

▲石花菜

▲石花菜凉粉

4．裙带菜

裙带菜又称海芥菜，其幼体与海带很相似，长大后外形像一把大破葵扇，也很像裙带，故得此名。裙带菜为野生的，产于我国北方沿海及浙江沿海。

品质特点与种类：裙带菜与海带同属大型褐藻类，藻体呈褐色，长约2m。裙带菜以身干盐轻、颜色全青碧绿、少黄叶和颜色深红、味清香者为佳品。

烹饪应用：在烹饪中的应用与海带相似。

饮食宜忌：裙带菜的营养成分、饮食宜忌与海带基本相同。

▲裙带菜　　　　　　　　　　　　▲凉拌裙带菜

三、地衣类

作为烹饪原料的地衣类植物并不多，常见的有石耳、树花菜等。

1．石耳

石耳又称石木耳、石壁花、岩苔、石花、石衣等。石耳因其形似耳，并生长在悬崖峭壁阴湿石缝中而得名。我国南方、西南及陕南山区均产，安徽黄山、庐山比较多。庐山的石耳被称为"庐山三石"之一（另二石为石鸡、石鱼）。石耳含有高蛋白和多种微量元素，是营养价值较高的滋补食品，是一种稀有的名贵山珍。

品质特点与种类：石耳体扁平叶状，呈不规则圆形，上面褐色，通常背面灰白色或淡绿色，颇平滑，腹面生小突起，腹中央有脐状短柄，借此附着于崖壁上。大者成片，苔藓样碧色，采下晒干后，可供食用。石耳以形状完整、干燥、无杂质、无霉变者为佳品。

烹饪应用：干石耳经温水浸泡，用淘米水洗净，其质地柔脆似木耳，宜配土鸡煲汤。

饮食宜忌：一般人群均可食用。中医认为，石耳有止咳祛痰、平喘消炎的功效，对冠心病、高血压有良好的食疗效果，对身体虚弱、病后体弱者滋补效果最佳。石耳性凉而滑，胃寒、脾虚、泄泻者应慎食。

▲石耳　　　　　　　　　　　　▲石耳炖鸡

2．树花菜

树花菜又称树花、灰树花、柴花、树胡子等，早期为野生，现已人工栽培，多产于我国云南和陕西山地。

品质特点与种类：树花菜地衣体着生于树皮上，呈灌木状，多分枝，形似石花菜，以形体较为完整、碎裂少、干燥、无杂质、无霉变者为佳品。采摘后以草木灰水或碱水煮去苦

▲树花菜

涩味后，漂净晒干。

烹饪应用：干制品食用时以冷水泡发，沸水烫后拌食，口感脆嫩香美，代表菜式有树花拌猪肝、酸辣树花等。

饮食宜忌：树花菜味甘、平、无毒，对痔疮有疗效，具有补虚固本、益肾抗癌、利水消肿之功效，一般人群均可食用，尤其适合儿童、女性，以及癌症、免疫力低下、糖尿病、高血压、脑血栓、脚气病、小便不利等患者食用。

四、食用蕨类

蕨类植物属于高等植物中较低级的一个类群，我国产于长江以南，现生存的大多为草本植物，少数为木本植物。蕨类植物的主要特征是具有发育良好的孢子体和维管系统。孢子体有根、茎、叶之分，无花，以孢子繁殖。多种蕨类植物均可供食用（如蕨、紫萁）、药用（如贯众、海金沙）或工业用（如石松）。

1. 蕨菜

蕨菜又称蕨、蕨儿菜、拳头菜等，主产于我国东北、西北和西南各地。

▲干蕨菜

品质特点与种类：蕨菜植株高可达1m左右；刚出土的嫩叶叶柄直立，直径4~6mm，长20~35cm；叶片卷曲。蕨菜富含维生素C和胡萝卜素，钙、磷、铁的含量亦较丰富；口感脆滑，有特殊香味，称为蕨菜。其根状茎蔓生于土中，粗壮，被棕色细毛，富含淀粉，俗称蕨粉或山粉，亦可食用，可用来做粉丝、粉皮，或酿酒。蕨菜以鲜嫩粗壮、幼叶未展、形条整齐、无枯黄叶、无腐烂者为佳品。

烹饪应用：食用蕨菜鲜品时，先在沸水中焯烫，以除去黏性和苦涩味。烹饪中常用重油并配荤料炒、炖、烩、熘、凉拌；干品经水发后，用以炖食。

饮食宜忌：蕨菜有利尿作用。用以滑肠通便，须做菜食，炒肉或煮汤甚美。做菜食时，因经过浸、漂、加热，清热解毒、利湿作用较弱。素食、久食能伤人阳气。

2. 紫萁

紫萁又称高脚贯众、老虎牙，多年生草本植物，在我国广为分布。

▲紫萁

品质特点与种类：紫萁叶丛生，幼叶密被茸毛，拳卷；营养叶为三角状阔卵形、羽状复叶；以嫩叶供食，脆嫩鲜美，根状茎可入药。此外，民间称为薇菜的蕨菜为该科的分株紫萁，其嫩芽也可供食。

烹饪应用：食用时先将嫩叶在沸水中余烫，然后用于拌、炒、爆、烩等。4—6月采拳卷状幼叶，与肉炒食，味美，也可晾干成干菜或盐腌。因其叶形别致，也可用于菜肴的装饰和造型。

饮食宜忌：紫萁清热解毒，祛瘀止血。阴虚内热、脾胃虚寒者和孕妇慎用。

知识拓展

寺　院　菜

佛教自东汉从印度传入我国后，饮食习惯也随之引进。佛家素食的烹饪，其发展经历了一个由简单到多样，由纯素到仿荤，由寺内到市肆相互交融的过程，逐步形成了自己的饮食特色。

寺院菜所用原料，大致可分为三类：一为干果类，即三菇、六耳、猴头之类的山珍，此外还有芝麻、白果、花生、栗、枣、榛、核桃、杏仁等；二为潮果类，即豆腐、豆腐皮、干子、百叶等豆制品及面筋、魔芋制品等；三为果蔬类，即四时新鲜瓜果青蔬等。烹饪斋菜时所用的油料都为植物油，调味用"三伏秋油"（指日晒夜露三个伏天酿成的豆酱油）。

中国寺院菜制作工艺奇巧，烹制方法有炝、炒、焖、炸、烩、蒸、凉拌等，能烹制出几百种菜肴，大致可划分为三种类型：一是纯素菜，即素质素名；二是以素托荤，即素质荤形；三是素菜荤做，即以荤汤烹制。

以素菜著称于世者，以福建南普陀寺最有名，如"半江沉月""丝雨孤云""二冬白雪""白璧青丝""南海藏珍""茹园小竹"等，皆为纯素名菜。

菜肴以素托荤者实为僧厨技艺上的变革，以巧斧神工之艺，达到每样荤菜都对应以假乱真的素菜。四川成都宝光寺的素鸡、素鸭、素鱼、素火腿等，扬州大明寺的"笋炒鳝丝"（主料为香菇）、重庆慈云寺的"回锅腊肉"（主料为面筋）等均属素斋中的名菜，其形、色、味和质感都可乱真。

至于素菜荤做者，就是素配料做出的菜叫荤菜的名，如鸡汤煮干丝、虾籽烧豆腐、肉汁煨冬瓜、火腿汤扒猴头等。

在中国寺院菜中还有一个绝妙特色，即以果子为肴，以花叶入馔。据《清稗类钞》载，"其法始于僧尼，颇有风味。如炒苹果、炒荸荠、炒藕丝、炒山药、炒栗片，以及油煎白果、酱炒核桃，盐水熬落花生之类，不可枚举"。以花叶为馔者，灵鹫寺寺僧以茶蘼花所制的"茶蘼粥"；灵隐寺僧以桂花所制的"桂花鲜果羹"均已成为传统名菜。

中国寺院菜经过近2000年的发展，在中国饮食文化序列中，已自成体系。再加上人们对素食促进健康长寿的科学认知，素食已形成热潮。

？ 想一想

1. 紫菜的品质如何鉴定？

2. 海带的品质如何鉴定？

3. 干石耳应如何涨发加工？

 **知识检测**

一、选择题

1. 香菇中（　　　）最好。

   A. 花菇 　　　　B. 厚菇 　　　　C. 薄菇 　　　　D. 菇丁

2. 被称为"蘑菇皇后"的是（　　　）。

   A. 香菇 　　　　B. 蘑菇 　　　　C. 草菇 　　　　D. 猴头菇

3. 包脚菇就是（　　　）。

   A. 草菇 　　　　B. 蘑菇 　　　　C. 平菇 　　　　D. 猴头菇

4. 食用菌中子实体呈笔状，菌盖呈钟状，菌盖下有白色网状菌幕，这种菌是（　　　）。

   A. 鸡枞 　　　　B. 猴头菇 　　　　C. 竹荪 　　　　D. 口蘑

二、判断题

1. 菌丝体是食用菌的繁殖体结构，子实体是食用菌的附营养体结构。（　　　）

2. 木耳能抗血小板聚集和阻止血凝，减少血液凝块，防止血栓形成，有助于防止动脉粥样硬化。（　　　）

3. 研究发现，蘑菇、香菇和银耳中含有的多酚物质，具有提高人体免疫功能和抗肿瘤的作用。（　　　）

4. 藻类中的营养成分主要为糖类，占35%～60%，大多为具特殊黏性的糖类，一般难以消化。（　　　）

5. 昆布和海带是同一种原料。（　　　）

6. 琼脂是藻类原料的加工制品。（　　　）

 **拓展练习**

1. 将浸泡回软的竹荪洗净，（　　　）存放。

   A. 盐水浸泡 　　B. 弱碱水浸泡 　　C. 温水浸泡 　　D. 清水浸泡

2. 蒸发至透的猴头菌，放入（　　　）保存。

   A. 清水 　　　　B. 冷水 　　　　C. 料水 　　　　D. 澄清后的原汤

3. 把菌藻类原料放在适量的热油中，经过加热使之膨胀松脆，成为半熟或全熟的半成品的发料方法称之为（　　　）。

   A. 油焐 　　　　B. 油焖 　　　　C. 油浸 　　　　D. 油发

项目六　动物性原料——畜乳类

火腿　　　腊肉　　　猪肉

 任务目标

知识目标：

● 了解畜乳类原料的种类、概念，畜乳的品质特点、营养成分；

● 了解畜肉制品及乳制品的种类、品质特点，掌握其烹饪应用方法；

● 掌握猪、牛等有代表性的畜类动物的躯体部位特点、名称和烹饪应用；

● 掌握畜乳类原料的感官鉴别方法和保藏方法；

● 掌握畜类原料的组织结构特点及烹饪应用。

能力目标：

● 能识别猪肉、牛肉的躯体部位，并在烹饪中正确选用；

● 能通过感官鉴别畜乳的新鲜度。

任务一　畜类原料基础知识

畜类原料是人们日常所食用食物的重要原料。畜肉含有人体所必需的各种营养物质，对人体的发育、细胞组织的再生和修复、调节生理机能、增强免疫力有着重要的作用。例如：丰富的优质动物蛋白质对人体的发育、细胞组织的再生和修复有着重要的意义；足够的脂肪为人体提供充足的热量，多余部分还可储存起来；B 族维生素和矿物质对维持人体正常生长发育和调节生理机能起着重要的作用。

一、畜类原料的分类

畜类原料是指哺乳动物原料及其制品。畜类原料主要包括家畜和野兽的肉、乳及其制品。

家畜是指人类为满足对肉、乳、毛皮及担负劳役等的需要，经过长期饲养而驯化的哺乳动物。作为烹饪原料的家畜，主要种类有猪、牛、羊，此外还包括马、驴、骡、兔、狗、骆驼等。

人工饲养的家畜占畜类原料的主要地位，对于野兽应严格依照我国政府颁布的野生动物保护法律、法规，绝不允许违法捕捉和食用。

二、畜肉的组织结构及营养成分

（一）畜肉的组织结构

家畜肉一般是指宰杀后去血、毛、皮、内脏、头、蹄后的部分，也叫胴体。猪肉占全猪的 60% ~ 70%，牛肉占全牛的 40% ~ 50%。

家畜的组织结构，从形态上可分为肌肉组织、结缔组织、骨骼组织、脂肪组织。其组成比例因动物的种类、品种、年龄、肥度、营养状况及饲养状况的不同而存在差异，家畜肉的品质特点和营养价值也不同。

1. 肌肉组织

（1）组成：肌肉组织是由肌纤维构成的，肌纤维又分为横纹肌、平滑肌、心肌。肌肉组织是衡量肉质的重要因素，优质蛋白质主要存在于肌肉中。

（2）特点：横纹肌又称为骨骼肌或随意肌，附着于骨骼上，受运动神经的支配，分布于皮肤下层和躯干的一定位置。动物体所有的瘦肉都是横纹肌。横纹肌中有肌浆，肌浆内含有蛋白质和糖原、脂肪滴、维生素、无机盐、酶类，营养极为丰富，在制作菜点时应尽量防止肌浆流失。

平滑肌又称骨脏肌，主要构成消化道、血管、淋巴等内脏器官的管壁，肌纤维间有结缔组织。

心肌是构成心脏组织的肌肉。

平滑肌与心肌合称为脏肌，属不随意肌。平滑肌由于有结缔组织的伸入而不能形成大块肌肉。但平滑肌有韧性，特别是肠、膀胱等处的平滑肌韧性和坚实度较强，也使得肠、膀胱成为灌制品的重要原料。

2. 结缔组织

（1）组成：结缔组织由无定形的基质与纤维构成，占胴体的 15% ~ 20%。

（2）特点：结缔组织的纤维是由胶原纤维、弹性纤维和网状纤维构成的，属于不完全蛋白质。结缔组织具有坚硬、难溶和不易消化的特点，营养价值较低。

胶原纤维在 70 ~ 100℃ 时可以溶解成明胶，冷却后成冻胶，可被人体消化吸收。例如皮、肌腱等含胶原纤维较多，在烹饪中可制成皮冻，用于凉菜或馅心制作等。

弹性纤维富有弹性，不易水解，只有在 130℃ 时水解，难消化，营养价值极低，主要分布于血管、韧带等结缔组织中。

网状纤维的化学性质和胶原纤维相似。

（3）分布：结缔组织在畜体中的分布极广，如皮、腱、肌鞘、韧带、膜、血管、淋巴管、神经等。分布特点是前多后少，下多上少，如前腿、颈部、肩胛处结缔组织较多。

3. 骨骼组织

（1）组成：骨骼组织是动物机体的支持组织，包括硬骨和软骨。硬骨又分为管状骨、板状骨，管状骨内有骨髓。骨骼的构造一般包括骨密质较多的表面层、海绵状的骨松质内层、充满骨松质及骨腔的髓，其中红骨髓是造血组织，黄骨髓是脂肪组织。

（2）特点：根据骨骼组织的组成，不同家畜的骨骼组织在胴体中所占的比例各不相同，猪的占5%～9%，牛的占7.1%～32%，羊的占8%～17%。管状骨内的骨髓中含有钙、磷、钠等矿物质及脂肪、生胶蛋白，故煮汤时要敲裂管状骨，使骨髓便于溶出。

4. 脂肪组织

（1）组成：脂肪组织的构造是由退化了的疏松结缔组织和大量脂肪细胞积聚而成的，占胴体的20%～40%。

（2）特点：脂肪组织由脂肪细胞构成，而每个脂肪细胞外层都有一层脂肪细胞膜，膜里为脂肪滴，在细胞之间有网状的结缔组织相连，故要获得油脂必须通过加热等手段破坏结缔组织才行。猪、山羊的脂肪为白色，其他畜类的脂肪带有不同程度的黄色，牛、羊的脂肪带有膻味。

（3）分布：脂肪组织一部分蓄积在皮下、肾脏周围和腹腔内，称为储备脂肪；另一部分蓄积在肌肉的内、外肌鞘处，称为肌间脂肪。如果肉的断面呈淡红色并带有淡白的大理石花纹，这说明肉肌间脂肪多，肉质柔嫩，食用价值高。

（二）畜肉的营养成分

各种畜类原料的营养成分都包括水分、蛋白质、脂肪、碳水化合物、无机盐、维生素、糖类及其他微量元素。下面对其中一部分进行简要介绍。

1. 水分

水是肉中含量最多的营养成分。各种肉类的含水量均为47%～75%。肉中含水量的高低因家畜的肥瘦而有很大不同，家畜越肥，脂肪越多，水分含量越低；家畜越瘦，则脂肪越少，水分含量越高。家畜年龄越大，其肉含水量也越低。

2. 蛋白质

家畜肉含有较多的蛋白质，大部分储存在肌肉组织中，其中猪、牛、羊肉中蛋白质的含量高达17%～20%，是完全蛋白质，营养价值高。牛、羊肉比猪肉蛋白质含量高。家畜肉中的蛋白质主要是完全蛋白质，结缔组织中的蛋白质主要是不完全蛋白质。肉类原料中含有能溶于水的含氮浸出物，这些物质是肉汤鲜味的主要来源。

3. 脂肪

动物的脂肪多聚集在皮下、肠网膜、心肾周围结缔组织及肌肉间，其含量因动物种类、育肥等情况不同而有很大差异。肉有肥瘦之分，不同部位的肉的脂肪含量也不一样。畜类脂肪以饱和脂肪酸为主，溶点较高。家畜肉中的脂肪含量与肉的风味有关。脂肪含量低的肉，肉质硬，风味也差。牛、羊肉比猪肉脂肪含量低。羊脂肪中含有一些低级脂肪酸，与膻味有关。

4. 碳水化合物

碳水化合物在家畜体内含量很低，它们以糖原形式存在，若肉中糖原含量高，将会使肉有特殊香味。

5. 无机盐

肉类中的无机盐含量较低，一般只占0.8%～1.2%，主要有钙、磷、钾、钠、铁、锌等。各种肉类的无机盐含量无较大的差异。无机盐主要与肉的水分、畜体部位及生存环境有关。

一般而言，瘦肉较脂肪组织含有更多的无机盐。

6. 维生素

肉中还含有少量的维生素，是 B 族维生素的重要来源。肉类的维生素主要存在于瘦肉中，另外肝脏中还含有较丰富的维生素 A 及维生素 B_2 等，这些物质在动物体内具有重要的生理作用。

除营养素外，肉中还含有许多有机物，这些物质对肉的品质及肉的味道都有重要的影响。

三、畜类的躯体部位

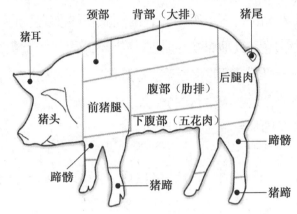

▲猪的躯体部位示意图

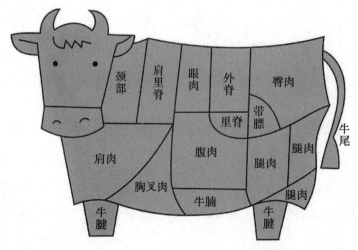

▲牛的躯体部位示意图

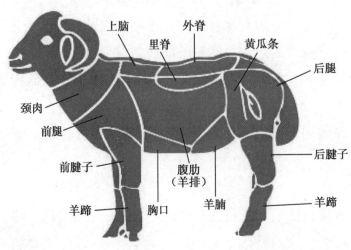

▲羊的躯体部位示意图

? 想一想

1. 家畜与野畜的区别有哪些？
2. 畜类原料的组织结构分哪几种？营养成分有哪些？

任务二　常用畜类原料

家畜肉及内脏和肉类制品是中餐烹饪的重要原料之一，也是人们主要的肉食原料。考古资料显示，新石器时代的猪、牛、羊等已属家畜。中餐烹饪中，家畜应用最为广泛，肉味道鲜美，营养价值高，适于多种烹饪方法，可制作多种风味的菜肴。我国西部和北部的畜牧业地区以食牛、羊肉为主，其他广大地区以食猪肉为主。

在我国的肉品供应市场上，提供肉食的家畜主要是猪、牛、羊。其中，猪约占肉食总量的 80%，牛约占 7%，羊约占 4%。

一、猪

（一）猪的常见品种

猪是由野猪驯化改良而成的肉用家畜。全世界猪的品种有 300 多种，中国约占 1/3。目前我国饲养的猪的品种有三类：传统品种、国外引进品种和国内培育品种。

1. 传统品种

（1）金华猪：产于浙江金华地区。金华猪体形较小，头颈部和臀部为黑色，躯干中部和四肢为白色，故而俗称"两头乌"，这种猪发育较快，成猪一般 10 个月，肉质好，制作火腿、腊肉、咸肉最为适宜，体重可达 70 ~ 75kg。

（2）内江猪：产于四川内江地区。内江猪体形大，体质疏松，被毛为黑色，鬃粗长，头大、嘴筒短，额面横纹深陷成沟，额部中间隆起成块，耳中等大、下垂，体躯宽深，背腰微凹，腹大不拖地，臀宽稍后倾，四肢较粗壮、皮厚，成年猪体侧及后腿皮肤有深皱褶，俗称穿"套裤"，是早熟的脂肪型品种，成年公猪体重约为 170kg。

（3）宁乡猪：产于湖南宁乡。宁乡猪体形中等，额部有形状和深浅不一的横行皱纹，耳较小、下垂，颈粗短、有垂肉，背腰宽，背线多凹陷，肋骨拱曲，腹大下垂，四肢粗短，大腿欠丰满，被毛为黑白花。宁乡猪发育较快，成年猪体重约为 150kg。

▲金华猪

▲内江猪

▲宁乡猪

（4）荣昌猪：产于四川荣昌和隆昌，是我国较有名的肉脂兼用型品种。荣昌猪体形较大，面微凹，耳中等大、下垂，额面皱纹横行、有旋毛，背腰微凹，腹大而深，臀部稍倾斜，除眼周外均为白色，也有少数在尾根及体躯出现黑斑或全白的。荣昌猪育肥快，8个月可达80～90kg，出肉率为74%～77%。

（5）太湖猪：产于江苏、浙江及上海交界的太湖流域。太湖猪是全世界猪种中繁殖力最强、产仔数量最多的优良品种之一，尤以二花脸、梅山猪为最高，最高纪录产过42头。太湖猪性成熟早，公猪4～5月龄精子的品质即达成年猪水平，母猪两月龄即可发情，母性强，泌乳力强。

▲荣昌猪　　　　▲太湖猪

2. 国外引进品种

（1）长白猪：产于丹麦，为目前世界各地分布较广、较著名的瘦肉型品种。长白猪耳大前倾，全身均为白色，生长快、饲料转化率高，品质良好，瘦肉比例大，脂肪及骨骼比例较小。成年公猪体重为400～500kg，瘦肉率可达55%～57%。

（2）大白猪（约克夏猪）：产于英国。此种猪可分大、中、小三型，其中中型猪为肉脂兼用型品种。大白猪耳大直立，全身均为白色，增重快、饲料转化率高，肉质发育良好，成年公猪体重为200～250kg，出生后一年可达135～150kg。

（3）巴克夏猪：产于英国，是有名的脂肪型品种。巴克夏猪被毛为黑色，因头、尾和四肢末端有白毛而称"六白"，躯体形似圆筒状，肉质紧密，肌纤维细，肌肉呈大理石纹样，质量最好，成猪体重为200～250kg，出生后一年可达135～150kg，出肉率可达82.9%。

▲长白猪　　　　▲大白猪　　　　▲巴克夏猪

（4）杜洛克猪：产于美国，是优秀的父本猪种，俗称红毛猪。杜洛克猪全身被毛呈金黄色或棕红色，色泽深浅不一，两耳中等大，且半垂半立，略向前倾，蹄呈黑色。

（5）皮特兰猪：产于比利时。皮特兰猪毛色呈灰白色并带有不规则的深黑色斑点，偶尔出现少量棕色毛，主要特点是瘦肉率高，后躯和双肩肌肉丰满。

（6）汉普夏猪：产于美国，肩部和颈部结合处有一条白带围绕，在白色与黑色边缘，由黑皮白毛形成一个灰色带，其他部位为黑色，故有"银带猪"之称。汉普夏猪背腰呈弓形，后躯臀部肌肉发达。

▲杜洛克猪　　　　　　　　▲皮特兰猪　　　　　　　　▲汉普夏猪

3. 国内培育品种

（1）新金猪：产于辽宁新金县。新金猪是由引进的巴克夏种猪与本地猪杂交育成的，是一个早熟的脂肪型品种，颜面略弯曲，耳直立前倾，被毛稀疏，全身黑色，鼻端、尾尖和四肢下部多为白色，具有"六端白"或不完全"六端白"的特征，早熟易肥，产肉多，饲养9～10个月体重可达125kg，屠宰率高达80%。

（2）北京黑猪：产于北京郊区国营猪场。北京黑猪是由巴克夏猪、中约克夏猪和通州、平谷的本地猪杂交，后又用苏联大白猪及定县、涿州、深州、新金、吉林黑、高加索等多种猪杂交育成的。北京黑猪被毛为黑色、体形中等，抗病力强，耐粗饲料，生长快，商品猪日增重650～850g，肉料比为1∶2.8。

（3）新淮猪：产于江苏省淮安市。新淮猪是用江苏的淮猪与大约克夏猪杂交育成的新猪种，主要分布在江苏下游地区，全身被毛为黑色，仅在体躯末端有少量白斑。新淮猪具有适应性强、生长较快、产仔多、耐粗饲料、杂交效果好等特点，成年公猪体重为230～250kg，成年母猪体重为180～190kg。

▲新金猪　　　　　　　　▲北京黑猪　　　　　　　　▲新淮猪

（4）上海白猪：产于上海市。上海白猪由本地猪和约克夏猪、苏联大白猪等杂交培育而成，是生产商品瘦肉猪的优良杂交母本，具有产仔较多、生长较快和瘦肉率较高等优点，体质结实，全身被毛为白色，头面平或微凹，两耳中等大、略向前倾，体躯较长，背平直，四肢强健。成年公猪体重为225～250kg，成年母猪体重为170～190kg。

（5）三江白猪：产于东北三江平原地区。三江白猪由长白猪与东北民猪杂交培育，是我国第一个瘦肉型猪种，被毛为白色、毛丛稍密，头轻嘴直、耳下垂，背腰宽平、腿臀丰满，繁殖力强，耐寒，肉质好，成年公猪体重近200kg，成年母猪体重近140kg。

（6）苏太猪：产于江苏。苏太猪由太湖猪与杜洛克猪杂交培育而成，是生产瘦肉型商品猪的优良母本，全身被毛为黑色，耳中等大、耳垂向前下方，头面有清晰皱纹，嘴中等长而直，四肢结实，背腰平直，腹小，后躯丰满，具有明显的瘦肉型猪特征，产仔多、生长速度快、瘦肉率高、耐粗饲料、肉质鲜美。

▲上海白猪　　　　　　▲三江白猪　　　　　▲苏太猪

（二）猪肉的品质特点及烹饪应用

1. 品质特点（见表6-1）

表6-1　猪肉的品质特点

类　型	育　龄	品　质　特　点
老猪	2年以上	皮厚，毛孔粗，表面粗糙有皱纹，肉色灰暗，肌肉纤维粗糙，风味不佳。很难煮烂，宜用小火长时间加热，不宜用旺火速成的烹饪方法，如爆、炒、炸、熘等
成年猪	8～10个月	毛孔细，表面光滑无皱纹，骨头发白，肌肉色泽鲜红，脂肪均匀无异味，肉质细嫩。肉易熟，熟后香味浓郁，味道鲜美
乳猪	1～2个月	毛孔细，表面光滑无皱纹，皮薄、骨细、肉质细嫩。适宜烤制，如广东名菜烤乳猪
商品猪（猪生长到1～2个月时阉割）	1年左右	毛孔细，皮面光滑，肉质细嫩。肉易熟，熟后香味浓，味鲜美

　　猪肉的肌肉组织中含有较多的肌间脂肪，因而经烹饪后滋味较好。质量好的猪肉肌肉有光泽，肉色均匀，脂肪洁白，富有弹性，气味正常，肌肉纤维细而柔软，结缔组织较少，脂肪含量较其他肉类高。猪肉的色泽和品质因其育龄、性别、产地、品种、肉的部位等不同而有差异。

　　2. 烹饪应用

　　中餐烹饪中，猪肉是运用最广泛、最充分的原料之一，可作为菜肴的主、辅料，也可作为面点的馅心原料。猪肉及骨骼可用于做汤。猪肉适宜所有的烹饪方法、多种刀法，适于各种调味，可制成众多的菜点，既有名菜小吃，又有主食，如中原地区的扒肘子、爆里脊丝、糖醋熘里脊、红烧肘子，四川的鱼香肉丝、回锅肉，江苏的樱桃肉、狮子头，广东的烤乳猪等；作为面点馅心，可制作成包子、馄饨、水饺等；作为面条辅料，可制作成炸酱面、肉丝面等。

　　3. 饮食宜忌

　　中医认为，猪肉性平味甘、咸，可润肠胃，生津液，丰肌肉，嫩皮肤。体胖、多痰、舌苔厚腻者慎食，外感风寒者忌食。患冠心病、高血压、高血脂者忌食肥猪肉。猪肉若烹饪得宜，可滋养脏腑、健身长寿。猪肉经过长时间高温炖煮后，不饱和脂肪酸会有所增加，从而使胆固醇大大降低。

二、牛

　　随着农业机械化及畜牧业的发展，中国过去的牛以役用为主，肉、乳用为辅的情况正在改变，肉用牛的饲养和消费量均逐步增加。牛主要分为黄牛、水牛和牦牛三个种类。

（一）常见牛的品种

1. 黄牛

中国有近30种黄牛，主要分布在黄河流域及其以北地区，毛色多呈黄色，也有少部分为红棕色或黑色。秦川黄牛、南阳黄牛、鲁西黄牛、延边黄牛、晋南黄牛被称为中国五大良种黄牛。

（1）秦川黄牛：产于陕西渭河流域的关中平原地区。秦川黄牛是我国著名的大型役肉兼用品种牛，毛色以紫红色和红色居多，骨骼粗壮，肌肉丰满，前躯发育良好，荐骨部稍隆起，绝大部分为红色。秦川黄牛的肉质细致，瘦肉率高，大理石纹样明显。

（2）南阳黄牛：产于河南南阳。南阳黄牛毛色分黄色、红色和草白色三种，以黄色为主，体躯高大，力强持久，肉质细，香味浓，大理石纹样明显，皮质优良，役用性能、肉用性能及适应性能俱佳。

（3）鲁西黄牛：产于山东西南部的菏泽和济宁。鲁西黄牛健壮威武，毛色从浅黄色到棕红色，以黄色居多。多数鲁西黄牛具有不完全的三粉特征，即眼圈、口轮、腹下为粉白色。此种牛肉肉用价值高，肌纤维细，脂肪分布均匀，肉质良好，大理石纹样明显。

▲秦川黄牛　　　　▲南阳黄牛　　　　▲鲁西黄牛

（4）延边黄牛：产于吉林延边朝鲜族自治州。延边黄牛是朝鲜与延边本地牛长期杂交的结果，也混有蒙古牛的血液，属役肉兼用品种，毛色多呈浓淡有别的黄色，胸部深宽，骨骼坚实，被毛长而密，皮厚而有弹力，肉质柔嫩多汁，鲜美适口，大理石纹样明显。

（5）晋南黄牛：产于山西西南部汾河下游的晋南盆地。晋南黄牛属大型役肉兼用品种，体格粗大，成年牛前躯较后躯发达，毛色以枣红色为主，鼻镜为粉红色，蹄趾亦多呈粉红色。

▲延边黄牛　　　　▲晋南黄牛

2. 水牛

水牛是我国南部水稻地区的重要役畜，现分布在华中各地。水牛身体粗壮，被毛稀疏、多灰色，角粗大而扁、向后方弯曲，皮较厚，汗腺极不发达，热时需浸入水中以散热，故得名水牛。水牛肉的肉色比黄牛肉暗，肌肉纤维粗而松弛，有紫色光泽，脂肪呈黄色，干燥、黏性差，肉不易煮烂，肉质差，不如黄牛肉，主要品种有苏北的海子水牛与上海

▲水牛

水牛、湖南的滨湖水牛、四川的德昌水牛、云南的德宏水牛。

3. 牦牛

牦牛主产于西藏、四川北部及新疆、青海等地区。牦牛是高寒地区的特有牛种，草食性反刍家畜。牦牛耐寒、耐粗饲料，蹄质坚实，善在空气稀薄的高山峻岭间驮运，故又称"高原之舟"。牦牛肉纤维较粗，但质地细嫩，味道鲜美，主要品种有九龙牦牛、天祝牦牛、麦洼牦牛等。

▲九龙牦牛

▲天祝牦牛

▲麦洼牦牛

（二）牛肉的品质特点及烹饪应用

牛肉是我国三大家畜肉之一。与猪肉相比，牛肉的消费量较少。但自2007年以来，我国牛肉产量一直稳居世界前四位。

1. 品质特点（见表6-2）

表6-2　牛肉的品质特点

类　型	品 质 特 点	烹 饪 特 性
犊牛肉（1岁以内）	肉细柔松弛，呈淡红色，肌间脂肪少，虽然肉质鲜嫩但滋味远不如成牛肉	西餐中使用较多，适于煎、烤等烹饪方法
壮牛肉	膘肥体壮，肌肉中有均匀的脂肪，把肌肉横断纤维切开后，断面呈现大理石纹样，肌肉富有弹性	不论酱、烧、卤、炖、炒、爆，均好熟易烂，熟后香气浓郁，滋味鲜美
老牛肉	肌肉纤维粗硬、坚韧，肌间脂肪很少，呈暗红色、微青，肉质过瘦时腥味重	烹饪时不易熟烂，质量较差

牛肉的品质：含水量高；呈红色至暗红色，肌纤维长且较粗；皮下有少量脂肪沉淀，肌纤维间夹有肌间脂肪，肌肉切面呈大理石纹样；结缔组织发达；有牛肉特有的香味、膻味，因其品种、性别、育龄、饲养情况的不同而有所差异。按生长期，牛肉可分为犊牛肉、壮牛肉、老牛肉。

2. 烹饪应用

牛肉在烹饪中多作为主料使用，适用多种刀工成形方法（牛肉肉质纤维较粗，故刀工处理牛肉片或丝时需顶丝切），适于多种烹饪方法及多种味型。代表菜点有内蒙古的烤牛肉、广东的蚝油牛肉、四川的水煮牛肉、河南的五香酱牛肉、兰州牛肉拉面等。

为了改善牛肉的质地，可采用添加天然木瓜蛋白酶嫩肉剂、植物油等方法提高嫩度，形成特殊的质感。

3. 饮食宜忌

牛肉性平味甘，具有补脾益气、生血强壮、强筋壮骨、化痰息风、止渴生津等功效，适于气短体虚、筋骨酸软、贫血久病及面黄目眩之人食用，痈疽者忌食。

三、羊

我国的羊一般皮、毛、肉兼用，经济价值极高，也有皮、乳、肉兼用的。在我国北方饲养较多，较集中。

（一）羊的品种

作为家畜的羊主要分为绵羊和山羊两大类。

1. 绵羊

绵羊主要分布于我国西北、华北、内蒙古等地。绵羊肉的肉质坚实，颜色暗红，肉质纤维细而软，肌间很少有夹杂的脂肪。常见绵羊品种如下。

（1）小尾寒羊：产于山东西南部、河南北部、河北南部、江苏北部。小尾寒羊具有早熟、多胎、多羔、生长快、体格大、遗传性稳定和适应性强等特点。在世界羊业品种中，小尾寒羊体形高大、产量高、肉质好，被国家定为名畜良种，被人们誉为中国"国宝"、世界"超级羊"及"高腿羊"品种。

▲小尾寒羊

（2）蒙古肥尾绵羊：产于内蒙古草原。这种羊以肉用为主，臀部肌肉丰满，围成圆形，储有大量脂肪，故名肥尾绵羊。其肉质细嫩，膻味极小，平均体重为 35 ~ 45kg，是涮羊肉的最佳原料。肥尾可达 3kg 左右。

▲蒙古肥尾绵羊

（3）哈萨克绵羊：新疆为主要产区，青海、甘肃等地也有生产。哈萨克绵羊是我国育成的第一个毛、肉兼用的羊种。公羊一般带有螺旋形大角，母羊无角。其肉质细嫩，味道鲜美，体重达 70kg，为上等肉用羊。

（4）藏羊：产于甘孜藏族自治州、阿坝藏族羌族自治州和凉山彝族自治州，是我国三大原始绵羊品种之一。其特点是体形大，被毛以白色为主，呈毛辫结构。藏羊肉嫩味美，膻味小，是牧民的主要肉食品之一。

▲哈萨克绵羊

▲藏羊

2. 山羊

山羊以东北、华北和四川为主要产地。常见山羊品种如下。

（1）波尔山羊：产于南非。波尔山羊被称为世界"肉用山羊之王"，具有体形大、生长快、屠宰率高、肉质细嫩、适应性强的特点。波尔山羊被毛为白色，头颈部和耳、尾部为棕红色；头部粗壮，眼大、棕色，鼻呈鹰钩状，耳大、下垂等，成年公羊体重为 95 ~ 110kg，成年母羊为 65 ～ 70kg。

（2）麻城黑山羊：产于湖北麻城。麻城黑山羊全身被毛为纯黑色，体形高大、增重快、繁殖率高、肉质好，既适合放牧，又可圈养；一年两胎，一胎两至三羔，成年公羊体重可达 60 ～ 70kg，成年母羊可达 40 ～ 60kg，屠宰率为 52%，刮毛屠宰率为 61%，肌纤维细嫩、肉质好，营养丰富。

▲波尔山羊　　　　　　　　　　　▲麻城黑山羊

（3）成都麻羊：产于四川成都。成都麻羊被毛呈棕红色，犹如赤铜，又名四川铜羊。单根毛纤维上、中、下段颜色分别为黑、棕红、灰黑色，故名麻羊。成年公羊平均体重约为 43kg，成年母羊约为 33kg。早熟，3 ～ 4 月龄性成熟，8 ～ 10 月龄即可配种，一年产两胎或两年三胎，产羔率平均达 210%。

（4）萨能奶山羊：产于瑞士。萨能奶山羊是奶山羊品种的代表，被毛呈白色，偶有毛尖呈淡黄色，有四长的外形特点，即头长、颈长、躯干长、四肢长。公、母羊均有须，大多无角。现有的奶山羊品种几乎半数以上都不同程度地含有萨能奶山羊的血缘。

▲成都麻羊　　　　　　　　　　　▲萨能奶山羊

（二）羊肉的品质特点及烹饪应用

羊肉是三大家畜肉类之一，我国信仰伊斯兰教的少数民族主要食用羊肉。

1. 品质特点（见表6-3）

表 6-3　羊肉的品质特点

类　型	品　质　特　点
绵羊	肉体丰满，特别是臀部肌肉，尾部略呈圆形，且储有大量脂肪；肉质结实，呈暗红色，肌肉纤维细而软，肌间脂肪较少。绵羊肉及脂肪均无膻味，烹饪后味道醇香。公绵羊肉膻味较小
山羊	肉呈较淡的暗红色，皮下脂肪较少，腹部脂肪较多，肉质较绵羊粗糙，且带有较重的膻味，肉质不如绵羊。公山羊膻味较重，但瘦肉较多

2. 烹饪应用

羊肉在清真菜肴中应用最多，且多为主料，羊肉本身也适于多种烹饪方法和多种调味方式，可以制作出很多著名的菜点，如葱爆羊肉、炸脂盖、羊肉汤，以及风靡全国的涮羊肉、烤羊肉串。

羊肉如果膻味大，在调制羊肉汤时可加入香菜、青蒜等，既能消除羊肉的膻味，又能增加清香味；在炖羊肉时加入适量的白萝卜或绿豆，在烹制羊肉菜肴时加入适量的白酒、醋等都能起到去膻味的作用。

3. 饮食宜忌

羊肉性温味甘，有补虚劳、益气血，壮阳健胃，抵御风寒之功效，是冬令滋补佳品，但多食则生热。热盛阴虚者忌食。羊肉不宜在夏季和秋季作为进补食物食用。

四、其他常用畜类品种与品质特点

家畜中还有兔、驴、马、狗等，其肉均可制成独具风味的美味佳肴。

1. 家兔肉

家兔是由一种野生的穴兔经过驯化饲养而成的，除南极洲外，世界各洲均有分布。

品质特点与种类：兔肉含有丰富的蛋白质，高达 21.2%，而脂肪的含量仅为 0.4% 左右，是一种极好的高蛋白、低脂肪的肉类食品，而且含胆固醇少，尤其适合高血压、心脏病、动脉硬化患者食用。兔肉的瘦肉比例高，肌肉呈粉红色，肉质细嫩，易于消化，滋味鲜美，可同鸡肉相媲美，被称为"保健美容肉"。

▲家兔

烹饪应用：兔肉和其他食物一起烹饪会附和其他食物的滋味，遂有"百味肉"之说。兔肉肉质细嫩，肉中几乎没有筋络，必须顺着纤维纹路切，这样加热后才能保持菜肴的形态。兔肉适于炒、烤、焖等烹饪方法；可红烧、粉蒸、炖汤，如兔肉烧红薯、椒麻兔肉、粉蒸兔肉、麻辣兔片、鲜熘兔丝和兔肉圆子双菇汤等。

饮食宜忌：一般人群均可食用。兔肉性凉，宜在夏季食用。凡有脾胃虚寒所致的呕吐、泄泻症者忌用。

2. 驴肉

驴又称驴子，家畜，似马，长耳，宰杀后驴肉可食。

品质特点与种类：驴肉比牛肉、猪肉口感好、营养高，民间有"天上龙肉，地上驴肉"的谚语。

烹饪应用：驴肉稍有腥味，适于卤、酱、烩、煮、炸、烤、炒等烹饪方法。我国河北保定及河间的著名小吃驴肉火烧就是在烙熟的面饼中加入熟驴肉而制成的。

饮食宜忌：中医认为，驴肉性凉味甘，有补气养血、滋阴壮阳、安神去烦之功效。一般人群均可食用，身体瘦弱者尤宜。平素脾胃虚寒，有慢性肠炎、腹泻者忌食驴肉。

▲驴

▲驴肉火烧

**知识拓展**

"肥牛"和"育肥牛"

肥牛的英文是beef in hot pot，直译为"放在热锅里食用的牛肉"。它既不是一个牛的品种，也不是单纯育肥后屠宰的牛，更不是肥的牛，而是经过排酸处理后切成薄片在火锅内涮食的部位，被称为"肥牛"。

"肥牛"一词源于美国，后传入中国香港、日本等地，20世纪90年代由东方肥牛王引入香港的时尚肥牛火锅传入中国内地后开创了肥牛火锅历史之先河，随后许多中国牛肉生产厂家开始生产肥牛。

肥牛从喂养、无痛宰杀到先进的排酸工艺，通常都选择优质的腰背部的"背最长肌"和腹部去骨肌肉修割成形，现在各部位的肉都制成不同名称的"肥牛坯"送往餐厅。再经专用机械刨成薄片，在火锅内涮熟，然后蘸以美味的调料，吃到嘴里的才是真正的"肥牛"。

近年来，国内的养牛企业采用国际上先进的育肥手段，采用不同的饲料配方进行喂养，并辅以音乐按摩、啤酒饲料等先进的育肥方法，加上采用严格的卫生防疫手段，使育肥牛生活条件舒适、体态健壮、生长迅速。合格的育肥牛经屠宰后，采用先进的国际上新兴的肉厚成熟处理技术，精细加工成不同规格、适应不同烹饪要求、以不同方式包装的冷藏保鲜肉、冷藏部位肉，这些优质牛肉色鲜味美、香嫩可口、大理石纹样丰富，含有各种营养成分，适合绿色食品的要求，不论是涮还是烤都能达到瘦而不柴、肥而不腻的境界。

肥牛分类如下。

（1）眼肉肥牛是肥牛中的上等精品，采用特级牛脊背中部肉，因肥瘦相间，形似眼状故称眼肉肥牛，其特点是涮食口感细腻如丝。

（2）上脑肥牛采用脊背上部肉，因接近头部故称上脑，其特点是脂肪沉积于肉质中形似大理石纹样，是涮食佳品。

（3）外脊肥牛采用外脊中后部肉，脂肪沉积于肉质一侧，红白相间，美观异常，涮食、生食均可。

（4）腹肉肥牛精选于肋骨后部肉，具有肥而不腻、瘦而不柴等特点，适合涮食。

（5）啤酒肥牛是采用普通肥牛外脊背、腹部等肉块加工合并成形的肥牛，其特点是口感好、鲜嫩、价格便宜，因育肥牛时以啤酒作为饲料，故称啤酒肥牛。

（6）肩胛肉芯产自排酸肥牛的肩胛部位，其沉积脂肪丰富，肉质滑软细嫩，轻咬便有肉汁溢出。

普通涮锅用的肥牛主要选用的是牛的外脊和腹部内的部分，因为这些部位的肉质细嫩、清香、色鲜、味美且有丰富的大理石纹样，故备受食客青睐。

想一想

1. 猪的体形特征有什么不同？

2. 牛、羊肉的营养价值有什么不同？

任务三　常用畜类肉制品

一、畜类肉制品的种类

畜肉制品按其加工方法分类，可简单分为腌腊制品、脱水制品、灌肠制品和其他制品。

1. 腌腊制品

腌腊制品是用食用盐、糖、香料等调味品对肉类进行加工处理后得到的产品，可分为腌制品和腊制品。腌制品是用盐腌制后的成品，是利用盐的渗透压作用，使鲜肉原料中的水分部分析出，而盐分渗入鲜肉组织中。腊制品原指农历腊月腌制的肉制品，再经风干、烘烤或熏制后的成品。腌腊制品为生肉制品，需经蒸煮后方能食用。腌腊制品的主要品种有火腿、咸肉、腊肉等。

根据腌制的方法不同可分为干腌法、湿腌法及混合腌法。

（1）干腌法。干腌法是用盐和硝来腌制肉类。干腌法的优点是方法简便、容易保藏，蛋白质损失较少；缺点是程度有时不均匀，色泽不好，肉质较硬。我国的火腿多采用干腌法。

（2）湿腌法。湿腌法是将盐和硝等混合，加入水调成浓度为20%的溶液，然后将肉浸入进行腌制。湿腌法的优点是程度均匀，色泽鲜艳，肉质较柔软，腌制周期短，计量准确；缺点是制品中的水分含量高，相对来说保存期短，营养成分的流失较多。

（3）混合腌法。混合腌法是上述两种方法的综合应用，在干腌的基础上，经两三天后再用湿腌的溶液进行腌制，这种方法可增加储藏期肉质的稳定性，防止产品过度失水，并能达到程度适中的效果。

2. 脱水制品

脱水制品主要是指将肉类初步加工后，经调味、煮、烩、烘干脱水后制成的一类干燥肉制品。其体积小、质量轻，便于携带、运输和储存。现采用低温、升华、真空、干燥等现代化技术处理，能较好地保证肉的组织结构和营养成分不发生变化。目前我国大都采用自然干燥法或人工干燥法。脱水制品的主要品种是肉松、肉干。

3. 灌肠制品

将畜肉或某些动物副产品调味后灌入肠衣或经处理的猪膀胱内，再经烘晾、蒸煮、晾透制成的肉类制品统称为灌肠制品。灌入肠衣的称为"灌肠"，灌入膀胱的称为"灌肚"。

灌肠制品既可以精选原料制作高档肉制品，也可以利用肉类碎肉等制作经济实惠的大众肉制品。其营养丰富，食用方便，便于携带，有些产品储存期较长。

4. 其他制品

（1）酱卤制品。酱卤制品是将畜肉、畜肉副产品及某些加工过的制品放在卤汁中，烧煮入味，成熟后所得的产品。酱卤制品一般先经初步加工、洗涤、浸泡或预加热，然后加调料再煮制而成。调味和煮制是酱卤制品中最重要的两个程序。全国各地均有生产酱卤制品，由于调味方法的不同形成了不同的风味特色，如无锡酱排骨、北京酱牛肉、河南道口烧鸡、山东德州扒鸡等。

（2）熏烤制品。熏烤制品可分为熏制品、烤制品。熏制品是利用燃料未完全燃烧而产生的烟气熏制成的肉制品，依原料生熟不同可分为生熏、熟熏。熏制品有四川樟茶鸭子、安徽茶叶熏鸡等。烤制品是利用热源直接对肉料进行烤热加工制成的肉制品，热源有暗火和明火之分。烤制品有北京烤鸭、广东叉烧肉、新疆烤全羊、常熟叫花鸡等。

二、常用制品

1. 火腿

火腿是用猪的后腿经整修、腌制、洗晒、整形、发酵、堆叠、分级等多道工序制成的腌制品，是我国极为有名的传统腌腊制品。传统制法历时几个月，现在生产火腿开始采用新工艺，缩短了生产周期，可常年生产。

品质特点与种类：成品火腿重2.5~5kg，品质特点如下。

（1）外表：皮呈棕黄色或棕红色、皮肉干燥、内外坚实。

（2）式样：薄皮细脚、爪弯脚直、腿头不裂、形如琵琶或竹叶、完整匀称、油头小、略显光亮。

（3）气味：品质好的火腿气味清香、无异味。如有炒芝麻的香味是肉层开始轻度酸败的迹象；如有酸味表明肉质已重度酸败；如有豆瓣酱味道则表明腌制的盐分不足；如有臭味表明火腿加工时原料已严重变质；如带有哈喇味表明火腿已因肥膘氧化而腐烂变质。

▲金华火腿

火腿的品种较多，较为有名的有"南腿"——浙江金华火腿；"北腿"——江苏如皋生产的火腿；"云腿"——云南宣威等地的火腿。其中，金华火腿是用当地的"两头乌"猪后腿腌制而成的。

烹饪应用：火腿在烹饪中应用广泛，适于多种刀工成形，可作为菜肴的主、辅料及用于菜肴配色。用火腿制作菜肴主要取其本身的鲜香气味，应注意"五忌"：忌少汤或无汤烹制；忌重味，不宜用红烧、酱、卤等方法，不宜用酱油、醋、八角、桂皮等香料；忌用色素；忌上浆挂糊，勾芡不宜太稀或太稠；忌与牛羊肉等原料配合制作菜肴。用火腿制馅时，应用水将火腿浸透，待起发后熟制，去皮、骨，切成丁。

实际烹饪中，火腿应避免油脂酸败、回潮发霉、虫蛀，需放在阴凉、干燥、通风、清洁处，避免高温和阳光直射，力求密闭隔氧。如需较长时间的保藏，则应使用融化的石蜡或植物油涂在火腿的表面，然后储藏在通风阴凉处，方可长期保持其鲜美的品质。

饮食宜忌：一般人群均可食用。火腿肉性温味甘、咸，具有健脾开胃、生津益血、滋肾填精之功效。江南一带常以之煨汤作为产妇或病后开胃增食的食品；因火腿有加速创口愈合的功能，现已用于外科手术后的辅助食品。脾胃虚寒的泄泻下利之人不宜多食；老年人、胃肠溃疡患者禁食；患有急慢性肾炎者忌食；积滞未尽、腹胀痞满者忌食。

2. 咸肉

咸肉又称腌肉、渍肉、盐肉，就是用盐腌制的肉，加工简单，费用低。我国制咸肉的地区较广，多为西南、中南地区，其中以湖南、四川、广东最为有名。

品质特点与种类：咸肉外观清洁，刀工整齐，肌肉坚实，表面无黏液，切面的色泽鲜红，肥膘稍有黄色，具有咸肉固有的风味。咸肉因产地、选料的部位不同又有很多品种，如广式腌肉、无皮腌花肉、湖南带骨腌肉、川味腌肉、腌猪肘等都是有名的咸肉。

烹饪应用：咸肉适于蒸、煮、炒、炖等烹饪方法，南方应用较多，如春笋炒咸肉、腌笃鲜。咸肉的保藏一般采用堆垛法或浸卤法。堆垛是将咸肉堆放在通风阴凉处，要勤翻倒；浸卤就是将咸肉浸入一定浓度的盐水中。如少量短时期的保藏也可以将咸肉存放在冰箱中。

饮食宜忌：老年人忌食；胃和十二指肠溃疡患者忌食；湿热痰滞内蕴者不宜食用；肥胖、血脂较高、高血压者不宜多食或忌用；外感患者亦不宜食用。

3. 腊肉

腊肉是指肉经腌制后再经过烘烤（或日光下曝晒）的过程所制成的加工品。腊肉的防腐能力强，能延长保存时间，并增添特有的风味，这是与咸肉的主要区别。腊肉在中国南北方均有出产，南方以腊猪肉为主，北方以腌牛肉为主。

▲腊肉

品质特点与种类：腊肉要求无黏液、无霉点、无异味、无酸败味，又有固有的芳香风味。腊肉按产地分，有广东腊肉、湖南腊肉、武汉腊肉、四川腊肉；按原料分，有腊猪肉、腊牛肉、腊羊肉等。它们的加工方法各不相同，但制作方法大同小异。著名的品种有广东腊肉、湖南腊肉和四川腊肉。

烹饪应用：腊肉在南方家庭应用较多，如四川菜中的回锅腊肉、湖南菜中的腊味合蒸等。一般的腊肉可吊挂在通风阴凉处或置于冰箱中存放。

饮食宜忌：一般人群均可食用。高血脂、高血糖、高血压等慢性疾病患者不宜常食；老年人忌食；胃和十二指肠溃疡患者忌食。

4. 中式灌肠制品

中式灌肠制品历史悠久，1400多年前，北魏贾思勰所著《齐民要术》一书中就记载了当时的灌肠方法。中式灌肠制品一般要经过选料、剔割、绞肉、拌馅、灌制、晾晒（烘烤或蒸煮）等多道工序加工而成。

品质特点与种类：灌肠讲究口味，制作精细，营养丰富，食用简便，储存期长。中式灌肠制品的品种很多，著名品种有广东腊肠、哈尔滨风干肠、南京香肚、山东南肠等。

（1）广东腊肠又称广式腊肠。过去民间多在年末时加工广东腊肠，在春节食用。在制作广东腊肠的过程中不加酱油，基本不加香料，主要以食盐、白砂糖、白酒、味精为调味品，甜味稍大，咸味较小，瘦肉较多，可达90%，肉质坚实，每段约13cm，肠身较细。

（2）哈尔滨风干肠又称正阳楼香肠。该肠90%为瘦肉，制作时加无色酱油、砂仁、紫蔻、桂皮、花椒、鲜姜等调味品。成品规格一致，长60cm，为扁圆形，折双行，食之清口健胃，干而不硬。此产品水分含量较大，不宜长期保藏。

（3）南京香肚。该肠以70%的瘦肉、30%的肥肉为主料，加入盐、糖、五香粉等调味品，制成馅料灌入猪膀胱皮内，呈圆形，咸味适中，风味独特。

（4）山东南肠。该肠70%为瘦肉、30%为肥肉，调料有盐、酱油、莳萝子、花椒、丁香、桂皮、砂仁、大茴香等。该肠香醇味美，食后清口，久有回味，还具有驱蝇防腐、防虫叮咬的功效。

▲广东腊肠　　▲哈尔滨风干肠　　　▲南京香肚　　　▲山东南肠

烹饪应用：中式灌肠蒸、煮熟制后多用于冷盘，可直接切片食用，也可用于热菜，如回锅香肠、蒜薹炒香肠等，宴席菜肴如广东的大鸡三味、八珍桂花肠、焗酿禾花雀、大鸭鸡卷等。香肠还可做糕点、月饼馅料等。

饮食宜忌：中式灌肠制品食用方便，口感好。灌肠含盐量较高，若过量食用，容易导致人体血压失衡，因此高血压患者不宜食用；另外，摄入的钠元素过多，会增加患胃癌的风险，同时也会导致钙元素流失，影响人体对钙元素的吸收。同时，中式灌肠制品是高油脂性、高热量的食物，过多食用会导致身体发胖，脂肪堆积，导致脂肪肝的发生。除此之外，在中式灌肠制品的加工过程中，很容易由于加工不当生成一些致癌物质。因此建议食用中式灌肠制品要适量。

5. 西式灌肠制品

西式灌肠制品一般要经过初加工、腌制、绞肉、拌馅、灌肠、烘烤、煮制、熏制等各种工序。

品质特点与种类：西式灌肠制品品种很多，我国已研制出许多具有中国特色的灌肠制品。习惯上称西式灌肠制品为灌肠，相传在100多年前由国外传入，由于营养丰富，口味鲜美，适于规模化、系列化、大批量生产，又具有携带、保藏、使用方便等特点，已成为我国肉制品加工行业产量、销量最多的产品之一。西式灌肠制品的著名品种有以下几种。

（1）哈尔滨红肠。哈尔滨红肠原名里道斯灌肠，由俄国传入。该肠用80%的瘦肉、20%的肥肉，加淀粉、食盐、胡椒粉、大蒜等原料调制后灌入肠衣内制成。成品外表呈枣红色，有皱纹，无裂痕，形状半弯，肉丁分布均匀，无空心，无气泡，坚固而有弹力，肠衣与肉馅不易分离，切面光润，略有蒜味，味香鲜美，水分较少，防腐性强，容易保藏，方便携带。

（2）火腿肠。火腿肠是一种新型的肉制品，在1985年由洛阳肉联厂研制成功第一批火腿肠，之后逐渐风靡全国。这种产品采用特殊塑料薄膜进行包装，常温下可储存半年，并且产品规格已形成系列化。火腿肠质量小，以保存、食用方便，味道鲜美，营养丰富，鲜嫩可口，烹炒煎炸、烧烤冷食均可而深受欢迎。

（3）小红肠。小红肠又称热狗肠，首创于奥地利首都维也纳。各国配方相同，以牛肉与猪肉为1∶1的配比制成，口味鲜美，风靡全球。肠体细小，形似手指，稍弯曲，长12～14cm，外表呈红色，肉质白色，肉馅细腻鲜嫩。我国生产热狗肠有近百年历史，产品深受国内外广大消费者欢迎。

▲哈尔滨红肠

▲火腿肠

▲小红肠

西式灌肠制品还有很多品种，如北京蒜肠、北京香雪肠、上海猪肉红肠等。

烹饪应用：西式灌肠熟制品可直接切片食用，多用于冷盘，也可切丝、丁等后制作菜肴。

饮食宜忌：西式灌肠制品食用方便，口感好。但营养成分含量低，营养单一，不能满足人体需要。长期吃西式灌肠制品有可能导致营养不良。其他同中式灌肠制品。

6. 肉松

肉松是将精肉煮烂，再经过炒制、揉搓而成的一种营养丰富、易消化、食用方便、易于储存的脱水制品。

品质特点与种类：肉松是由猪瘦肉或鱼肉、鸡肉除去水分制作而成的。肉松营养丰富，容易消化吸收，蓬松柔软，入口即化，香气浓郁，滋味鲜美，著名的有福建肉松和太仓肉松。

（1）福建肉松，是以瘦牛肉或瘦猪肉为主料，加入食盐、酱油、味精、五香粉、白糖、白酒、生姜等调味品制成。其色泽金黄，柔软如絮，酥松香鲜，咸中带甜，入口即化。

（2）太仓肉松，始于江苏太仓，有100多年的历史，色泽金黄或淡黄，带有光泽，絮状，纤维疏松，酥松香鲜。

烹饪应用：可用于冷拼或直接食用。

饮食宜忌：一般人群均可食用。饮食中需要限制食盐者不宜多食。肉松属于高能量食品，热量远高于瘦肉，吃的量和频率都要有所控制。

⁇ 想一想

1. 火腿有哪几种？产地在哪里？

2. 灌肠分为哪几类？著名的品种叫什么？

3. 畜肉制品是否都可以直接食用？

任务四 畜肉的品质鉴别及保藏

一、畜被屠宰后畜肉的变化

畜被屠宰后主要经历尸僵、成熟、自溶、腐败四个阶段。

1. 畜肉的尸僵

被屠宰后，畜的肌肉组织开始是松软的，水分含量高，在一般温度下，畜肉在放血1～2h后就进入尸僵阶段。处于这一阶段的肉坚硬、干燥，无自然芬芳的气味，不易煮烂，烹饪时肉汁混浊，无肉香味，因而此时的肉不宜烹饪食用。

2. 畜肉的成熟

经过 24 ~ 48h 后，尸僵的肉开始逐渐回软，其他一些生化过程也发生一系列改变，此时在感官上可见肉中出现了游离的酸性肉汁，可杀死有害的微生物，肉中的结缔组织软化，僵硬的形状已完全消失，肉变得柔软并具有一定的弹性，进入成熟阶段。处于成熟阶段的畜肉中的挥发性物质使肉产生芳香气味，肉易于烹饪、咀嚼和消化吸收，滋味醇香，最适合食用。

成熟后的肉，从外观上看可发现肉的表面形成干燥的薄膜，用手指触动有羊皮纸样响声，肌肉柔软并有弹性。

畜肉成熟变化过程的快慢与温度有关：温度越高，成熟越快。一般采用低温排酸方法，适当地延长时间，达到肉的成熟，因为温度高极容易造成肉的腐败。

3. 畜肉的自溶

畜肉成熟后，肉仍在不停地发展而开始进入腐败阶段，它是成熟的继续。这一阶段，随着自溶的加深，组织中的主要组成部分——蛋白质和脂肪酸分解，肉的特有弹性逐渐消失，变得柔软，部分变为棕色或褐色，脂肪出现轻微腐败。自溶过程中的肉虽然可以食用，但在滋味和气味上已逊色很多，并不适宜长期保存。

4. 畜肉的腐败

自溶阶段的进一步发展便导致肉的腐败。肉在腐败细菌及酶的作用下，可使蛋白质和脂肪分解，并产生许多带有恶臭和毒性的物质，产生对人及其他动物均有严重的毒副作用的物质，故腐败的肉不能食用。

二、畜肉及制品的感官鉴别

1. 家畜肉的感官检验

家畜肉的品质好坏，主要以新鲜度来确定。其按新鲜度一般分为新鲜肉、不新鲜肉和腐败肉三种，常用感官检验方法来鉴别。家畜肉的感官检验主要是从色泽、气味、弹性、黏度、骨髓、煮沸后的肉汤等几方面来确定肉的新鲜程度（见表 6-4）。

表 6-4　家畜肉的感官鉴别标准

感官检验	新 鲜 肉	不 新 鲜 肉	腐 败 肉
色泽	肌肉有光泽，色淡红、均匀，脂肪洁白（牛肉脂肪呈淡黄色或黄色）	肌肉色较暗，脂肪呈灰色，无光泽	肌肉变成黑色或淡绿色，脂肪表面有污秽和霉菌或呈现淡绿色
气味	有正常的特有气味，刚宰杀后不久的有内脏气味，冷却后变为稍带腥味	有酸味或氨味、霉臭气，有时在肉和表层有腐败味	有较重的腐臭气
弹性	刀断面肉质紧密，富有弹性，指压后凹陷能立即恢复	刀断面比新鲜肉柔软，弹性小，指压后凹陷恢复慢，且不能完全恢复	肉质松软且无弹性，指压后凹陷不能复原，肉严重腐败时能用手指将肉刺穿

续表

感官检验	新 鲜 肉	不 新 鲜 肉	腐 败 肉
黏度	外表微干或有风干膜，微湿润，不黏手，肉液汁透明	外表有一层风干的暗灰色或表面潮湿，肉液混浊并有黏液	表面干燥并变黑，或者很湿、黏，切断面呈暗灰色，新切断面很黏
骨髓	骨腔内充满骨髓，呈长条形，稍有弹性，较硬，色黄，在骨头折断处可见骨髓的光泽	骨髓与骨腔间有小的空隙，较软，颜色较暗，呈灰色或白色，在骨头折断处无光泽	骨髓与骨腔有较大的空隙，骨髓变形变软，有的被细菌破坏，有黏液且色暗，并有腥臭味
煮沸后的肉汤	透明澄清，脂肪团聚于表面，具有香味	混浊，脂肪呈小滴状浮于表面，无鲜味，往往有不正常的气味	污秽，带有絮片，有霉变腐臭味，表面几乎不见油滴

2. 家畜内脏的感官检验（见表6-5）

表6-5 家畜内脏的感官检验

部 位	品 质	
	新 鲜	不 新 鲜
肝	呈褐色或紫红色，有弹性，有光泽	颜色暗淡或发黑，表面萎缩有皱纹，无弹性，无光泽，很松软
胃（肚）	有弹性，有光泽，颜色一面浅黄色，另一面白色，黏液多，质地韧而紧实	白中带青，无弹性，无光泽，黏液少，质地软烂
肠	色泽发白，黏液多，稍软	淡绿色或有青有白，黏液少，发黏软，腐臭味重
心	用手挤下有鲜红或暗红色血液或血块排出，组织坚韧，富有弹性，外表有光泽，有血腥味	变质的猪心表面发黑紫，用手摸有黏液，闻起来有难闻的异味
肺	呈淡粉红色，光洁，富有弹性	色灰白，无光泽，有异味
肾（腰）	呈浅红色，表面有一层薄膜，柔润富有弹性	外表颜色发暗，组织松软，有异味

三、畜肉的保藏

保藏家畜肉主要用低温保藏法。

1. 鲜肉的保藏

购进的鲜肉一般先洗涤，然后进行分档取料，再按照不同的用途分别放置到冰箱内进行冷冻保藏，最好不要堆压在一起，以方便取用。

2. 冻肉的保藏

购进冻肉后，应迅速放入冷冻箱内保藏，以防解冻。最好在每块冻肉之间留出适当的空隙。冻肉与冰箱壁也应有适当空隙，以增强冷冻效果，同时也便于取用。

❓ 想一想

1. 畜被屠宰后，畜肉会发生什么变化？

2. 家畜肉的感官鉴别标准是什么？

3. 不新鲜肉如何保藏和使用？

任务五　乳及乳制品

一、乳品

乳品是哺乳动物为哺育幼仔而从乳腺中分泌出来的一种不透明液体。人们日常食用的乳品有牛乳、羊乳、马乳等，其中以牛乳应用最为广泛。牛乳通常称为牛奶，一般为白色或稍带微黄色，并具特殊的清香味和稍带甜味。

1. 乳品的成分（以牛乳为例）

牛乳是多种成分组成的液体。据证实，牛乳中至少有100多种化学成分，主要由水分、乳脂肪、蛋白质、乳糖、盐类、维生素、酶类等成分组成（见表6-6）。

表6-6　牛乳的成分

成　分	含　量	特　点
水分	86% ~ 89%	水分内溶解有各种有机物、无机盐和气味等
乳脂肪	3% ~ 5%	乳脂肪的含量常被用来衡量牛乳的质量
蛋白质	约3.4%	其中酪蛋白占2.8%、乳白蛋白占0.5%、乳球蛋白占0.1%，另外还有一些含氮化合物。乳白蛋白中含有人体营养所必需的各种氨基酸，极易消化，是一种完全蛋白质
乳糖	约4.5%	乳糖是哺乳动物乳中一种特有的糖类，在动物的其他器官中并不存在。牛乳中的乳糖是一种双糖，水解时生成葡萄糖和半乳糖
无机盐	约0.7%	牛乳中含有人体所必需的一切无机盐
其他成分	微量	包括维生素、酶类、色素、免疫体、柠檬酸、磷脂与硬脂醇等。牛乳中的色素如胡萝卜素、叶黄素除具有营养价值外，还能使牛乳看上去略带黄色

2. 乳的种类

乳牛在一个泌乳期中所产牛乳的营养成分并不是完全一致的。根据泌乳期中不同的泌乳阶段，牛乳大致可分为初乳、常乳和末乳3种。此外，乳牛因受外界因素影响或体内生理上的变化，会使所产牛乳发生变化，这种乳称为异常乳（见表6-7）。

表6-7　乳的种类

种　类	定　义	特　点	应　用
初乳	乳牛在产犊后一周内产的乳	深黄色的黏稠液体，在组成成分和性质上与常乳完全相同。初乳中的干物质含量较高，特别是蛋白质的含量是常乳的数倍，其中乳白蛋白和乳球蛋白的含量特别高。初乳中乳糖含量较低，随着挤乳次数的增加而逐渐趋于常乳	由于初乳营养成分含量不同于常乳，特别是其酸度高，在加热时易产生凝固，所以不能作为加工原料
常乳	乳牛在产犊一周后产的乳	乳中各种营养成分含量趋于稳定	常乳营养价值较高，是饮用乳及加工用乳的主要原料
末乳	乳牛在干奶期所产的乳	末乳分泌量低，成分极不稳定。一般除脂肪外，其他营养成分皆较常乳高，但乳牛之间的差异也较大，有的末乳带有苦味或咸味，也有的有油脂腐败的味道	对末乳应视具体情况决定能否饮用或加工。如仅在成分上略有差异而无其他异味，也可利用
异常乳	不适于饮用和加工用的牛乳	除初乳和末乳外，还有乳房炎乳、酒精阳性乳、混入抗生素的牛乳等，都是异常乳	异常乳一般不适于直接食用或加工，但也应根据具体情况区别对待。如冷冻乳只要在加热时不产生凝块，也可当成鲜乳利用；有的异常乳可将乳油分离出来加以利用

烹饪应用：常用牛乳代替汤汁成菜，如奶油菜心、牛奶熬白菜等，其奶香味浓，清淡爽口。牛乳可以和面粉一起制作面食，还可用于制作风味小吃，如北京地区的民间乳制品扣碗酪、云南少数民族的乳扇、牧民们常食用的奶豆腐等。

饮食宜忌：一般人群均可食用。牛奶具有很好的养胃功效，但患有腹泻、脾虚症、湿症等患者慎服。老年人不宜过多喝牛奶。

二、乳制品

牛乳经过多种加工方法，可以制成奶油、奶粉、酸奶、炼乳、奶酪和酥油等乳制品。

1. 奶油

奶油是牛乳经分离后所得到的稀奶油再加工而制作成的一种乳制品，又称乳酪、白脱或黄油。奶油营养价值很高，是西餐中较普遍的食品，也是制造高级食品的原料。

根据奶油在制造过程中是否经过发酵或加盐，又分为酸性奶油、甜性奶油和加盐奶油。

奶油食用方法较多，可涂在面包等食物上佐餐，也可与其他原料一起冲调饮料，以及用于制作奶油蛋糕、冰激凌等。

2. 奶粉

奶粉是指用冷冻或加热的方法，除去鲜乳中的水分，经干燥后制成的粉末状乳制品。由于其保存了鲜乳的营养成分，且其蛋白质因经过加工而易于消化，又较鲜牛乳便于保存和携带，食用方便，深受消费者喜爱，是我国生产最普遍的乳制品。

奶粉种类很多，根据加工方法及对原料处理方法的不同，可分为全脂奶粉、脱脂奶粉、速溶奶粉、母乳化奶粉、调制奶粉等。全脂奶粉又分为含糖和无糖两种。奶粉可按容量加水至4倍，或按质量加水至8倍冲调饮用，其成分与鲜牛奶相同。

3. 酸奶

酸奶是以全脂乳或脱脂乳为原料，经乳酸菌发酵而制成的乳制品。酸奶种类较多，按照添加物的不同，可分为天然酸奶、调味酸奶和果浆酸奶等；按照加工方法的不同，又可分为凝固型酸奶和搅拌型酸奶两种。

制作酸奶的方法较为简便，即将新鲜的全脂或脱脂牛乳，加糖5%或不加糖，经过巴氏消毒法杀菌，冷却后加入适当乳酸菌，置于恒温箱内，进行乳酸发酵，至牛乳形成均匀的凝块时取出，冷藏备用即可。若少量制备酸奶，可在新鲜消毒牛乳中加入适量的酸液，如乳酸、柠檬酸或新鲜果汁，使乳中蛋白质凝成小块，即可饮用。

由于酸奶制作简单，风味好，营养价值高，而且具有抑制肠道有害细菌的生长、帮助消化、增进食欲、促进人体健康、加强肠胃蠕动和机体新陈代谢的作用，越来越受到人们的喜爱。

4. 炼乳

鲜乳经浓缩除去其中大部分水分而制成的产品称为炼乳。其一般分为甜炼乳和淡炼乳两种。

甜炼乳是在牛乳中加入16%以上的蔗糖，并浓缩至原体积的40%左右而制成的。甜炼乳又可分为全脂甜炼乳和脱脂甜炼乳。炼乳可用于制作饮料，也可用于制作炼乳罐头，以便于保存和运输。

5. 奶酪

奶酪由牛乳制成。将鲜牛乳放入锅中烧煮，然后倒入盆中冷却，捞出浮面油皮，将油皮放入旧奶酪中拌匀，放入容器中，用纸封口，放置一定时间即成。

6. 酥油

酥油制法简单，将牛乳入锅煮沸，待冷却后，将面上结的皮取出来再煎，煎出的油去渣后再放锅内烧炼一下，即成酥油。藏族人民则用撞击分离法生产酥油，故称打酥油。酥油是蒙古族和藏族人民的食用油，常与茶、糌粑等合食。

三、乳及乳制品的品质鉴别及保藏（见表6-8）

表6-8　乳及乳制品的品质鉴别及保藏

名　　称	品质鉴别标准	保　藏
牛奶	液体呈乳白色，浓香黏滑	加热后的牛奶应迅速降温到 3 ~ 5℃存放，超高温杀菌的奶制品在常温下有效期为 3 个月，一般短期保存环境温度为 0 ~ 4℃
炼乳	乳汁浓稠度较高，呈乳白色，半流动状	常温下密封保存
奶粉	干燥粉末状，呈微黄色，无潮湿感，无结块，入水即溶	常温下密封保存
黄油	常温下呈淡黄色固体状态，细腻芳香，具有良好的可塑性	短期保存环境温度为 0 ~ 4℃，长期保存环境温度为 –10 ~ –5℃
酸奶	常温下呈乳白色、浓稠状的液体	短期保存环境温度为 0 ~ 4℃，不宜冷冻保存，保质期为 18 天

🅿 想一想

1. 牛乳中都有哪些营养成分？

2. 乳的种类分为哪几种？它们的特点是什么？

3. 常用的乳制品有哪些？如何鉴别和保藏？

 **知识拓展**

涮羊肉的起源

涮羊肉传说起源于元朝。当年元世祖忽必烈统率大军南下远征。一天，人困马乏，饥饿难忍，他猛然想起家乡的菜肴——清炖羊肉，于是便吩咐部下杀羊烧火。正当伙夫宰羊割肉的时候，探马来报敌军杀到。饥饿难耐的忽必烈一心等着吃羊肉，他一面下令部队开拔一面喊："羊肉！羊肉！"伙夫知道他性情暴躁，于是急中生智，飞刀切下十多片薄肉，放入沸水里搅拌几下，待肉变色，马上捞入碗中，放了一点细盐。忽必烈连吃数碗，上马迎敌，结果大获全胜。在筹办庆功酒宴时，忽必烈特别点了那道羊肉片。伙夫选了绵羊嫩肉，切成薄片，再配上各种作料，将帅们吃后赞不绝口。伙夫忙问："此菜尚无名称，请帅爷赐名。"忽必烈笑答："我看就叫'涮羊肉'吧！"从此涮羊肉就成了宫廷佳肴。

知识检测

一、填空题

1. 胶原纤维在_____时可以溶解成明胶，冷却后成冻胶，可被人体消化吸收。

2. 长白猪产于_____，为目前世界各地分布较广、较著名的瘦肉型品种。

3. 新金猪产地为_____，是由引进的巴克夏种猪与本地猪杂交育成的，是一个早熟的_____品种。

4. 腊制品原指农历腊月腌制的肉制品，再经_____、烘烤或熏制后的成品。

5. 较为有名的浙江金华火腿，称为"_____"。

6. 火腿的品质鉴别主要从外表、_____、气味等方面来判断。

7. 畜被屠宰后主要经历尸僵、成熟、_____、腐败四个阶段。

8. 乳糖是哺乳动物乳中一种特有的糖类，是一种_____，水解时生成葡萄糖和半乳糖。

9. 酸奶是以全脂乳或脱脂乳为原料，经_____发酵而制成的乳制品。

二、选择题

1. 肌肉组织由肌纤维构成，肌纤维又可分为横纹肌、平滑肌、（　　　）。

　　A. 肱二头肌　　　　B. 肱三头肌　　　　C. 股四头肌　　　　D. 心肌

2. 如按猪肉部位分类，其中最适宜制馅的是（　　　）。

　　A. 通肌肉　　　　B. 前夹心肉　　　　C. 蹄髈　　　　D. 后臀尖

3. 下列牛肉中，品质最差的是（　　　）。

　　A. 牦牛肉　　　　B. 黄牛肉　　　　C. 水牛肉　　　　D. 小牛肉

4. 牛肉肉质坚实，颜色（　　　），切面有光泽，脂肪为淡黄色至深色。

　　A. 淡红　　　　B. 鲜红　　　　C. 暗红　　　　D. 棕红

5. 绵羊肉肉质坚实，呈（　　　）色，肌肉纤维细而软，肌间很少有夹杂的脂肪。

　　A. 淡红　　　　B. 鲜红　　　　C. 暗红　　　　D. 棕红

6. 称江苏如皋生产的火腿为（　　　）。

　　A. "南腿"　　　　B. "北腿"　　　　C. "云腿"　　　　D. 其他

7. 用火腿制馅时，应用（　　　）将火腿浸透，待起发后熟制，去皮、骨，切成丁。

　　A. 水　　　　B. 高汤　　　　C. 酱油　　　　D. 色拉油

8. 肉松是将精肉煮烂，再经过炒制、揉搓而成的一种营养丰富、易消化、食用方便、易于储存的脱水制品，著名的有（　　　）和太仓肉松。

　　A. 东北肉松　　　　B. 福建肉松　　　　C. 浙江肉松　　　　D. 其他

9. 炼乳有奶香味和（　　　）。

　　A. 较差的流动性　　B. 较好的流动性　　C. 较好的凝固性　　D. 较好的弹性

10. 酸奶种类较多, 按照添加物的不同, 可分为（　　　）、调味酸奶和果浆酸奶等。

    A. 天然酸奶　　　　B. 水果酸奶　　　　C. 菌类酸奶　　　　D. 其他

三、判断题

1. 动物性脂肪的饱和脂肪酸比植物性脂肪的好消化。（　　　）

2. 黄牛在体形和性能上有差异, 一般可分为蒙古牛、华北牛和华南牛三大类。（　　　）

3. 鲜肉是指屠宰后经低温冷冻的畜禽肉。（　　　）

拓展练习

1. 犍牛肉是经过阉割的牛的肉, 其肌肉呈红色, 脂肪为淡黄色或深黄色, 纤维细密,（　　　）, 有少量肌间脂肪, 做熟后无腥味, 肉质香郁, 质量最好。

    A. 肉质鲜嫩　　　　B. 肉质较嫩　　　　C. 肉质粗老　　　　D. 肉质较老

2. 家畜类原料常用的清洗加工方法有里外翻洗法、（　　　）、热水烫洗法、刮剥洗涤法、灌水冲洗法和清水漂洗法等。

    A. 酸碱中和法　　　B. 盐醋搓洗法　　　C. 机械搓洗法　　　D. 冲水清洗法

3. 奶粉是牛乳经（　　　）后制作成的粉粒。

    A. 消毒、浓缩、均质　　　　　　　B. 浓缩、喷雾干燥

    C. 消毒、浓缩、喷雾干燥　　　　　D. 浓缩、均质

项目七　动物性原料——禽蛋类

鸡

　任务目标

知识目标：

- 了解禽蛋类原料的概念和种类；
- 了解禽肉、蛋的营养成分，特殊禽类的饮食宜忌；
- 掌握常见禽蛋及制品的种类、品质特点、烹饪应用；
- 掌握禽蛋类原料的品质鉴别与保藏方法。

能力目标：

- 能够对家禽及禽肉、蛋的品质进行鉴别；
- 能依据家禽类原料不同部位的品质特点合理选择烹饪方法；
- 能根据不同的烹饪方法和菜点制作要求选择不同的禽类原料。

任务一　禽类原料基础知识

一、禽类原料的概念及化学成分

家禽是指人类为了满足对肉、卵的需要，经过长期人工饲养而驯化的鸟类动物。通常饲养家禽以卵、肉、羽毛等的消费为目的，也有作为其他用途的，如信鸽、宠物等。

常见的家禽有鸡、鸭、鹅等。禽类原料根据经济用途可分为肉用品种、蛋用品种和兼用品种。

禽类原料的化学成分如表 7-1 所示。

表 7-1　禽类原料的化学成分

名　　称	性　　质
蛋白质	含量约为 20%，多为优质蛋白。禽肉颜色受肌红蛋白的含量和性质的影响极大
脂肪	禽肉中脂肪的不饱和脂肪酸的含量要高于饱和脂肪酸的含量，消化吸收率较家畜肉高
维生素	含有较多的 B 族维生素，其中脂溶性维生素的含量也很高，它是一种抗氧化剂，对禽肉的储存有一定的意义
无机盐	含有很多微量元素
含氮浸出物	禽肉含氮浸出物的含量随禽的种类、年龄、生态环境的不同而存在差异，一般年龄越大含量越高

二、禽类原料的品质鉴别及不同部位的烹饪应用

（一）家禽的品质鉴别（以普通鸡为例，见表7-2）

表7-2　普通鸡的老嫩鉴别

类　型	品 质 特 点
小雏鸡和雏鸡	未发育完全，羽毛未丰，胸骨软，肉质嫩，脂肪少，嘴尖爪趾平，爪上鳞片细嫩
成年鸡	羽毛丰满，胸骨和嘴尖稍硬，后爪趾稍长，羽毛管发硬，爪上鳞片稍粗糙
老鸡	胸骨硬，爪上鳞片明显粗糙，趾较长且硬，呈钩形，羽毛管硬

（二）禽类的部位分解及烹饪应用

1. 鸡肉部位分解

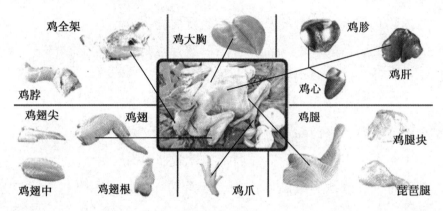

▲鸡肉部位分解示意图

2. 家禽在烹饪中的应用

鸡头：常用于烧、酱、煮或者吊汤。

鸡脖：可用于烧、炖、煮等烹饪方法。

鸡脊背：在鸡的脊背两侧各有一块肉，俗称"腰窝肉"或者"栗子肉"。这个地方的肉老嫩适宜，没有筋，适于爆炒类烹饪方法。鸡脊骨多用于制汤。

鸡全架：主要用于煮汤。

鸡的里脊肉和胸脯肉：鸡的里脊肉俗称"鸡芽子"，属于鸡全身最嫩的肉。鸡的胸脯肉出肉较多。这两个部位的肉都宜用于拉鸡丝或制成大片，多用于爆、炒或制茸等。

鸡翅膀：不宜用于出肉，因为鸡翅膀多带骨，所以用于煮、红烧、酱、炖、焖等。

▲红烧鸡头

▲炖鸡汤

▲宫保鸡丁

鸡腿肉：肉虽然厚，可是比较老，所以多用来烧、炖、扒等。

鸡爪：由于鸡爪多鸡皮，无肉，多用于煮汤、制皮冻或者卤酱等。

▲可乐鸡翅

▲鸡腿炖土豆

▲卤鸡爪

三、禽肉原料的品质鉴别

分辨家禽肉的品质可通过新鲜度来判定，主要看肌肉、脂肪、皮肤、眼部、嘴部，以及肉汤（见表7-3）。

▲新鲜的鸡腿肉

表7-3　禽肉原料的品质鉴别

部　位	品　质		
	新　鲜	不　新　鲜	腐　败
肌肉	结实而且富有弹性。鸡的肌肉为玫瑰色、有光泽，鸡胸肉为白色或稍带淡玫瑰色；鸭、鹅的肌肉呈红色，幼禽肌肉呈有光亮的玫瑰色，稍温不黏，有特殊的香味	肌肉弹性小，用手指压时，留有明显的指痕，带酸味及腐败味	肌肉为暗红色、暗绿色或灰色，有重腐败味
脂肪	脂肪色白，稍带淡黄色，有光泽，无异味	脂肪色泽变化不太明显，但稍带异味	脂肪呈淡灰色或淡绿色，有酸臭味
皮肤	呈淡黄色或淡白色，表面干燥，具有特殊的气味	皮肤呈淡灰色或淡黄色，表面发潮，有细微腐败味	皮肤呈灰黄色，有的中央呈淡绿色，表面湿润，有霉味或腐败味
眼部	眼球充溢整个眼窝，角膜有光泽	眼球部分下陷，角膜无光	眼球下陷大，同时有黏液、角膜暗淡的，说明已腐败
嘴部	有光泽、干燥，有弹性，无异味	无光泽，部分失去弹性，稍有腐败味	嘴部暗淡，角质软化，口角有黏液，有腐败味
肉汤	澄清透明，具有特殊香味，脂肪团浮于汤表面	稍有混浊，香味差，无鲜味，脂肪呈小滴状浮于表面	—

知识拓展

鸡为什么要吃沙石

鸡没有牙齿，无法嚼碎食物，只能把沙子和小石子吃进胃里，依靠沙子与小石子帮助自己磨碎食物，吸收营养，所以鸡吃沙石是帮助自己消化的！

❓ **想一想**

1. 如何鉴别鸡的老嫩?

2. 怎样鉴别禽类原料的品质?

任务二　常用禽类原料品种

一、鸡

我国是鸡的发源地之一，地方品种资源十分丰富，犹如取之不尽、用之不竭的"金矿"，值得研究和开发应用。各个地方品种各具一定的优良特性，尤其是具有环境适应性好、抗病力强、耐粗饲料、肉质优良等特点。

1. 乌鸡

乌鸡又称武山鸡、竹丝鸡、乌骨鸡，原产于我国的江西泰和县武山，喙、眼、脚、皮肤、肌肉、骨头和大部分内脏都是乌黑色的，体形娇小玲珑，外观有十大特征，即丛冠、缨头、绿耳、胡须、丝毛、乌皮、乌骨、乌肉、毛脚、五爪。乌鸡的营养价值远远高于普通鸡，口感也非常细嫩。

2. 芦花鸡

芦花鸡原产于山东汶上县，体形椭圆而大，单冠，羽毛黑白相间，公鸡斑纹白色宽于黑色，母鸡斑纹宽窄一致，成年公鸡体重约为 4.5kg，母鸡约为 3.5kg，年产蛋 180 ~ 200 个，蛋重 50 ~ 60g。

3. 柴鸡

柴鸡又称笨鸡、麻鸡。柴鸡肉质坚韧，腿纤细，似干柴，又常栖息于木柴之上，故名柴鸡。柴鸡具有耐粗饲料，适应性、觅食性、遗传性能稳定，就巢性及抗病力强等特性。平均蛋重 40 ~ 42g，蛋壳颜色多为白色、浅褐色；其蛋黄比例大且颜色发黄，蛋清黏稠，色泽鲜艳。

▲乌鸡　　　　　　　▲芦花鸡　　　　　　　▲柴鸡

4. 固始鸡

固始鸡产于河南固始县，属蛋肉兼用型品种，个头中等，羽毛丰满。雏鸡绒羽呈黄色，公鸡羽毛为深红色和黄色，母鸡羽毛以麻黄色和黄色为主，白色、黑色的很少，尾形分为佛手状尾和直尾两种。成年鸡冠型分为单冠与豆冠两种，以单冠居多。成年公鸡体重约为 2.47kg，母鸡约为 1.78kg，年平均产蛋 142 个，平均蛋重 51.4g，蛋壳呈褐色。

5. 狼山鸡

狼山鸡产于江苏如东境内，属蛋肉兼用型品种，有重型和轻型两种，体形健壮。狼山鸡羽色有纯黑色、黄色和白色，现主要保存了黑色鸡种，该鸡头部短圆，脸部、耳叶及肉垂均呈鲜红色，白皮肤，黑色胫。部分鸡有凤头和毛脚。500 日龄成年公鸡体重约为 2.84kg，母鸡约为 2.283kg，年产蛋 135 ～ 175 个，平均蛋重 58.7g。

6. 浦东鸡

浦东鸡又称九斤黄，由于产地在黄浦江以东的上海市南汇、奉贤、川沙等地而得名，属蛋肉兼用型品种。体形较大。成年公鸡体重约为 3.55kg，母鸡约为 2.84kg，年平均产蛋 130 个，蛋重 57.9g，蛋壳以褐色、浅褐色居多。

▲固始鸡　　　　　　　▲狼山鸡　　　　　　　▲浦东鸡

7. 寿光鸡

寿光鸡又称慈伦鸡，产于山东寿光，属蛋肉兼用型品种。寿光鸡有大型和中型两种，还有少数小型。大型寿光鸡外貌雄伟，体躯高大，体形近似方形。成年鸡全身羽毛为黑色，有的部位呈深黑色并闪绿色光泽，单冠，公鸡冠大而直立，母鸡冠形有大小之分，颈、趾为灰黑色，皮肤为白色。

8. 白洛克鸡

白洛克鸡在美国育成，属蛋肉兼用型品种。该鸡全身羽毛为白色，单冠，冠、肉垂、耳叶为红色，皮肤、胫、喙为黄色，体形为椭圆形，早期生长发育快，胸、腿部肌肉发达，肉质较好，平均 170 ～ 180 天性成熟，年产蛋 160 ～ 180 个，蛋重 58 ～ 60g，蛋壳呈褐色。因为白洛克鸡具有良好的产蛋和产肉性能，因此，在现代化肉鸡生产中，大多选用白洛克鸡作为肉鸡的母系。

9. 京白938蛋鸡

京白 938 蛋鸡是北京种禽公司利用三系配套育成的商品代蛋鸡，具有生命力强，高产、早熟、蛋重大、饲料报酬高等特点，产蛋期为 21 ～ 72 周龄；开产日龄 157 天。72 周龄产蛋数 279 ～ 292 个，平均蛋重 59 ～ 60g，蛋壳呈白色。

▲寿光鸡　　　　　　▲白洛克鸡　　　　　▲京白 938 蛋鸡　▲京白 938 蛋鸡鸡蛋

10. 绿壳蛋鸡

绿壳蛋鸡原产于江西东乡，因产绿壳蛋而得名，其特征为"五黑一绿"，即黑骨、黑肉、黑皮、黑毛、黑内脏，更为奇特的是所产蛋为绿色，融天然黑色食品和绿色食品为一体，是世界罕见的珍禽极品。绿壳蛋鸡体形较小，结实紧凑，行动敏捷，匀称秀丽，性成熟较早，产蛋量很高。成年公鸡体重为 1.5 ~ 1.8kg，母鸡为 1.1 ~ 1.4kg，年产蛋 160 ~ 180 个。

▲绿壳蛋鸡

▲绿壳蛋鸡鸡蛋

11. 艾维茵鸡

艾维茵鸡育成于美国。该鸡种在国内肉鸡市场上占有 40% 以上的份额，为我国肉鸡生产的发展做出了极大的贡献。该鸡种的种鸡母鸡 24 周龄体重为 2.57 ~ 2.72kg，67 周龄母鸡体重为 3.58 ~ 3.74kg，产蛋期死亡率为 7% ~ 10%。

12. 爱拔益加鸡

爱拔益加鸡是美国爱拔益加公司培育的四系配套肉鸡。我国引入祖代种鸡已经多年，饲养量较大，效果也较好。目前，北京爱拔益加家禽育种公司是国内最大的祖代种鸡场，其代种鸡产量高，并可利用快慢羽自别雌雄，商品仔鸡生长快，适应性强。

饮食宜忌：鸡肉一般人群均可食用。在感冒发热、内火偏旺和疾湿较重时忌食鸡肉。患有高血压和高脂血症的患者忌食；患有热毒疖肿者和肥胖病患者忌食。

▲艾维茵鸡

▲爱拔益加鸡

二、鸭

常见鸭的优良品种有北京鸭、高邮鸭（3‰的概率下双黄蛋）、樱桃谷鸭、康贝尔鸭、四川麻鸭、绍鸭、金定鸭等。

1. 北京鸭

北京鸭原产于北京西郊玉泉山一带，为肉用品种，体形大，全身羽毛洁白、紧凑，喙、胫、蹼呈橘红色，适应性强，性情温驯，仔鸭 50 日龄体重为 1.75 ~ 2kg，经多年选育后，56 日龄鸭体重已达 3kg。

2. 高邮鸭

高邮鸭原产于江苏，为大型蛋肉兼用型鸭，蛋较大，以产双黄蛋著称，腌制成的咸蛋、皮蛋品质优良。成年公鸭体重为 3 ~ 3.5kg，母鸭为 2.5 ~ 3kg，180 日龄开产，年平均产蛋 180 个，蛋重 80 ~ 85g，蛋壳为白色。

▲北京鸭

▲高邮鸭

3. 樱桃谷鸭

樱桃谷鸭是英国樱桃谷农场引进我国的北京鸭和埃里斯伯里鸭为亲本，杂交选育而成的配套系鸭种，外形与北京鸭大致相同，相比之下体躯要稍宽一些，羽毛呈白色，喙、胫、蹼呈橘黄色。开产周龄为25周龄，50周龄累计产蛋约296个，其商品代鸭47日龄活重约3.48kg。

4. 康贝尔鸭

康贝尔鸭原产于英国，是世界著名的蛋鸭品种。1979年由上海市禽蛋公司从荷兰琼生鸭场引进。体躯高大，深广而结实。胸部饱满，腹部发育较好而不下垂，平均年产蛋量为260～300个，蛋重约为70g，蛋壳呈白色。公鸭利用年限1年，母鸭第一年较好，次年生产性能明显下降。

饮食宜忌：鸭肉适合营养不良、水肿或是产后、病后体虚的人食用；内热内火，特别是有低热的患者食用大有好处；虚弱食少、遗精、咽干口渴的人也宜食用。平常身体虚寒、受凉导致的不思饮食、腹泻清稀、胃部冷痛、腰痛和寒性痛经的患者忌食。

▲樱桃谷鸭

▲康贝尔鸭

三、鹅

我国常见的鹅的品种有狮头鹅（最大型）、四川白鹅、溆浦鹅、太湖鹅等。

1. 狮头鹅

狮头鹅是我国和亚洲第一大型鹅种，产于广东饶平县，头部前额肉瘤发达，肉瘤呈黑色。全身及翼羽毛呈深褐色，由头顶至颈部，背面形成鬃状、深褐色羽毛带，按毛色的深浅分为灰白、灰褐和棕褐三种颜色。成年公鹅体重在10kg以上，母鹅在9kg以上。母鹅5～6月龄开产，第一年平均产蛋24个，蛋重约为176.3g；第二年平均产蛋28个，蛋重约为217.2g。仔鹅在良好的饲养条件下，30日龄体重为2kg以上，60日龄体重为5kg以上。

2. 四川白鹅

四川白鹅产于四川温江、乐山、宜宾等地，全身羽毛洁白，喙橘黄色，胫、蹼橘红色。公鹅额部有一个呈半圆形的橘黄色肉瘤，母鹅头上的肉瘤不明显。成年公鹅体重为 5 ~ 5.5kg，母鹅为 4.5 ~ 4.9kg。仔鹅 60 日龄活重约为 2.5kg，90 日龄约为 3.56kg。

▲狮头鹅　　　　　　▲四川白鹅

3. 溆浦鹅

溆浦鹅产于湖南溆浦县城附近的新坪、马田坪等地。羽毛颜色有灰、白两种，以白色居多，20%左右的个体有顶心毛。灰鹅腹部白色，胫、蹼橘红色，喙黑色，肉瘤突起，表面光滑，呈灰黑色。白鹅全身羽毛洁白，喙、肉瘤、胫、蹼皆橘黄色。公鹅平均体重为 5.89kg，母鹅为 5.33kg。

4. 太湖鹅

太湖鹅原产于江苏太湖一带，全身羽毛洁白，在眼梢、头顶、腰背部偶有少量羽毛呈灰褐色，头上肉瘤圆且光滑，没有皱褶，也没有咽袋。母鹅肉瘤较公鹅小。喙、胫、蹼均为橘红色，爪白色。母鹅 160 日龄开产，年平均产蛋 60 个，高产群可达 80 ~ 90 个，平均蛋重为 135.3g。

▲溆浦鹅　　　　　　▲太湖鹅

饮食宜忌：鹅肉适合身体虚弱、营养不良、气虚血亏、咳嗽痰喘的人食用；铅中毒的患者也宜食用；癌症患者食用也有好处。高血压、动脉硬化患者忌食；高脂血症、舌苔黄厚、湿热内蕴的人不宜食用。

四、火鸡

火鸡又称吐绶鸡，原产于美国和墨西哥。火鸡被称为"七面鸟"，因为雄火鸡在求偶或恐吓对手时，可以改变其头部和颈部的颜色。火鸡于 15 世纪末引入欧洲，引入我国的时间更晚。我国浙江的舟山群岛、福建、广西、广东、江苏和上海等地具有饲养火鸡的历史，但多属小型、观赏型火鸡，而且饲养量很小。我国食用的火鸡品种主要是青铜火鸡和白火鸡。

▲青铜火鸡　　　　▲白火鸡

五、鸽子

鸽子又称鹁鸽，是一种常见的鸟，世界各地广泛饲养。鸽是鸽形目鸠鸽科数百种鸟类的统称。日常所说的鸽子只是鸽属中的一种，而且是家鸽，家鸽中最常见的是信鸽、肉鸽。鸽子的毛色在禽类中是最多的，有青、白、黑、绿、花等色。鸽子的最佳食用期是从出壳到离巢出售或留种前1月龄内的雏鸽，又称乳鸽。乳鸽的肉厚而嫩，滋养作用较强，鸽肉滋味鲜美，富含粗蛋白质和少量无机盐等营养成分，是不可多得的食品佳肴。

▲鸽子

知识拓展

美味鸭颈

老人说鸭颈是活肉，鸭子寻吃觅食，纤长的头颈一缩一伸，鸭颈部肌肉锻炼得非常有韧性，因此味道格外好。武汉人喜欢吃鸭脖子，就是因为它味足、够劲，回味无穷。酱鸭脖子讲究凉着吃，吃的时候要不停地吃，丝毫没有辣味，可一旦停下来就会辣味无穷。

辣鸭脖子的特别之处在于多吃也不易上火，而且有养颜滋补的作用，对皮肤有好处，还有开胃解酒的功效，这正是使用了中药香料的效果。

? 想一想

1. 为什么北京鸭又称北京填鸭？
2. 简述狮头鹅的品质特点。

任务三　禽类肉制品

一、禽类肉制品的种类

禽类肉制品是指以禽肉为主要原料，经调味、运用不同加工工艺制作的熟肉制成品或半成品，如香肠、火腿、培根、酱卤肉、烧烤肉、肉干、肉脯、肉丸、肉饼、腌腊肉、水晶肉等。

二、常食用禽类肉制品

常食用的禽类肉制品有道口烧鸡、北京烤鸭、板鸭、扬州盐水鹅等。

1. 道口烧鸡

道口烧鸡是河南省安阳市滑县道口镇"义兴张"世家烧鸡店所制，是我国著名的特产，由河南省民间文化杰出传承人、省特级烧鸡技师张中海先生的先祖张炳始创于清朝顺治十八年（1661年），至今已有近360年的历史。道口烧鸡的制作技艺历代相传，已形成自己的独特风格。1981年被商业部（现商务部）评为全国名特优产品。

品质特点与种类：道口烧鸡具有五味佳、酥香软烂、咸淡适口、肥而不腻的特点。食用时不需要刀切，用手一抖，骨肉即自行分离，无论凉热食之均余香满口，被誉为"天下第一鸡"。

烹饪应用：一般直接食用或放凉食用。

2. 北京烤鸭

北京烤鸭是具有世界声誉的北京著名菜式，研制于明朝，在当时是宫廷食品。

品质特点与种类：用料为优质肉食鸭（北京鸭），果木炭火烤制。以色泽红艳，肉质细嫩，味道醇厚，肥而不腻的特色，被誉为"天下美味"。烤鸭烤制可分挂炉烤鸭和焖炉烤鸭。

烹饪应用：一般直接食用。鸭皮蘸细白糖。鸭肉蘸甜面酱加葱条，可配黄瓜条、萝卜条，用荷叶饼卷食鸭肉；也可蘸蒜泥加甜面酱，配萝卜条等，用荷叶饼卷食鸭肉。

▲道口烧鸡

▲北京烤鸭

3. 板鸭

板鸭是中国南方地区名菜，也是江苏、福建、江西等省的特产。

品质特点与种类：板鸭是以鸭子为原料的腌腊食品，分为腊板鸭与春板鸭两种，前者的产季是小雪至立春；后者是立春至清明，质量以前者为佳。板鸭肉质细嫩紧密，香味浓郁，有"干、板、酥、烂、香"的特点，由于像一块板似的，故名板鸭。比较有名的品种有江苏南京板鸭、福建建瓯板鸭、江西南安板鸭、四川建昌板鸭。南京板鸭质量要求：体表光白无毛，无皱纹，肌肉板实，坚挺，肌肉切面紧密，呈玫瑰色，而且色调一致，20～25℃用口尝时有特殊香味。

烹饪应用：板鸭的烹饪方法直接影响其口感和风味。通常先用温水洗净表面皮层，下温水浸泡3～4h，之后再在85℃左右的水（加茴香、葱、姜等香料）中焖40min，并将肚内汤更换一次，把鸭翻身。这时将水烧至95℃（小沸），停火再焖10～20min，起锅。煮熟鸭子后须待完全冷却方可改刀。

4. 扬州盐水鹅

扬州盐水鹅，扬州人俗称其为"老鹅"，是在有着2000多年悠久历史的淮扬菜里不可或缺的一道名菜。

品质特点与种类：扬州盐水鹅不含人工合成香料和化学防腐剂，具有鲜嫩爽口、肥而不腻、味道清香、风味独特等特点。鹅肉性平味甘，可补阴益气、暖胃生津，具有低盐、低脂肪、低胆固醇及高蛋白、高瘦肉率的特点。

烹饪应用：可直接食用。

▲板鸭

▲扬州盐水鹅

? 想一想

你了解道口烧鸡或北京烤鸭的制作工艺吗？（可查阅相关资料）

任务四　禽蛋及蛋制品

一、禽蛋

（一）禽蛋的概念

禽蛋是由母禽生殖道产出的（受精）卵细胞，其间含有由受精卵发育成胚胎所必需的营养成分和保护这些营养成分的物质。

人类将禽蛋作为食物主要是因为禽蛋含有丰富的营养物质。禽蛋是仅次于肉、乳的主要动物性食品。

（二）禽蛋结构

虽然各种禽蛋大小各不相同，但是其结构是大体一致的。禽蛋主要由蛋黄、蛋白和蛋壳三部分组成。

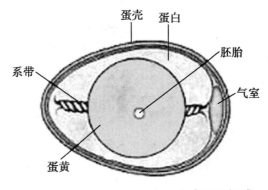
▲禽蛋的组成

1. 蛋黄

蛋黄位于蛋的中央，其外有蛋黄膜包围而呈球形。蛋黄可以为胚胎发育提供营养。

蛋黄看上去只有一种颜色，实际上由黄卵黄层和白卵黄层交替形成深浅不同的同心圆状排列。这是由于禽昼夜代谢率不同所致，其分明程度随日粮中所含叶黄素与类胡萝卜素的量而异。浅黄色蛋黄一般仅占全蛋黄的 5% 左右。

2. 蛋白

蛋白又称蛋清，是一种胶体物质，占蛋重的 45%～60%，颜色为微黄色，是带黏性的半流动透明胶体，紧包着蛋黄。按其成分和黏性，由外向内的结构如下：第一层为外稀蛋白层，贴附在蛋白膜上，占整个蛋白的 23.3%；第二层为外浓蛋白层（称中层浓厚蛋白层），约占 57.2%；第三层为内稀蛋白层，约占 16.8%；第四层为内浓蛋白层（又称系带膜状层），为一薄层，加上与之连为一体的两端系带，约占 2.7%。在蛋黄两端附有螺旋状系带，具有保护胚盘的作用。蛋白供给胚胎发育所需的大部分营养物质。

3. 蛋壳

蛋壳位于蛋的最外层，其上有许多气孔与内外相通，厚度一般为 0.3mm 左右，大多在 0.27～0.37mm 这个范围之内，是禽胚发育时与外界气体交换的通道。在鲜蛋存放过程中，蛋内水分通过气孔蒸发造成失重；微生物在外蛋壳膜脱落时，通过气孔侵入蛋内，加速蛋的腐败；加工再制蛋时，料液通过气孔浸入。

蛋壳外有一层极薄的胶护膜，其主要化学组成为糖蛋白，可阻止蛋内水分蒸发，防止外界微生物的侵入。随着保存时间的延长或孵化，胶护膜逐渐消失。蛋壳的主要成分为碳酸钙，供给胚胎发育所需的矿物质。水洗、受潮或机械摩擦均易使其脱落。因此，该膜对蛋的质量仅能起短时间的保护作用。

（三）常食用禽蛋

常食用的禽蛋主要有鸡蛋、鸭蛋、鹅蛋、鸽蛋、鹌鹑蛋等。

1. 鸡蛋

品质特点与种类：鸡蛋呈椭圆形，表面颜色一般呈浅白色或棕红色，鲜蛋表面有一层白霜。因鸡的品种差异大，故鸡蛋种类较多。

烹饪应用：鸡蛋的烹饪方法很多，如炒、煮、煎、蒸等。与不同的原料配合可形成不同的花样菜品。鸡蛋是挂糊上浆的主要原料，也可作为糕点的主、配料，如蛋糕、炒鸡蛋、"三不粘"等。

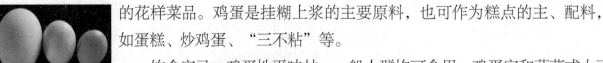
▲鹅蛋、鸭蛋、鸡蛋

饮食宜忌：鸡蛋性平味甘，一般人群均可食用。鸡蛋宜和蔬菜或大豆同食，因鸡蛋中含维生素 C 少，所以与大豆同食可提高大豆蛋白的利用率。生鸡蛋不宜食用；鸡蛋含胆固醇高，不宜多食。

2. 鸭蛋

品质特点与种类：鸭蛋呈椭圆形，表面颜色一般呈浅白色或棕红色，鲜蛋表面有一层白霜。因鸭的品种差异大，故鸭蛋的种类较多。选购时，握住鸭蛋左右摇晃，不发出声音的就是好的鸭蛋。

烹饪应用：鸭蛋的烹饪方法基本同鸡蛋，但味道稍逊于鸡蛋。

饮食宜忌：鸭蛋性凉味甘、咸，含胆固醇高，中老年人不宜多食、久食；未完全煮熟的鸭蛋也不宜食用；慢性肾脏疾病、心血管疾病患者生病期间暂不宜食用。

3. 鹅蛋

品质特点与种类：鹅蛋呈椭圆形，表面较光滑，呈白色，每颗重 225 ~ 280g，是一般鸡蛋的五六倍。其蛋白质含量低于鸡蛋，脂肪含量高于其他蛋类；鹅蛋中还含有多种维生素及矿物质，但质地较粗糙，草腥味较重，食味不及鸡、鸭蛋。

烹饪应用：新鲜的鹅蛋可供人们煮、蒸、炒、煎等熟制食用，或者作为食品工业原料，加工蛋糕、面包等食品。

饮食宜忌：一般人群均可食用，是老年人、儿童及体虚、贫血者的理想营养食品。鹅蛋不适合内脏损伤患者食用；低热不退、动脉硬化、气滞者不宜食用，低热又久食鹅蛋会加重病情；骨折的人不宜食用鹅蛋，因其性壅滞，不利骨折愈合。鹅蛋中含有一种碱性物质，对内脏有损坏，每天食用不要超过 3 个，以免损伤内脏。

4. 鸽蛋

鸽蛋为鸠鸽科动物原鸽或家鸽等的蛋。

品质特点与种类：鸽蛋含有大量优质蛋白质及少量脂肪，并含少量糖分、磷脂、铁、钙、维生素 A、维生素 B_1、维生素 D 等营养成分，易于消化吸收。鸽蛋外形匀称，表面光洁、细腻、白里透粉。

▲鹌鹑蛋、鸽蛋、鸡蛋

烹饪应用：基本同鸭蛋。

饮食宜忌：鸽蛋性平味甘、咸，具有补肝肾、益精气、丰肌肤等功效。老少皆宜，诸无所忌。

5. 鹌鹑蛋

鹌鹑蛋又称鹑鸟蛋、鹌鹑卵，被认为是"动物中的人参"，有"卵中佳品"之称。

品质特点与种类：鹌鹑蛋近圆形，个头很小，一般只有 5g 左右，外壳为灰白色，还有红褐色和紫褐色的斑纹，优质的鹌鹑蛋色泽鲜艳、壳硬，蛋黄呈深黄色，蛋白黏稠。鹌鹑蛋外面有自然的保护层，生鹌鹑蛋常温下可以存放 45 天，熟鹌鹑蛋常温下可存放 3 天。

烹饪应用：基本同鸭蛋。

饮食宜忌：鹌鹑蛋宜常食，为滋补食疗品，滋阴壮体，老少皆宜；一般人群均可食用。高胆固醇、脑血管患者不宜多食。

二、常食用禽蛋制品

常食用的禽蛋制品有松花蛋、咸蛋等。

1. 松花蛋

松花蛋又称皮蛋、变蛋等，是我国传统的风味蛋制品，在国际市场上也享有盛名。

品质特点与种类：松花蛋口感鲜滑爽口，色、香、味均有独到之

▲松花蛋

处。松花蛋是利用蛋在碱性溶液中能使蛋白质凝胶的特性，使之变成富有弹性的固体。正常的松花蛋蛋壳完整，呈灰白色、无黑斑，墨绿色且有松花、富有弹性。松花蛋用鸡蛋、鸭蛋等制作，但以鸭蛋居多。

烹饪应用：松花蛋多作为凉菜食用，也可炸、熘、烩、炒制作成热菜。凉食松花蛋应配以姜末和醋解毒；最好蒸煮后食用。

饮食宜忌：清朝王士雄的《随息居饮食谱》中说："皮蛋，味辛、涩、甘、咸，能泻热、醒酒、去大肠火，治泻痢，能散能敛。"一般人群都可食用，火旺者最宜；少儿，脾阳不足、寒湿下痢者及心血管疾病、肝肾疾病患者应少食。不宜存放于冰箱中。

2. 咸蛋

▲ 双黄咸鸭蛋

咸蛋又称盐蛋、腌蛋、味蛋等，是一种风味特殊、食用方便的再制蛋。咸蛋的生产极为普遍，全国各地均有生产。

品质特点与种类：咸蛋的加工方法有盐泥涂布法、盐水浸泡法和泡酒涂盐法三种，条件适宜可保藏2～6个月。咸蛋常用鸭蛋或鸡蛋腌制而成，鸭蛋居多，其中尤以江苏高邮咸蛋最为著名，个头大且具有鲜、细、嫩、松、沙、油六大特点。

烹饪应用：咸蛋煮熟即可食用，但咸蛋黄在烹饪中应用较广，可用于制作馅心、调味、菜品装饰。菜品如咸蛋黄焗蟹、咸蛋紫菜鱼卷、咸蛋拌豆干等。很多中国食品如粽子、月饼也会加入咸鸭蛋黄，其中广式月饼中加入咸鸭蛋黄的较多。

饮食宜忌：咸蛋中含钙高，特别适宜骨质疏松的中老年人食用。一般人少食为宜。

三、禽蛋的品质鉴别及保藏

（一）禽蛋的品质鉴别

衡量鲜蛋品质的主要标准是其新鲜程度和完整性，需全面客观地分析蛋壳、气室、蛋白、系带、蛋黄、胚胎等情况来确定鲜蛋的质量标准。

1. 感官鉴定法

感官鉴定法主要靠技术经验来判断，采用看、摸、听、嗅等方法，从外观来鉴定蛋的质量。该方法以蛋的结构特点和性质为基础，有一定的科学道理，也有一定的经验性，只能对蛋的新陈好坏做出大概的鉴定。

（1）感官鉴别（看）：用眼睛观察蛋的外表形状、色泽、清洁程度。良质鲜蛋，蛋壳干净、无光泽，壳上有一层白霜，色泽鲜明。劣质蛋，蛋壳表面的粉霜脱落；壳色油亮，呈乌灰色或暗黑色，有油样浸出；有较多或较大的霉斑。

（2）手摸鉴别（摸）：把蛋放在手掌心上翻转。良质鲜蛋，蛋壳粗糙，质量适当；劣质蛋，手掂质量轻，手摸有光滑感。

（3）耳听鉴别（听）：良质鲜蛋，相互碰击声音清脆，手握蛋摇动无声；劣质蛋，相互碰击时发出嘎嘎声（孵化蛋）、碰碰声（水花蛋），手握蛋摇动时有晃荡声。

（4）鼻嗅鉴别（嗅）：用嘴向蛋壳上轻轻哈一口热气，然后用鼻子嗅其气味。良质鲜蛋有轻微的生石灰味；劣质蛋有霉味、酸味、臭味等不良气味。

2. 光照法

光照法是根据蛋本身具有透光性的特点来鉴别蛋品质的方法，鉴别标准如表7-4所示。

表7-4 光照法鉴别标准

蛋 的 品 质	鉴别标准
鲜蛋	蛋壳无斑点或斑块，气室固定不移动。蛋白浓厚透明，蛋黄位于中心或略偏，系带粗浓，无胚胎发育迹象
破损蛋	蛋壳上有很多细小裂纹，磕碰时有破碎声或闷哑声
陈次蛋	透视时气室较大，蛋黄阴影明显，不在蛋的中央，蛋白稀薄，系带变细，明显看到蛋黄呈暗红色影子
劣质蛋	黑壳蛋透视可见到蛋黄大部分贴在蛋壳某部，有较明显的黑色影子，气室很大，蛋内透光度降低，有霉菌斑点

▲鲜蛋

▲陈次蛋

3. 破视法

破视法是将蛋壳敲破，观察蛋白、蛋黄、胚胎的状况。浓蛋白多于稀蛋白、蛋黄呈球形且颜色较鲜艳、系带结实呈螺旋状者为鲜蛋。

（二）禽蛋的保藏

禽蛋很容易腐败变质，必须妥善保管。鲜蛋储存的基本原则和要求如下：第一，防止微生物侵入蛋内；第二，使蛋壳和蛋内微生物停止发育；第三，维持蛋黄和蛋白的物理、化学性质，保持原有的鲜度。常用的储蛋方法有冷藏法、浸渍法、涂膜法、气调法。

知识拓展

蛋清妙用

（1）蛋清混合鞋油可以修补皮鞋、皮包等皮具被刮破的翘皮。方法是用少许蛋清和等量的鞋油和匀，将翘起来的皮子涂匀、压平，待其晾干即可，补好的皮鞋和皮具不怕着水。

（2）鸡蛋的蛋清是镀金物品良好的清洁剂。方法是取一块质地细腻的绒布蘸蛋清涂在镀金物品上细细擦拭，即可光亮如新。如果物品表面已发暗，则可用2～3只蛋的蛋清和一汤匙漂白粉的混合液来拭清。

（3）用蛋清来擦沙发、皮包之类的皮革制品，不但能去污，还会有光泽，使之恢复原有的模样。

（4）蛋清可修补器皿。家中的玻璃制品、瓷器打破后，可用鸡蛋清加黏土进行修补。方

法是将玻璃制品或瓷器的断面涂上调好的蛋清与黏土，对粘好，粘好后不要马上使用，放置1~2天后再使用。

（5）蛋清去黑头。方法是准备好清洁的化妆棉，将原本厚厚的化妆棉撕成较薄的薄片，越薄越好；打开一个蛋，将蛋白与蛋黄分开，留蛋白部分待用；将撕薄后的化妆棉浸入蛋白，稍微沥干后贴在鼻头上。

？ 想一想

1. 怎样鉴别蛋的品质？
2. 你会做松花蛋吗？

知识检测

一、填空题

1. 禽类原料根据按经济用途可分为_____、_____和_____。
2. 我国常见的鹅的品种有_____、_____、_____、_____等。
3. 禽蛋主要由_____、_____和_____组成。
4. 常食用的禽蛋主要有_____、_____、_____、_____、_____等。

二、选择题

1. 按鸡肉部位分类，其中最适宜制馅的是（　　）。
   A. 鸡腿肉　　　　　B. 鸡胸脯肉　　　C. 鸡芽子　　　　D. 鸡翅肉

2. 鲜鸡蛋的蛋白为无色、透明的黏性半流体，显（　　）。
   A. 碱性　　　　　　B. 酸性　　　　　C. 弱酸性　　　　D. 中性

三、判断题

1. 狮头鹅是我国和亚洲第一大型鹅种，产于广东饶平县。（　　）
2. 松花蛋可以去壳直接食用。（　　）
3. 鸡蛋的保管一定要采用冷冻法。（　　）

拓展练习

1. 九斤鸡为世界著名的标准蛋鸡品种，原产于我国。（　　）
2. 将鸡蛋放入冷水中，上浮的是鲜蛋，下沉的是劣质蛋。（　　）
3. 禽蛋冷藏条件为冷库温度0℃，相对湿度80%~85%。（　　）

项目八 动物性原料——水产品类

知识目标：

● 了解鱼类的分类、外部形态及营养价值；

● 了解鱼类制品的主要种类；

● 掌握典型鱼类原料的烹饪应用及饮食宜忌；

● 掌握鱼类的品质鉴别和保藏方法。

能力目标：

● 能识别各种常见鱼类；

● 能通过感官鉴别鱼的新鲜程度；

● 能正确选择常见鱼类及制品的烹饪方法。

任务一 水产品类原料基础知识

一、水产品简介

我国海岸线长，内陆江河、湖泊纵横交错，水域辽阔，而且地跨温带、热带、亚热带，气候适宜，水产资源丰富，品种繁多，为烹饪提供了众多的水产品原料。我国是世界第一水产养殖大国和水产品贸易大国，养殖水产品产量占全世界的70%。

水产品不仅营养丰富，而且美味可口。古人有"鱼之味，乃百味之味，吃了鱼，百味无味"之说，故水产品历来是人们喜爱的食品之一。另外，水产品也是蛋白质食品的良好来源，不但味道鲜美，还对人体有多种保健功能，具有极高的营养价值。

二、水产品类原料的分类

水产品类原料是可食用的、有一定经济价值的水生动植物原料的统称。

水产品分类方法较多，本书将其分为淡水鱼类、海水鱼类、其他类水产品。

三、水产品类原料的营养成分

水产品类原料品种多，营养成分也不尽相同。水产品的营养丰富是指其蛋白质、无机盐的含量高，不少水产品的某些营养成分已超过畜类（见表8-1）。

表8-1　水产品类原料的营养成分含量

营养成分	含　量	特　点	其　他
蛋白质	14% ~ 19.5%	水产品类原料的蛋白质易被人体消化吸收，消化率高达87% ~ 89%	鱼类中含有胶原蛋白，故加水煮炖后可以胶化，冷却后形成鱼冻。也有部分鱼类的蛋白质含量超过20%，如对虾的蛋白质含量为20.6%，鲐鱼的蛋白质含量为21.4%
脂肪	1% ~ 7%	鱼类的不饱和脂肪酸较多，在常温下多呈液态，易被人体消化吸收，消化率达95%	不饱和脂肪酸容易氧化和腐败，所以鱼类较难保藏
无机盐	微量	一般以钾、钙、磷、碘、铜较多。海洋鱼类中碘、钙含量比淡水鱼类高，尤其是虾、蟹、贝类无机盐含量最丰富	每100g蛤蜊含铁量为14.2mg，每100g牡蛎含铜量高达30mg，每100g毛蟹含钙量为679mg
维生素	微量	鱼类中核黄素和尼克酸(烟酸)含量比畜肉多，特别是鱼类肝脏中含有的维生素A和维生素D比较丰富	虾类、蟹类中维生素A含量也相当多，每100g对虾的维生素A含量为108μg，每100g河蟹中视黄醇(维生素A)的含量为1800μg，虾蟹中含的维生素B_2也较多
水	52% ~ 82%	鱼肉中含水分较多	在制作过程中损失较少，所以在烹饪后能保持质地软嫩
氧化三甲胺	微量	氧化三甲胺是一种呈鲜物质，主要存在于海水鱼中，淡水鱼次之。它极不稳定，易还原成具有腥味的三甲胺	烹饪中，可利用三甲胺溶于酒精，并能与醋酸中和的特性，在烹制鱼类菜肴时加入适量的黄酒、食醋等。一部分三甲胺随酒精受热挥发掉，另一部分则与醋酸中和生成盐类，使鱼腥味减轻

四、水产品类原料的营养特点

水产品品种繁多、营养丰富，大多数蛋白质含量高，脂肪含量低，且含多种维生素、无机盐，具有较高的营养价值；部分水产品还具有较高的食疗价值。举例如下。

（1）黄鳝：不仅为席上佳肴，据《本草纲目》记载，它还有补血、补气、消炎、消毒、除风湿等功效。黄鳝肉性温味甘，有补中益血、治虚损之功效，常吃鳝鱼有很强的补益功能，对身体虚弱之人更为明显。中医学认为，黄鳝具有补气养血、温阳健脾、滋补肝肾、祛风通络等医疗保健功能。

（2）鲫鱼：食疗作用古来已有陈述，它有益气健脾、利尿消肿、通络下乳等功效，体质虚弱者常吃鲫鱼有益身体健康。

（3）带鱼：表面有一层类似鱼鳞的东西，称为银鳞，其中含有较多的卵磷脂，有增强记忆力、控制脑细胞死亡、防止大脑衰老的功效，同时带鱼脂肪中含有多种不饱和脂肪酸，它能增强皮肤表面细胞的活力，使皮肤细嫩，此外还含有镁、磷、铁等多种无机盐及维生素B_{12}等。鱼脂肪还可防治心血管系统疾病。

五、水产品类原料的组织结构

水产品类原料的种类较多，较常见且应用较多的是鱼类，故本节内容只介绍鱼类。

（一）鱼类的体形

鱼的种类繁多，由于其生活环境、生活习惯各不相同，其外表形状也不相同。烹饪中较常食用的鱼，其体形大致可归纳为四种（见表8-2）。

表8-2 烹饪中常食用的鱼

体　形	描　述	实　例	图　示
梭形	又称纺锤形，形似梭子，故名。多数鱼属于此类	鲤鱼、黄花鱼、鲫鱼	
圆筒形	形如细长的圆筒状，故名。此类鱼体细长	鳗鱼、黄鳝	
侧扁形	因其形侧扁而得名	鲥鱼、鲂鱼、鲳鱼	
扁形	形扁平如片，故名。海洋鱼类中栖息于海底的鱼属于此类	比目鱼、鲽鱼	

（二）鱼类的外表结构

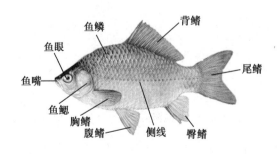

▲鱼类的外表结构

1. 鱼鳞

鱼鳞是保护鱼体、减少水中阻力的器官。绝大多数的鱼有鳞，少数鱼已退化为无鳞。鱼鳞在鱼体表面呈覆瓦状排列。鱼鳞可分为圆鳞和栉鳞，圆鳞呈正圆形，栉鳞呈针形且较小。

2. 鱼鳍

鱼鳍俗称划水，是鱼类运动和保持平衡的器官。根据鱼鳍的生长部位可分为背鳍、胸鳍、腹鳍、臀鳍、尾鳍。按照鱼鳍的构造，可分为软条和硬棘两种，绝大多数鱼类是软条，硬棘的鱼类较少（如鳜鱼、黄颡鱼等）。有些鱼的硬棘带有毒腺，人被刺后，其被刺部位常肿痛难忍。

3. 侧线

侧线是鱼体两个侧面的两条直线，是由许多特殊凸棱的鳞片连接在一起形成的。侧线是鱼类用来测水流、水温、水压的器官。不同鱼类的侧线的整个形状不同，有无侧线也不一定。

4. 鱼鳃

鱼鳃是鱼的呼吸器官，主要部分是鳃丝，上面密布细微的鲜红色血管，大多数鱼的鳃位于头后部的两侧，外有鳃盖。从鱼鳃的颜色变化可判断出鱼的新鲜程度。

5. 鱼嘴

嘴是鱼的摄食器官。不同的鱼其嘴的部位、形状各异，有上翘的、有居中的、有偏下的等。一般凶猛鱼类及以浮游生物为食的鱼类的嘴都大。

6. 鱼眼

不同品种的鱼，其鱼眼的大小、位置是有差别的。

7. 触须

鱼类的触须是一种感觉器官，生长在嘴旁或嘴的周围，分为颌须和颚须，多数为一对，个别的为多对（如鲇鱼）。触须上有发达的神经和味蕾，有触觉和味觉的功能。

六、鱼类的身体部位

鱼类的身体部位大体可分为鱼头、中段（脊背、肚裆）和鱼尾三部分。

▲鱼类的身体部位

（一）鱼头

鱼头是指鱼的胸鳍以前的部分。大部分鱼类的鱼头是肉少骨多，胶原蛋白多，肉质肥润，比较适于炖汤、清蒸、红烧等，如砂锅鱼头、剁椒鱼头等。

（二）中段

鱼的中段是指鱼胸鳍以后至臀鳍以前的部分，中段可分为脊背和肚裆两部分。

1. 脊背

脊背是指鱼的中段除去腹部的部分（鱼的脊椎骨和两侧肋骨及肌肉）。该部分肌肉丰厚、质地细嫩，适于加工成丁、丝、条、片、块、茸等形态，也适于炸、炒、爆、熘、炖、烧等烹饪方法，如五彩鱼丝、红烧瓦块鱼等。

2. 肚裆

肚裆是指鱼的腹部部分。肚裆皮较多，含脂肪丰富，肉质肥嫩，柔软，适于烧、蒸等烹饪方法，可制作著名菜肴，如红烧肚裆等。

（三）鱼尾

鱼尾是指臀鳍以下的部分。鱼尾皮较多，肉质较肥美，含胶质丰富，适于红烧。

？ 想一想

1. 水产品营养成分有哪些？
2. 鱼的内脏部分能食用吗？为什么？

任务二　淡水鱼类

我国江河、湖泊纵横交错，水库、池塘遍布各地，为淡水养鱼提供了良好的生长条件。我国的淡水鱼类资源丰富，品种很多。

一、鲤鱼

鲤鱼又称鲤拐子、龙门鱼等。我国除西部高原外，各淡水区都有出产。它生长在江河、湖泊甚至稻田里，无论南方、北方均随遇而安，是我国水产养殖的主要淡水鱼类之一，四季均产。

品质特点与种类：鲤鱼适应性强，具有抗污染能力强、繁殖快和生长快的特点，特别是适应环境和抗污染能力是常见鱼类中最为突出的。鲜活的鲤鱼眼球突出，角膜透明，鱼鳃色泽鲜红，鳃丝清晰，鳞片完整、有光泽，不易脱落，鱼肉坚实、有弹性。鲤鱼含蛋白质20%，脂肪1.3%～2.7%，并含有多种维生素及无机盐，且营养易被人体吸收，消化率高达98%，可供给人体必需的脂肪酸。鲤鱼的种类很多，按其生长水域可分为江鲤鱼、池鲤鱼、河鲤鱼。

江鲤鱼鱼鳞和肉皆为白色，体肥、肉质较绵软。知名品种有黑龙江水系的龙江鲤，以及长江流域嘉陵江、金沙江的岩鲤。

池鲤鱼鱼鳞为青黑色，刺硬，有较浓的泥土味，肉质细嫩。著名品种有广东高要的鲤鱼。

河鲤鱼以黄河鲤鱼为最佳。黄河鲤鱼与太湖银鱼、松江鲈鱼、长江鲥鱼并称中国四大名鱼。其嘴与鳍为淡红色，鱼鳞具有金黄色的光泽，腹部淡黄，尾鳍鲜红，肉质鲜嫩肥美，肉味纯正。

烹饪应用：鲤鱼适于多种烹饪方法，往往在宴席中做大菜，一般整条使用，也可切成块、片、条等，宜于多种口味的调味，如河南菜软熘黄河鲤鱼焙面、山东菜糖醋黄河鲤鱼、河北菜金毛狮子鱼、四川菜干烧岩鲤等。

饮食宜忌：鲤鱼性平味甘，有利尿、消肿、通乳的功效。脊上两筋有黑血的鲤鱼不宜食用；服用中药天门冬时要忌食鲤鱼；烧焦的鱼肉不宜食用。

▲鲤鱼

▲软熘黄河鲤鱼焙面

二、鲢鱼

鲢鱼又称白鲢。鲢鱼栖息在水域的上层，吃绿藻等浮游植物，性活泼，善跳跃，生长快，个头大，是我国主要的淡水养殖鱼类之一，我国各大水系均产，主要以长江中下游较多，四季均产。鲢鱼与人工饲养的鳙鱼、草鱼、青鱼合称"四大家鱼"。

▲鲢鱼

品质特点与种类：鲢鱼头大，约占鱼体的 1/4，全身银白色，肉软嫩细腻，刺细小且多。鲜活的鲢鱼眼球突出，角膜透明，鱼鳃色泽鲜红，鳃丝清晰，鳞片完整、有光泽，不易脱落，鱼肉坚实、有弹性。鲢鱼含蛋白质的量为 14.8% ~ 18.6%，还含有钙、磷、铁等无机盐。

烹饪应用：鲢鱼常采用烧、炖、清蒸、煮等多种烹饪方法，可整鱼烹制，亦可加工成块、段等，可制作红烧鲢鱼、炖鱼汤等菜肴。

饮食宜忌：鲢鱼性温味甘，有暖胃、补气、润肤、利水的功效，尤其适合冬天食用。脾胃气虚、营养不良、肾炎水肿、小便不利、肝炎患者宜食；甲亢患者忌食；感冒、发烧、痈疽疔疮、无名肿毒、瘙痒性皮肤病、目赤肿痛者忌食。

三、鳙鱼

鳙鱼又称花鲢、胖头鱼，栖息在水域的中上层，吃原生动物、水蚤等浮游动物，是中国著名的"四大家鱼"之一。

品质特点与种类：鳙鱼头大，约占体长的 1/3，体侧发黑且有花斑，眼位较低。鳙鱼肉质雪白细嫩，鱼脑营养丰富，其中含有一种人体所需的鱼油，而鱼油中富含多不饱和脂肪酸，这是一种人类必需的营养素，可以起到维持、提高、改善大脑机能的作用。另外，鳙鱼鱼鳃下边的肉呈透明的胶状，里面富含胶原蛋白，能够对抗人体老化及修补身体细胞组织；所含水分充足，所以口感很好。

烹饪应用：鳙鱼适于蒸、炖、焖、烩、炸、炒等多种烹饪方法，如砂锅鱼头、剁椒鱼头、拆烩鲢鱼头等。

饮食宜忌：一般人群均可食用，尤其体质虚弱、脾胃气虚、营养不良者食用更佳。鳙鱼不宜食用过多，否则容易引发疥疮；另外，患有瘙痒性皮肤病、内热、癣病病症者不宜食用。鳙鱼胆有毒，不能食用。

▲鳙鱼　　　　　　　　　　　　　　　▲剁椒鱼头

四、青鱼

青鱼又称青皖、黑皖等。青鱼栖息在水域的底层，吃螺蛳、蚬、蚌等软体动物和水生昆虫，个头大，生长迅速，大者长达1m，重50kg以上，为我国淡水养殖的"四大家鱼"之一。青鱼分布于我国各大水系，主要产于长江以南的平原地区水域。其中以长江水系的种群为最大。青鱼四季均产，秋、冬季所产质量较好。

品质特点与种类：青鱼肉厚多脂，少刺味鲜，肉质结实，富有弹性，是优良的淡水鱼。青鱼含蛋白质17.9%，脂肪4.2%，还含有磷、钙、铁、维生素、尼克酸等。

烹饪应用：青鱼适于多种烹饪方法、多种风味、多种刀工成形。整条可用烧、蒸、熘等烹饪方法；头尾可制作红烧头尾、红烧划水等；中段可制作红烧中段、油浸中段等，剔肉加工成丁、丝、条、片、茸、泥等制作炒鱼片、生余丸子等菜；腹部可制作红烧肚裆。

饮食宜忌：青鱼性温味甘，有暖胃和中、平肝祛风的功效，可用于脾虚少食、乏力者，以及脚气或湿痹者等。青鱼忌与李子同食；忌用牛、羊油煎炸；不可与荆芥、白术、苍术同食。脾胃蕴热者不宜食用，瘙痒性皮肤病、内热、荨麻疹、癣病患者应忌食。青鱼胆有毒，需注意别误食。

此外，青鱼与另一个同为"四大家鱼"的草鱼的主要区别如表8-3所示。

表8-3　草鱼和青鱼的主要区别

鱼的类型	特　征			
	颜色	头　部	身材大小（在一个生长周期内）	饮食习性
草鱼	体色淡黄，鳞片清楚	嘴巴圆弧状，鳞片明显	小	一般生活在水的中层，主要吃水生植物的茎和叶
青鱼	身体和鳍为灰黑色	鳞片不明显，头较尖	大	生活在水的下层，主要吃螺、蚌等水底动物

▲青鱼

▲草鱼

五、黑鱼

黑鱼又称鳢、活头、乌鳢等，除西北地区外我国各地均有
出产，一般体长为25～40cm，大的可长达50cm。黑鱼四季均产，
冬季最肥。

▲黑鱼

品质特点与种类：鲜活的黑鱼眼球突出，鳞片紧密完整、有光泽，鱼鳍完整，鱼肉坚实
有弹性。黑鱼肉多刺少，肉厚而致密，味鲜美，熟后发白、较嫩。

烹饪应用：黑鱼在烹饪中一般都要经刀工处理，出肉后切片、丝、丁、条或制茸、泥均
可，一般适于炒、熘、炖、烧等烹饪方法。在风味上多以咸鲜为主，以突出原料本身的鲜美
滋味，如江苏名菜将军过桥、炒鱼片、炒鱼丝等。

饮食宜忌：黑鱼性寒味甘，有治疗各种痔及湿痹、面目水肿，利大小便之功效。将黑鱼
制作成鱼汤给有风湿、脚气的患者食用，效果极佳。但黑鱼不宜多食，否则会引发顽固性疾
病。有疮者不能食，否则易留下白色的疤痕。

六、鲫鱼

▲鲫鱼

鲫鱼又称鲫瓜子、鲫皮子等。鲫鱼是小型鱼类，喜杂食，适
应性较强，分布广，可生活在各种水草丛生的浅水河湾湖泊中，
我国各地淡水中四季均产，以春、冬两季肉质较好。

品质特点与种类：鲫鱼体形较小，肉味鲜美，营养价值较高，
但刺细小且多。

烹饪应用：鲫鱼一般都是整条使用，且最宜用来制汤，亦可用烧、酥等烹饪方法，如奶
汤鲫鱼、萝卜丝鲫鱼汤、干烧鲫鱼、酥鲫鱼等。

饮食宜忌：鲫鱼性平味甘，具有健脾、开胃、益气、利水、通乳、除湿之功效。孕妇产
后乳汁缺少者宜食。鲫鱼补虚，诸无所忌，但感冒发热期间不宜多食。

七、鳝鱼

鳝鱼又称黄鳝、长鱼等，我国除西部高原外，各地均产。鳝鱼以6—8月的最肥，民间有"小
暑鳝鱼赛人参"之说。

品质特点与种类：鳝鱼全身只有一根三棱刺，肉质鲜嫩、味美。活鳝鱼常被加工成鳝片、
鳝丝使用，血液颜色是鲜红色的，肉质细腻且有弹性，表皮黄黑中透亮、光洁。

烹饪应用：鳝鱼加工成段，适于烧、焖、炖等烹饪方法，剔肉后可加工成丝、条等状，适于爆、炒、炸、熘等烹饪方法，如炒鳝糊、炖生敲、烧鳝鱼等。

饮食宜忌：鳝鱼性温味甘，有补虚损、除风湿、强筋骨的功效。据研究，糖尿病患者常食鳝鱼有益。鳝鱼死后体内丰富的组氨酸迅速分解成有毒物质，故死鳝鱼不能食用。民间常用鳝鱼血医治口眼㖞斜。鳝鱼不宜与狗肉、狗血、南瓜、菠菜、红枣同食。

▲鳝鱼

▲烧鳝鱼

八、鲌鱼

鲌鱼又称大白鱼、翘嘴巴、翘嘴红鲌等，我国平原地区各主要水系均产，为常见经济鱼类。

▲鲌鱼

品质特点与种类：鲌鱼体延长，侧扁，背平直，眼大，头小；口上位，上颌上翘，额凹入，背鳍具有光滑硬刺，背部为淡褐色，腹部银白色；尾鳍深叉形。体重一般为 0.5 ~ 1kg，大者可达 10kg。鲌鱼肉质洁白而细嫩，味道鲜美，营养丰富，且全鱼可入药。鲌鱼是个总称，它包括似鲚、红鳍鲌、翘嘴红鲌、蒙古红鲌、尖头红鲌、达氏红鲌等。

烹饪应用：鲌鱼肉中细刺较多，常以清蒸、红烧、白炖等烹饪方法成菜，如清蒸白鱼、萝卜烧白鱼、氽小白鱼等。此鱼不易保鲜，变质后肉质变软且离刺，因此应注意原料的鲜活性。

饮食宜忌：鲌鱼有开胃、健脾、利水、消肿与滋补、强身、健脑之功效，对消瘦水肿、产后抽筋、病虚体弱、记忆力差等症有疗效。

九、鳜鱼

鳜鱼又称桂鱼、花鲫鱼。鳜鱼为凶猛鱼类，喜食鱼虾，主产于洞庭湖、微山湖一带。该鱼生长快，天然产量较大，现已形成了人工繁殖、苗种培育和池塘养殖成鱼技术。鳜鱼一年四季均产，但以春季为最好，唐朝诗人张志和的《渔歌子》中有著名诗句"西塞山前白鹭飞，桃花流水鳜鱼肥"，赞美的就是这种鱼。

品质特点与种类：鳜鱼身体侧扁，背部隆起，身体较厚，尖头。鲜活的鳜鱼眼球突出。鳜鱼肉质细嫩，刺少而肉多，其肉呈瓣状，味道鲜美。鳜鱼的品种很多，如长体鳜、大眼鳜等，均可食用。背鳍有毒，加工时应注意剔除。

烹饪应用：鳜鱼常作为高档宴席中的大菜，多为整条入烹，大者亦可加工成块、片等。烹饪方法多用清蒸、奶汤、红烧等，以突出其鲜美滋味，也可制作成其他风味（如糖醋等），代表菜肴有清蒸鳜鱼、宋嫂鱼羹、松鼠鳜鱼。

饮食宜忌：鳜鱼性平味甘，具有补气血、益脾胃的功效，适宜体质衰弱，脾胃气虚，饮食不香，营养不良之人食用；老幼、妇女、脾胃虚弱者尤为适合。有哮喘、咯血的患者不宜食用；寒湿盛者不宜食用；吃鳜鱼前后忌喝茶。

▲鳜鱼　　　　　▲松鼠鳜鱼

十、鳊鱼

▲鳊鱼

鳊鱼，体侧扁呈菱形，主要分布于我国长江中下游附属中型湖泊，人工养殖生长较快，抗病力强，现已在我国20多个省市养殖，夏季盛产。

品质特点与种类：鳊鱼肉质细嫩，脂肪丰富，肥腴鲜美。鳊鱼含蛋白质15.4%～21%，脂肪含量因产地不同而悬殊甚大，以湖北产的较好。常见品种有团头鳊（武昌鱼）、长春鳊、三角鳊。

烹饪应用：鳊鱼肉质鲜美，适于多种烹饪方法，以清蒸最佳。代表菜肴有清蒸武昌鱼、糖醋鳊鱼、红烧鳊鱼、奶汤鳊鱼等。

饮食宜忌：鳊鱼性平味甘，具有补虚、益脾、养血、祛风、健胃之功效，适宜贫血、体虚、营养不良、不思饮食者食用。凡患有慢性痢疾者应忌食。

十一、鮰鱼（长吻鮠）

鮰鱼又称江团、白吉、鮠鱼等，以长江产为多，4—5月为产季。

品质特点与种类：鮰鱼体延长，前部扁平，后部侧扁，浅灰色，吻圆突，口腹位，有须4对，眼小，体无鳞，背鳍、臀鳍均有硬刺，腹鳍低而延长，被誉为淡水食用鱼中的上品。鮰鱼肉质细软而鲜嫩，鲜美肥润，脂肪含量很高。此鱼最美之处在带软边的腹部。而且其鳔特别肥厚，干制后为名贵的鱼肚，如湖北石首市所产的"笔架鱼肚"。

▲鮰鱼

烹饪应用：鮰鱼适于清蒸、粉蒸、红烧、烤等烹饪方法，如豉香蒸鮰鱼、蒜香鮰鱼、红烧鮰鱼、烤鮰鱼等。

饮食宜忌：鮰鱼性平味甘，有补中、益气、开胃之功效。体弱气虚、营养不良、饮食不香者宜食。素有顽癣痼疾者忌食。

十二、银鱼

▲银鱼

银鱼又称面丈鱼、面条鱼等，主要分布于渤海、黄海、东海沿岸，栖息于近海、河口或淡水处，多产于春季。

品质特点与种类：新鲜的银鱼色泽乳白，体形较小，光滑，呈半透明状，鱼身完整且富有弹性，没有过重的腥味。银鱼肉质软嫩，味鲜美，可食率达100%。大银鱼的体长可达20cm。品种主要有洞庭湖银鱼、太湖银鱼、长江间银鱼。

洞庭湖银鱼又称银条鱼、面条鱼等。银鱼成鱼身长为6～9cm，呈圆柱形，尾部稍侧扁，鱼头扁平，吻尖短，眼睛大，鱼身无鳞，洁白如银，故名。

太湖银鱼有四个品种：太湖短吻银鱼、寡齿短吻银鱼、大银鱼和雷氏银鱼。产量以大银鱼和太湖短吻银鱼为高。太湖短吻银鱼于春季在太湖边芦苇和水草茎上产卵，产期主要集中于每年5月中旬至6月中下旬。

长江间银鱼又称短吻间银鱼，俗称面鱼、面条鱼、间银鱼，主要分布于鸭绿江口、浙江的沿海及河口地带，每年3—4月间产卵期形成鱼汛。

银鱼干由鲜鱼经干制而成，主要产于江苏的太湖、洪泽湖和安徽的巢湖、芜湖等地。

烹饪应用：银鱼适于炸、熘、炒、氽汤等烹饪方法，调味以鲜咸味为多。一般因体形较小可整鱼制作，不需刀工成形，如银鱼羹、银鱼蛋汤、干炸银鱼等。

饮食宜忌：银鱼性平味甘，善补脾胃，可益肺、利水。体质虚弱、营养不足、消化不良者宜食。食银鱼诸无所忌，但不能长时间食用，否则人会消瘦。

十三、鲚

鲚又称刀鱼、刀鲚、凤尾鱼，产于长江、钱塘江、珠江。

品质特点与种类：鲚形态狭长。鳞细呈白色。唇边有两根硬须，肋下有像麦芒的长毛，腹下有硬角刺，锋利如刀。腹后近尾端有短毛，肉中多细刺。主要品种有刀鲚、凤鲚、七丝鲚等。

烹饪应用：鲚适于清蒸、红烧、油炸等烹饪方法。在产地多用来制作罐头，风味极佳，如干炸凤尾鱼、红烧刀鱼、凤尾鱼罐头、清蒸刀鱼等。

饮食宜忌：鲚性平味甘，无毒，适宜体弱气虚、营养不良者及儿童食用。凡湿热内盛，或患有疥疮瘙痒者忌食；病患忌食。

▲鲚

▲干炸凤尾鱼

十四、鲥鱼

鲥鱼又称时鱼、三来、三黎、惜鳞鱼等。鲥鱼为溯河产卵的洄游性鱼类，因每年定时初夏时入江，其他时间不出现，因此而得名。鲥鱼在我国长江、珠江、钱塘江均有出产，以长江下游所产最多最肥，特别是江苏省镇江市焦山一带所产最有名。鲥鱼上市季节较短，以端午节前后20天所产最佳，过此季节，肉质较老。鲥鱼与河豚、刀鱼齐名，素称"长江三鲜"。

品质特点与种类：鲥鱼体长、椭圆形，长约24cm，大者可达50cm以上。鳞片大而薄，上有细纹；无侧线；体背及头部为灰黑色，上侧略带蓝绿色光泽，下侧和腹部为银白色，腹鳍、臀鳍为灰白色，尾鳍边缘和背鳍基部为淡黑色。该鱼初入江时体内脂肪肥厚，蒜瓣肉，肉厚，质白嫩，细嫩鲜美，肉中刺多而软，产卵后肉质变老，质量大为逊色，有"来鲥去鲞"之说。捕鲥鱼时，为使鱼鳞完整，应以网捕。新鲜的鲥鱼，鱼目光亮，鱼鳃鲜红，鱼体银白，鱼鳞完整，嗅之无异味。鲥鱼性情暴躁，离水即死，极易变质，因此以鲜为贵。

烹饪应用：鲥鱼鳞片中含有较多的脂肪，在初加工时不能去鳞，以保存脂肪。鲥鱼可使用清蒸、清炖、烤、烧等烹饪方法，但最宜清蒸，如酒酿蒸鲥鱼、清蒸鲥鱼、毛峰熏鲥鱼。

饮食宜忌：鲥鱼性平味甘，有温中补虚、滋补强身、清热解毒之功效，蒸食能补虚劳。将鲥鱼蒸出的鱼油涂于水火烫伤处，疗效甚佳。

▲鲥鱼　　　　　　▲酒酿蒸鲥鱼

十五、大马哈鱼

大马哈鱼又称大麻哈鱼、秋鲑、红马哈鱼，在我国广州和香港一带被称之为"三文鱼"。大马哈鱼是著名的冷水性溯河产卵洄游性鱼类，主产于我国黑龙江、乌苏里江流域，以及太平洋西北部渔场。黑龙江省抚远县盛产大马哈鱼，是"大马哈鱼之乡"。

品质特点与种类：大马哈鱼身体长而侧扁，嘴端突出，形似鸟喙；口大，内生尖锐的齿，是凶猛的食肉鱼类。大马哈鱼的肉呈淡红色，肌红蛋白比例较高，质地较为坚实，肌间脂肪含量较大，滋味细嫩鲜美。我国的大马哈鱼主要品种有普通大马哈鱼、马苏大马哈鱼、驼背大马哈鱼。

烹饪应用：大马哈鱼适于炖、清蒸、酱、烧、腌等烹饪方法，鱼子为名贵的"红鱼子"，为海味极品，肝脏可制鱼肝油。

饮食宜忌：大马哈鱼性平味甘，有健脾胃、补虚的功效。

▲大马哈鱼

▲鱼子酱

十六、河豚

河豚又称气泡鱼、吹肚鱼、鲀，味道极为鲜美，与鲥鱼、刀鱼并称为"长江三鲜"。

品质特点与种类：河豚体形为圆棱形，体背侧为灰褐色，并散布有白色的小斑点，有些斑点呈条状或虫纹状。河豚体长一般为 5 ~ 28cm，大多数体长为 10 ~ 20cm，体重一般为 300g 左右。食道可扩大为气囊，遇敌害时使腹部膨胀。

河豚毒素的毒性相当于剧毒药品氰化钠的 1250 倍。河豚最毒的部分是卵巢、肝脏，其次是肾脏、血液、眼、鳃和皮肤，毒性大小与它的生殖周期也有关系。晚春初夏怀卵的河豚毒性最大。这种毒素能使人神经麻痹、呕吐、四肢发冷，进而心跳和呼吸停止。

可食用的河豚品种主要有紫色东方鲀、红鳍东方鲀、假睛东方鲀等。

烹饪应用：河豚适于生吃、煮等烹饪方法，如红烧河豚因其肉质鲜美，故自古就有"拼死吃河豚"之说。

饮食宜忌：河豚的卵巢和肝脏有剧毒，食用时必须注意。

▲河豚

▲红烧河豚

十七、泥鳅

泥鳅又称鳅鱼，在我国除青藏高原外，全国各地天然淡水水域中均有分布，尤其在长江和珠江流域中下游分布极广。

品质特点与种类：泥鳅呈圆筒形，身短，没有鳞，颜色青黑，浑身沾满了自身的黏液，且形体最小，只有三四寸长。泥鳅肉质细嫩，刺少，味鲜美，多脂肪，被称为"水中之参"。泥鳅品种有真泥鳅、大鳞副泥鳅、中华沙鳅。

烹饪应用：泥鳅主要适于炸、烧、炖、焖等烹饪方法，口味以咸鲜为主，如椒盐泥鳅、泥鳅钻豆腐、酥泥鳅等。

饮食宜忌：泥鳅性平味甘，具有暖脾胃、祛湿、疗痔、壮阳、止虚汗、补中益气、强精补血之功效；泥鳅皮肤中分泌的黏液即所谓的"泥鳅滑液"，有较好的抗菌、消炎作用。

▲泥鳅　　　　　　　　　▲酥泥鳅

❓ 想一想

1. 江鲤、河鲤为什么比池鲤肉质鲜美？
2. 淡水鱼类一般采用什么烹饪方法制作菜肴？

任务三　海水鱼类

海水鱼是指生活在海水中的各种鱼类。我国境内海洋鱼类资源丰富，有3000多种，主要鱼类300多种，其中经济价值较高、较常见的有30～40种。海洋鱼类具有洄游的习性，一般可分为生殖洄游和生长洄游。

一、大黄鱼

大黄鱼又称大黄花、大王鱼、大鲜等。大黄鱼的鱼汛旺季如下：广东沿海为10月，福建为12月至次年3月，浙江为5月。大黄鱼主要分布于黄海南部、东海和南海，以浙江舟山群岛产量最多。为传统四大海洋经济鱼类（大黄鱼、小黄鱼、带鱼、乌贼）之一。

▲大黄鱼

品质特点与种类：大黄鱼出水即死，故通常只有冷冻产品出售。黄鱼的肉质鲜嫩，鱼肉结实、有弹性，呈蒜瓣状。优质的黄鱼，口部呈白色，近鳃部有黑色斑块，鱼体呈淡黄色，腹部呈金黄色，体态完整、无损伤。

烹饪应用：大黄鱼的初加工可从口腔中取出内脏。烧大黄鱼时，揭去头皮，就可除去异味。大黄鱼适于清蒸、清炖、干炸、炸熘、红烧等多种烹饪方法；一般整条使用，刀工成形也可切块、条；可经花刀处理加热后形成多种形状，如松鼠大黄鱼、红烧黄鱼、雪菜大汤黄鱼等。

饮食宜忌：大黄鱼性平味甘，有补气开胃、填精安神、明目止痢的功效。一般人群均可食用。贫血、失眠、头晕、食欲不振及妇女产后体虚者尤为适宜。黄鱼不能与中药荆芥同食；黄鱼是发物，哮喘患者和过敏体质者应慎食。

二、小黄鱼

小黄鱼又称小黄花、小王鱼、小鲜等，体形似大黄鱼，但头较长，眼较小，鳞片较大，尾柄短而宽，鱼汛期在每年的4—6月和9—10月。小黄鱼主要分布在我国黄海、渤海、东海海域。

品质特点与种类：同大黄鱼。

▲小黄鱼

烹饪应用：小黄鱼在烹饪中因其形体小，不如大黄鱼应用广泛，适于干炸、熬汤、烧、焖等烹饪方法。

饮食宜忌：小黄鱼的营养成分基本同大黄鱼，饮食宜忌也同大黄鱼。

注：小黄鱼与大黄鱼统称为黄花鱼，但却是两个独立的品种，主要区别如表8-4所示。

表8-4　大黄鱼与小黄鱼的主要区别

项　　目	大　黄　鱼	小　黄　鱼
鳞片	较小	较大而稀少
尾柄	较长	较短
臀鳍第二鳍棘	等于或大于眼径	小于眼径
骸骨小孔个数	4个不明显的小孔	6个小孔
鱼嘴	下唇长于上唇、口闭时较圆	上下唇等长、口闭时较尖
头	较大	较长

三、带鱼

带鱼又称刀鱼、群带鱼、鳞刀鱼等，侧扁如带，呈银灰色，背鳍及胸鳍呈浅灰色，带有很细小的斑点，尾巴为黑色。带鱼头尖口大，到尾部逐渐变细，好像一根细鞭，头长为身高的2倍，全长1m左右。带鱼性凶猛，吞食鱼类、毛虾和乌贼，故又有"净淘龙"之称。我国沿海均有带鱼出产，以东海产量最高，浙江、山东两省沿海产量较多，为我国四大海洋经济鱼类之一。带鱼一般每年9月至次年3月为鱼汛旺季。

品质特点与种类：带鱼的脂肪含量高，且多为不饱和脂肪酸，具有降低胆固醇的作用；可食用部位多，肉多刺少，肉质肥软细嫩，味鲜香，腹部质地软糯。新鲜的带鱼以外表呈银白色，鱼鳃鲜红，鱼肚没有变软破裂，肉质肥厚者为上品。如果表面颜色发黄，有黏液，或肉色发红，是带鱼表面脂肪氧化的表现，也是带鱼变质的开始，不宜选用。

烹饪应用：带鱼宜鲜食，多用炸、炖、蒸、煎、烧等烹饪方法，一般刀工处理为块、段等。在口味上，为突出带鱼本身的鲜美滋味，一般以咸鲜为主，如清蒸带鱼、糖醋带鱼、干炸带鱼、红烧带鱼等。

饮食宜忌：老人、儿童、孕妇宜食；身体肥胖者不宜多食；带鱼属于发物，患有疥疮、湿疹等皮肤病及皮肤过敏者，以及癌症、红斑性狼疮、淋巴结核、支气管哮喘等的患者不宜食用。

▲带鱼　　　　　　　　　　　▲糖醋带鱼

四、鲈鱼

鲈鱼又称花鲈、鲈子鱼、板鲈等。鲈鱼的产季为3—8月，立秋前后为旺季，肉质肥美，故有"春鳖秋鲈"之说。

品质特点与种类：食用鲈鱼一般以鲜活的为主。鲈鱼肉多刺少，肉质白嫩，味道鲜美，肉为蒜瓣形，鱼肉韧性强、不易破碎，不仅营养价值高，而且口味鲜美。

有四种鱼可以被称为鲈鱼：海鲈鱼，分布于近海及河口海水淡水交汇处；松江鲈鱼，又称四鳃鲈鱼，降海型洄游鱼类，最为有名；大口黑鲈，又称加州鲈鱼，从美国引进的新品种；河鲈，又称赤鲈、五道黑，原产于新疆北部地区。

烹饪应用：鲈鱼最宜清蒸、红烧或炖汤，不仅可整条使用，鱼肉还可加工成片、丝、泥及花刀等，适合多种调味方式，如广东菜清蒸鲈鱼、香滑鲈鱼球，上海菜软熘鲈鱼片等。

饮食宜忌：鲈鱼性温味甘，有滋补、益筋骨、和肠胃、治湿气之功效。皮肤病疮肿患者忌食，禁与奶酪同食。鲈鱼肝不能食用。

▲ 海鲈鱼　　　　　　▲ 松江鲈鱼

▲ 大口黑鲈　　　　　　▲ 河鲈

五、石斑鱼

石斑鱼，属鲈形目，为暖水性的大中型海产鱼类，主产于东海和南海，特别是北部海湾及广东沿海，产季为4—7月。

品质特点与种类：石斑鱼体为长椭圆形，稍侧扁，口大，牙细尖，有的扩大成犬牙，第一背鳍和臀鳍都有硬棘，体色变异甚多，常呈褐色或红色，并具条纹和斑点。石斑鱼主要以天然野生为主，体形越大肉越嫩，养殖的鱼体形较小，一般市场上供应的体重多为0.5～1kg。石斑鱼营养丰富，肉质细嫩洁白，类似鸡肉，素有"海鸡肉"之称。常见品种有赤点石斑鱼、青石斑鱼、网石斑鱼、宝石石斑鱼、东星石斑鱼等。

烹饪应用：石斑鱼属于上等食用鱼类，适于多种烹饪方法，如烧、爆、清蒸、炖汤等，也可制肉丸、肉馅等，如清蒸石斑鱼、麒麟石斑鱼等。

饮食宜忌：一般人群均可食用。石斑鱼鱼皮胶质的成分，对增强上皮组织的生长和促进胶原细胞的合成有重要作用，被称为"美容护肤之鱼"。感冒、烧伤者及痰湿体质者不宜食用；痛风患者、喝啤酒时不宜食用。

▲赤点石斑鱼

▲青石斑鱼

▲宝石石斑鱼

▲东星石斑鱼

六、海鳗

海鳗又称狼牙鳝、牙鱼等，是重要的食用经济鱼类、凶猛肉食性鱼类，体呈长圆筒形，尾部侧扁，尾长大于头和躯干长度之和，头尖长，眼椭圆形，口大，舌附于口底，体无鳞，背鳍和臀鳍与尾鳍相连，广泛分布于非洲东部、印度洋及西北太平洋，我国沿海均有出产，以东海为主产区。海鳗在冬至前后捕捞最为适宜。

品质特点与种类：海鳗科鱼类中，以海鳗、山口海鳗数量多、产量大。海鳗脂肪量高，鱼肉多、刺少，肉质细嫩洁白，味鲜美。鳔可制作鱼肚，为名贵食品。

烹饪应用：海鳗可煎、炸、红烧、炒、蒸、炖、熬汤，无所不可；刀工成形可加工成鱼段、鱼块，亦可剔下鱼肉制成鱼片或鱼泥，制作的馅味道尤美，在口味上以突出本身鲜美味为主，如黄焖海鳗、清蒸鳗鱼、清炖鳗鱼等。

饮食宜忌：海鳗性平味甘，一般成年人均可食用；年老者宜食。患有慢性疾病或对水产品过敏者忌食。

▲海鳗

▲清蒸鳗鱼

七、银鲳鱼

银鲳鱼又称平鱼、银盘鲳、白鲳等，原产于亚马孙河，我国沿海均有出产，东海与南海较多，主要渔场有黄海南部的吕泗渔场等。渔期自南往北逐渐推迟，广东及海南岛西部渔场为3—5月；闽南渔场为4—8月；舟山及吕泗渔场为4—6月；渤海各渔场均为6—7月。

品质特点与种类：新鲜银鲳鱼体色泽银亮，鱼鳃鲜红，鱼眼澄清，如取内脏时有鱼刺露出则说明不新鲜。银鲳鱼肉质厚而细嫩洁白，味道鲜美，且刺少，骨软，内脏少，肉多，头部也几乎全是肉，可食用部分多。

烹饪应用：银鲳鱼在烹饪中多为整条使用，刀工成形较少；适于清蒸、干烧、焖、煎等烹饪方法；口味以突出本身鲜味为主的鲜咸味型居多，也有酱味、辣味等，如清蒸鲳鱼、煎烹鲳鱼、干烧鲳鱼等。

饮食宜忌：银鲳鱼性平味甘，有健脾养血、补肾充精、柔筋利骨等功效。

▲ 银鲳鱼

▲ 干烧鲳鱼

八、比目鱼

比目鱼是海水鱼的一个大类，包括鲆科、鲽科、鳎科的鱼类，主要生活在大部分海洋的底层。

品质特点与种类：比目鱼体侧扁，头小，两眼长在同一侧，有眼的一侧大都呈褐色，无眼的一侧呈灰白色，鳞细小。比目鱼肉质结实，色白鲜嫩，刺不多（中刺为主），腥味小，烹熟后吃到嘴里有瓣状感觉，具有低脂、低热量的特点。

比目鱼富含蛋白质、维生素A、维生素D、钙、磷、钾等营养成分，尤其维生素B_6的含量颇丰，而脂肪含量较低；另外，比目鱼还富含大脑的主要组成成分DHA，经常食用可提高智力。

比目鱼的主要品种如下。

1. 牙鲆鱼

牙鲆鱼又称扁口鱼、偏口鱼、比目鱼等，是名贵的海洋经济鱼类之一，主要分布于北太平洋西部海域。我国沿海均有出产，以渤海、黄海的产量最多。

牙鲆鱼体侧扁，呈长椭圆形，一般体长为25～50cm，体重为1.5～3kg，大者可达5kg左右，口大、斜裂，两颌等长，上下颌各具一行尖锐牙齿，尾柄短而高，两眼均在头的左侧，鳞细小，有眼一侧呈深褐色并具暗色斑点；无眼一侧呈白色。背鳍、臀鳍和尾鳍均有暗色斑纹，胸鳍有暗色点列式横条纹。

牙鲆鱼肉色洁白，肉质细嫩，无小刺，肉中含蛋白质、脂肪，营养价值高，味道鲜美，可以烤食。

2. 鲽鱼

鲽鱼属于冷水性经济鱼类，主要分布于太平洋西部海域。

鲽鱼鱼体侧扁，呈长椭圆形，一般体长为10～20cm，体重为100～200g，两眼在右侧，有眼一侧呈褐色，无眼一侧为白色，鳞细小，体表有黏液。

鲽鱼肉质细嫩，味道鲜美，刺少，尤其适宜老年人和儿童食用。但因含水分多，肌肉组织比较脆弱，容易变质，一般需冷冻保鲜。

3. 舌鳎

舌鳎又称箬鳎鱼、鳎目鱼等，是名贵的海洋经济鱼类之一，主要分布于北太平洋西部海域，我国沿海均有出产，但产量较小。

舌鳎体侧扁，呈舌状，头部很短，眼小，两眼均在头的左侧，鳞较大，有眼一侧呈淡褐色，有条侧线；无眼一侧呈白色，无侧线。背鳍、臀鳍完全与尾鳍相连，无胸鳍，尾鳍呈尖形。

舌鳎营养丰富，肉质细腻味美，尤以夏季的舌鳎最为肥美，食之鲜肥而不腻。舌鳎的品种较多，较为名贵的有柠檬舌鳎、英国舌鳎、都花舌鳎、宽体舌鳎等。

烹饪应用：比目鱼在初加工时，只需去鳃、内脏，洗净，不要用刮、烫等方法处理鱼的表面，因鱼皮富含蛋白质，可增鲜提味。500g以下的比目鱼可去头、尾，切块、整条，用于烧、炖等，也可腌制后炸。500g以上的比目鱼可片出大块的鱼肉，改成丁、片、条、丝等。适宜的烹饪方法比较多，如炸、熘、爆、炒、烹、烟熏或烧烤等，适于制作口感温和的菜肴，深受食客的喜爱。

饮食宜忌：比目鱼具有祛风湿、活血通经络等功效。其所含的不饱和脂肪酸易被人体吸收，有助于降低血中胆固醇，增强体质。老少皆宜，每次80～100g为宜。患癌症、痛风、肥胖、有痰火、血小板减少、维生素E缺少、肝硬化等病症者不宜食用。此外，烹饪时不宜加入过多食用油。

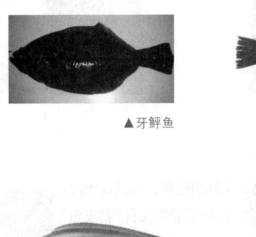

▲牙鲆鱼　　　　　　　　　　　　　　　▲鲽鱼

▲舌鳎　　　　　　　　　　　　　　　▲烤比目鱼

九、沙丁鱼

沙丁鱼是世界上重要的海洋经济鱼类之一，广泛分布于南北半球的温带海洋中，我国主要产于黄海、东海海域。

品质特点与种类：沙丁鱼体侧扁，一般体长为14～20cm，体重为20～100g，有很多品种，常见的有银白色和金黄色两种。沙丁鱼生长快，繁殖力强，肉质鲜嫩，富含脂肪，味道鲜美。

▲沙丁鱼

烹饪应用：沙丁鱼清蒸、红烧、油煎及腌干蒸食均味美可口，其主要用途是制罐头。

饮食宜忌：沙丁鱼对防治高血压、动脉硬化、骨质疏松有一定作用。沙丁鱼中的磷脂有健脑强智作用。肾衰竭患者、特禀体质者不宜食用。

十、鳕鱼

鳕鱼又称鳘鱼、大头鱼，我国主产于黄海和东海北部。

品质特点与种类：鳕鱼体长，稍侧扁，一般体长为 25 ～ 40cm，体重可达 300 ～ 750g，头大、尾小，灰褐色，有不规则的褐色斑点或斑纹。下颌较短，前端有一块朝后的弯钩状触须，两侧有一条光亮的白带贯穿前后，腹面为灰白色，胸鳍为浅黄色，其他各鳍均为灰色。鳕鱼肉色洁白，肉质细嫩，刺少，味美，清口不腻，是西餐中使用较广泛的鱼类之一。此外，鳕鱼肝大而肥，含油量高，富含维生素 D 和维生素 A，是提取鱼肝油的原料。常见的鳕鱼品种有黑线鳕、无须鳕、银线鳕等。

烹饪应用：鳕鱼可以用多种方式进行烹制，蘸调味汁食用味道尤为鲜美。鳕鱼可被制作成鱼肉罐头、鳕鱼干或腌熏鱼，鳕鱼子可鲜食，也可熏制或腌制。鳕鱼的舌头和肝脏也可食用。黑线鳕通常用来熏制或腌制，小鳕通常被制成鱼干。

饮食宜忌：一般人群均可食用。痛风、尿酸过高患者应忌食。

▲鳕鱼

▲清蒸鳕鱼

十一、马面鲀

马面鲀，其体形呈长椭圆形，侧高，又称面包鱼；因其皮粗厚，又称橡皮鱼、猪鱼；因烹饪时，必须先剥其皮，所以通常又有"剥皮鱼"的绰号。

▲马面鲀

品质特点与种类：马面鲀体侧扁，呈长椭圆形，第一背鳍有鳍棘，既长又粗还有倒刺。我国出产的马面鲀因其鳍色不同，分为绿鳍马面鲀和黄鳍马面鲀，以鲜活或体态完整，肌肉有弹性、无伤痕、无污染者为佳品。

烹饪应用：马面鲀适于红烧、清蒸、熏等烹饪方法。鱼肉可以制作成美味鱼茸，成品比传统的鱼松优越，又可制作成烤鱼片、干烤马面鲀。

饮食宜忌：马面鲀性平味甘，有健胃调中、消肿止血的功效。一般人群均可食用。

十二、真鲷

真鲷又称铜盆鱼等，是暖水性近海洄游性鱼类，主要分布于印度洋和太平洋西部海域。

我国近海均有出产，也是我国出产的比较名贵的鱼类之一。

▲真鲷

品质特点与种类：真鲷体侧扁，呈长椭圆形，一般体长为15～30cm，体重为300～1000g，自头部至背鳍前隆起，头部和胸鳍前鳞细小而紧密，腹面和背部鳞较大，头大，口小。加吉鱼分红加吉和黑加吉两种，红加吉的学名为真鲷，黑加吉即黑鲷。真鲷肉肥而鲜美，无腥味，特别是鱼头颅腔内含有丰富的脂肪，营养价值很高。

烹饪应用：真鲷适宜制汤、蒸、烧、鲜食，还可制作成罐头和熏制品，如清蒸加吉鱼、清炖加吉鱼等。

饮食宜忌：一般人群都可食用，尤其适于食欲不振、消化不良、产后气血虚弱者食用。

十三、鲱鱼

鲱鱼又称青条鱼、青鱼，是世界上重要的海洋经济鱼类之一。我国只产于黄海和渤海海域。

品质特点与种类：鲱鱼体延长而侧扁，一般体长为25～35cm，眼有脂膜，口小而斜，背为青褐色，背侧为蓝黑色，腹部为银白色，鳞片较大，排列稀疏，容易脱落。鲱鱼肉质肥嫩，脂肪含量高，口味鲜美，营养丰富，是西餐中使用较广泛的鱼类之一。

烹饪应用：鲱鱼适于烤、油炸、炖煮、扒烤或做沙拉。

饮食宜忌：鲱鱼有补虚利尿之功效。高血压、高血脂、类风湿患者忌食。

▲鲱鱼

▲生吃鲱鱼

十四、金枪鱼

金枪鱼又称青干、吞拿鱼，是海洋暖水中上层结群洄游性鱼类，我国南海和东海南部均有出产，是名贵的海洋鱼类之一。春季和夏季为金枪鱼的捕捞期。

品质特点与种类：金枪鱼体呈纺锤形，一般体长为40～70cm，背部呈青褐色，头大而尖，尾柄细小，背鳍两个，几乎连续，背鳍和臀鳍后方各8～10个小鳍。金枪鱼肉赤红，含脂肪，肉质细嫩，味道鲜美，肉多刺少，是名贵的烹饪原料。经济价值较高的种类包括蓝鳍金枪鱼、马苏金枪鱼、大眼金枪鱼、黄鳍金枪鱼、长鳍金枪鱼和鲣鱼六种。

烹饪应用：金枪鱼大多切成鱼片生食，要求鲜度好，所以捕获的活鱼要立即在船上宰杀，并要除去鳃和内脏，清洗血污后冰冻保鲜冷藏。烹饪中刀工成形可加工成块、条、泥等。烹饪方法多以炸、熘等为主。

饮食宜忌：一般人群都可食用；更是女性美容、减肥的健康食品；尤其适宜心脑血管疾病患者食用；对儿童成长发育、骨骼健康有一定作用。

▲金枪鱼   ▲金枪鱼刺身

 知识拓展

怎样识别海鳗和河鳗

鳗鱼统称为鳗鲡，分为海鳗和河鳗。海鳗和河鳗都是鳗形鱼类，有时不易区分。识别方法如下。

海鳗的特征：①外形，体形长，近圆筒形，后端侧扁，头尖而长，嘴眼较大，上下颌前端有锐利大形犬牙，上颌略长于下颌。②鱼鳞，体无鳞而有侧线。③鱼鳍，背鳍起点在鳃上方，臀鳍和尾鳍相连，胸鳍宽大，无腹鳍。④颜色，体背侧呈暗灰色，腹部呈灰白色。

河鳗的特征：①外形，体形细长，前部呈圆筒状，头中等大，眼睛较小，嘴尖而扁，下颌略长于上颌，颌骨上只有细牙。②鱼鳞，鳞小且埋于皮下。③鱼鳍，背鳍起点在头后面，背鳍、臀鳍和尾鳍相连，有胸鳍，且胸鳍小而圆，无腹鳍。④颜色，体背部为灰黑色，腹部为白色。

? 想一想

1. 海洋性鱼类常用的烹饪方法有哪些？
2. 带鱼的脂肪含量是多少？滋补价值有哪些？

任务四　其他类水产品

一、甲鱼

甲鱼又称鳖、水鱼、团鱼等，是人们喜爱的滋补水产佳肴，长江流域的江河、湖泊、水库区，每年的3—5月、8—10月间供应，有冬眠期；湖北、福建、浙江、江苏等地的大量人工孵化养殖是市场的基本来源，可四季供应。

品质特点与种类：甲鱼吻突尖长，颈长并可伸缩于壳下，身体有角质化的裙边和钙化的骨板，背骨板色泽青绿，四肢较短，趾间有发达的蹼，尾尖、长者为雄，短者为雌，形体近似于圆形，背骨边缘角质化的裙边较为发达。好的甲鱼动作敏捷，腹部有光泽，肌肉肥厚，裙边厚而向上翘，体外无伤病痕迹；把甲鱼翻转后，头腿活动灵活，很快能翻回来，即为质量较优的甲鱼。

烹饪应用：甲鱼无论蒸煮、清炖，还是烧卤、煎炸，都风味香浓，营养丰富。其还具有较高的药用食疗价值，如清蒸甲鱼、清炖甲鱼、"霸王别姬"等菜肴。

饮食宜忌：一般人群均可食用。甲鱼性平味甘，有祛脂降压、壮阳壮腰、提高免疫力、养颜护肤、抑癌抗瘤、养阴补虚的功效。死的、变质的甲鱼不能吃；生甲鱼血和胆汁配酒会使饮用者中毒或罹患严重贫血症。

吃甲鱼还应注意两点：一是选择甲鱼。清代文人兼美食家袁枚认为"甲鱼大则老，小则腥"，故应选择中等大小为好，滋味属上乘；二是食甲鱼择季节，冬季的鳖肥，为最好，春秋季也可，质稍次，而夏季的鳖俗称"蚊子甲鱼"，其味道一般。

▲甲鱼

▲霸王别姬

二、蛙

几种常见蛙如表 8-5 所示。

表 8-5　几种常见蛙

品　　种	别　　名	产地、产季	品 质 特 点	应用（代表菜肴）	饮 食 宜 忌
牛蛙	喧蛙	原产于美洲，夏、秋季主产（下同）	重可达 0.5kg 以上，质嫩味香，卵色黄、味佳，是一种高蛋白质、低脂肪、低胆固醇营养食品，备受人们喜爱	泡椒牛蛙、干煸牛蛙、鱼香蛙衣、鸡汁牛蛙子	牛蛙可以促进人体气血旺盛，精力充沛，滋阴壮阳，有养心安神补气之功效。胃弱或胃酸过多的患者最宜吃蛙肉。脾虚、腹泻、咳嗽、虚弱畏寒者，不适宜食用
中国林蛙	哈士蟆、哈什蚂	主产于长江以北，长白山所产最有名	肉鲜质嫩，4 月产卵 800～1500 枚。哈士蟆油（输卵管）为不规则块状，鲜品白色，干品黄白	双珍哈士蟆、海米哈士蟆、清烩哈士蟆	哈士蟆油性平、味甘腥，有补虚、气血精力亏损作用，主治虚痨咳嗽。痰湿咳嗽及便溏者忌用
棘胸蛙	石鸡、棘蛙	主产于长江中下游及以南地区	可达 250g 以上，肉质鲜嫩	香糟石鸡腿、云雾熏石鸡、红烧石鸡、清蒸石鸡	高蛋白、低脂肪，有清热降火、滋阴补肾之功效，产妇、小儿瘦弱、病后虚弱者宜食
棘腹蛙	山鸡、石鳞	主产于晋、陕、宁、川、贵、鄂、湘、闽、桂等省区	5 月产卵。可达 250g 以上，肉嫩香，无腥味，味鲜。雄性前肢特别粗壮，胸腹部布满大小黑刺疣	软炸山鸡、红烧山鸡、干煸山鸡	可清热降火，滋阴补肾。民间还将其用于治疗小儿虚瘦、病后及产后虚弱等症

续表

品　种	别　名	产地、产季	品 质 特 点	应用（代表菜肴）	饮 食 宜 忌
泽蛙	梆声蛙、干蛤蟆	主产于黄河及以南地区	5—7月产卵，味鲜质嫩	鸡茸干蛤蟆、水晶苹果盒	肉清热解毒，健脾消积，治臃肿热疖、口疮、泻痢、疳积；皮清热止痛；肝治毒蛇咬伤

▲牛蛙

▲中国林蛙

▲棘胸蛙

▲棘腹蛙

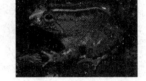
▲泽蛙

三、墨鱼

▲墨鱼

墨鱼又称乌贼、花枝、墨斗鱼，是软体动物门头足纲乌贼目的动物。乌贼遇到强敌时会以"喷墨"作为逃生的方法，因而有"乌贼""墨鱼"等名称。乌贼分布于世界各大洋，主要生活在热带和温带沿岸浅水中，冬季常迁至较深海域。乌贼一般在春、夏季繁殖。

品质特点与种类：乌贼身体可分为头、足和躯干三部分。中国乌贼种类较多，有东海的曼氏无针乌贼、台湾的枪乌贼等。墨鱼分干品和鲜品。墨鱼干以体形完整、光亮洁净、颜色柿红或棕红、半透明状、肉质平展宽厚、干燥有韧力、具鲜香味道、无盐为上品。鲜品以色白、肉厚味美、有香味者为佳品。

烹饪应用：鲜品适宜多种刀工，成形以松果形、麦穗形、荔枝形较多，适于爆、炒、氽、拌、熗、烤等烹饪方法，可制成油爆花枝片等菜肴。干品需涨发后食用。

饮食宜忌：一般人群均能食用。适宜阴虚体质，贫血、妇女血虚经闭，带下、崩漏者食用。脾胃虚寒的人应少食。

四、鱿鱼

鱿鱼又称枪乌贼、柔鱼等，我国南北沿海均有分布，每年4—5月和8—9月为捕捞旺季。

品质特点与种类：鱿鱼肉色洁白，脯肉柔软，鲜嫩味美。新鲜的鱿鱼表面呈淡黄色或白色，体大鲜肥，头身连接紧密，弹性好，肉质白嫩，有黏液，略带腥味。

烹饪应用：和墨鱼基本相同。

饮食宜忌：鲜鱿鱼中有多肽，必须熟透后食用，否则会造成肠道运动失调；高血脂、高胆固醇血症、动脉硬化等心血管及肝病患者慎食。鱿鱼是发物，患有湿疹、荨麻疹等者忌食。鱿鱼性质寒凉，脾胃虚寒的人也应少食。

▲鱿鱼

▲鱿鱼卷

五、八爪鱼

八爪鱼又称蛸、八带蛸、章鱼，我国南北沿海均有出产，鱼汛期分为春秋两季，春季3—5月，秋季9—11月。

品质特点与种类：八爪鱼体短，卵圆形，无鳍无骨。头上有八腕，故又名八带鱼。八爪鱼肉色较白，肉质柔软，鲜嫩味美。我国常见的八爪鱼有短蛸、长蛸和真蛸等。

▲八爪鱼

烹饪应用：八爪鱼在烹饪中刀工较少，其他应用基本与鱿鱼、墨鱼相同，如辣烤章鱼串、湘式剁椒章鱼须等。

饮食宜忌：一般人群都可食用，尤适宜体质虚弱、气血不足、营养不良之人食用；适宜产妇乳汁不足者食用。有荨麻疹史者、癌症患者忌食；胆固醇高、胆结石、高尿酸血症、痛风者宜少食。

六、虾

虾在我国沿海各个海域均有出产，内陆各淡水区域也有出产，捕捞季节为每年3—9月，人工养殖的四季均产。

品质特点与种类：不同品种的虾存在不同的特征差异。一般淡水虾比海虾个头小，甲壳硬度低，肉少，但活动灵活；海虾个头大，壳硬度高，肉质细嫩且多，但行动较笨拙。虾的肉质肥嫩鲜美，营养极为丰富，所含蛋白质是鱼、蛋、奶的几倍到几十倍。虾主要分为淡水虾和海水虾。常见淡水虾有青虾、白虾、草虾、小龙虾等；海水虾有虾蛄、基围虾、竹节虾、琵琶虾、对虾、龙虾等。

（1）青虾：又称河虾、沼虾，因体色青绿俗称青虾。青虾全身淡青色，体长为4～8cm，头胸粗大，甲壳厚而硬，前两对步足呈钳状，第二步足超过体长，腹部短小。我国常见的一种是日本沼虾，河北白洋淀、山东微山湖、江苏太湖所产品质极佳，每年4—9月出产。

（2）白虾：死后呈白色，故名白虾。白虾体色透明，微带蓝色或红色小点，腹部各节后缘体色较深，体长为 5～9cm，黄海、渤海海域产量最多，每年3—5月出产。白虾肉质细嫩，滋味鲜美。

（3）虾蛄：又称螳螂虾、爬虾、皮皮虾，属与虾蟹近似的甲壳类的甲壳纲虾蛄科，体扁，长15cm，头胸甲小，胸部后四节外露。第二对胸肢特大，像螳螂的前足，黄海、渤海海域产量大，春季所产品质最佳。肉质鲜甜嫩滑，春季卵成熟为块状时最佳，味道十分鲜美。

（4）基围虾：基围，是指人工挖掘的海滩塘堰。趁涨潮时在基围内引入海水，同时引入海虾，养一段时期后，趁月色退潮放水，用网在闸口捕虾，即称基围虾，主要产地在广东。因塘堰中天然饵料丰富，故基围虾肥而鲜美。

（5）竹节虾：又称花虾、斑节虾、日本对虾。竹节虾有细小锯齿，位于其头上方向前突出的长刺和两眼间刺状突出，有蓝色的横斑花纹，附肢黄色，尾部鲜黄带蓝。壳薄而硬，肉质厚实。竹节虾和基围虾的区别：基围虾是刀额新对虾，属新对虾，比较明显的区别是它的额角下面没有锯齿。竹节虾体形略大于基围虾，有鲜艳的花纹，额角上下面都有齿。从颜色上看，竹节虾体表有蓝褐色横斑花纹，尾尖为蓝色；而基围虾呈浅啡黄色，身体布满密集的浅褐色点。

（6）琵琶虾：琵琶虾种类颇多。样子肥肥胖胖，很有趣。爪粗而短，暗红色泽，额角扁平呈五角形，甲壳硬而厚，肉质鲜，多用于制作沙拉。

（7）对虾：又称大明虾，为海产"八珍"之一，是我国沿海重要的水产货源。珠海市万山岛渔场养殖对虾已有较长的时间。新鲜的对虾以虾体完整、有一定的弯曲度、甲壳硬度较高、虾身较挺，虾皮色泽发亮，呈青绿色或青白色，肌肉紧实，并且体表干燥洁净为佳品。

（8）龙虾：爬行虾类，体粗壮，圆形而略扁平，长30cm以上，色彩鲜艳，头胸甲坚硬多棘，两对触角发达，不善游泳，是虾类中最大的一类，我国浙江、福建、台湾和广东沿海均有出产。龙虾死后肉质发生变化，不可食用。龙虾在接近死亡时会出现"慢爪"状态，以致"褪较"，即其头背之间的颈部会有一道明显陷落的肉痕，色泽似荔枝肉，越近死亡肉痕越深，头部与身躯宛如分开两节。

烹饪应用：虾可煮、蒸剥食，或拆肉后烹制，适于炒、炸、烹、熘等多种烹饪方法。青虾烹饪中整只使用，可制作盐水虾、油爆虾、炝虾等；去头壳后的完整虾肉就是虾仁，可制作炒虾仁、炸虾仁、龙井虾仁等。白虾的卵可加工成虾子。基围虾可制作成白灼虾，虾背上的虾线应挑去不吃。对虾的烹饪，大致有蒸煮、油炸的方式，既可制作精美点心，也可以炮制各种名菜鲜肴。

饮食宜忌：虾肉有补肾壮阳、化瘀解毒、通络止痛、开胃化痰等功效，老少皆宜。应注意腐败变质虾不可食用；如正值上火之时不宜食虾；没有须或腹下通黑的，煮后变为白色的虾禁食；胆固醇偏高者不可过量食用。日本大阪大学的科学家发现，虾体内的虾青素有助于消除因时差反应而产生的"时差症"。

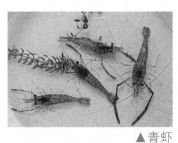
▲青虾

▲白虾　▲虾蛄

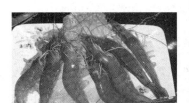
▲基围虾

▲竹节虾

▲琵琶虾

▲中国对虾

▲澳洲大龙虾

七、蟹

蟹又称螃蟹，我国南北内陆、沿海皆有出产，人工养殖的也较多，每年3—11月出产，人工养殖的四季皆有。俗话说"九月团脐十月尖"，分别表示九月雌蟹卵满，黄膏丰映，十月雄蟹性腺发育最好、最美，黄白鲜肥，所以每年农历九月到十月吃蟹最佳。

品质特点与种类：螃蟹全身有甲壳，足有5对，前双足呈钳状，称"螯"，横着爬行。腹部分节，俗称"脐"，雄性脐呈长尖形，雌性脐呈椭圆形。我国蟹的种类有600多种，如梭子蟹、青蟹、帝王蟹、大闸蟹、蛙蟹、关公蟹等，因分布的地理位置不同，所以也有等级之分，一等是湖蟹，如阳澄湖、嘉兴湖所产；二等是江蟹，如九江、芜湖所产；三等是河蟹；四等是溪蟹；五等是沟蟹；六等是海蟹。蟹肉质鲜美，呈透明状。新鲜的蟹，以身体完整、腿肉坚实、肥壮有力、用手捏有硬感、脐部饱满、分量较重，外壳青色泛亮、腹部发白、团脐有蟹黄、肉质新鲜者为佳品。好的河蟹动作灵活，翻过来能很快翻转，能不断吐沫并有响声。海蟹腿关节有弹性。

烹饪应用：蟹适于蒸、炸、煎、红烧、炖、酒醉等烹饪方法，如梭子蟹炖南瓜、香辣蟹、姜葱炒蟹等。蟹不能生食；蟹性寒，食用时要有姜醋佐食，既可暖胃祛寒，又可杀菌消毒，还可去腥，增加美味。

饮食宜忌：蟹有活血祛瘀，亮发，提高免疫力，疗头痛头晕，安神除烦，强筋的功效。

但平素脾胃虚寒、大便溏薄、腹痛隐隐、风寒感冒未愈、宿患风疾、顽固性皮肤瘙痒者忌食；月经过多、痛经、怀孕妇女忌食。蟹不能与柿子同食，否则易引起腹泻等胃肠不适。

▲三疣梭子蟹　　　　▲青蟹　　　　　▲帝王蟹　　　▲中华绒螯蟹（河蟹）

八、海参

海参为棘皮动物门海参纲动物的统称，是我国海洋性水产品种的珍品，有着极其重要的经济价值。

品质特点与种类：海参分为刺参类和光参类两大类。刺参类有仿刺参、梅花参、绿刺参和花刺参；光参类有图纹白尼参、蛇目白尼参、辐肛参、白底辐肛参、乌皱辐肛参、黑海参、玉足海参、黑乳参、糙海参等。

（1）仿刺参：又称灰刺参、刺参、海鼠，体长为20～40cm，背面隆起4～6行大小不等、排列不规则的圆锥形肉刺；腹面平坦，口位于前端。体形大小、颜色和肉刺的多少常随生活环境而异。仿刺参主产于青岛、大连、长山岛、威海、烟台等地，体壁厚而软糯，是海参中质量最好的一种，被誉为"参中之冠"。

（2）梅花参：又称凤梨参，体长一般为60～75cm，最长可达1.2m，宽约10cm，高约8cm，是海参纲中最大的一种，背部肉刺很大，每3～11个肉刺的基部相连呈梅花状，故名梅花参；又因体形很像凤梨，故又称凤梨参。梅花参体色艳丽，背呈橙黄色或橙红色，散布黄色和褐色斑点，腹面带赤色，触手黄色。

（3）绿刺参和花刺参：绿刺参又称方柱参、方刺参；花刺参又称黄肉参、白刺参、方参，它们都为南海很普通的食用海参，产量较高，过于软嫩。

（4）图纹白尼参：又称白瓜参、白乳参、二斑参等，体形肥胖，前后两端几乎一样宽，酷似冬瓜，体色变化很大，底子为白色或浅黄色，背面略呈浅黄褐色，前后各有一块赤褐色横斑，故称二斑参。它是一种大型食用海参，肉质厚嫩。

（5）蛇目白尼参：又称虎鱼、豹纹鱼、斑鱼等，背面为深灰色，带黄色蛇目状斑纹，排列成不规则纵行，生活于热带珊瑚礁内有少数海草的沙底、水深6～18m处，肉质肥嫩。

（6）辐肛参又称石参、黄瓜参等，白底辐肛参又称靴参、赤瓜参等，乌皱辐肛参又称乌参，这三种海参都是生活在西沙群岛、南沙群岛等海域的大型食用海参，质量较好，但产量较低。

另外，黑海参、玉足海参、黑乳参、糙海参等都是中国南海普通的食用海参，品质较次。

烹饪应用：海参适于烧、扒、烩、氽等烹饪方法，如葱烧刺参、扒海参。

饮食宜忌：中医认为，海参有补肾益精、养血润燥之功效，精力不足及肝硬化腹水、神经衰弱患者宜食。海参不宜与甘草酸、醋同食。

▲梅花参　　　　　▲花刺参　　　　　▲蛇目白尼参

▲白底辐肛参　　　　　▲黑海参　　　　　▲葱烧刺参

九、鲍鱼

鲍鱼又称大鲍、明目鱼、镜面鱼、鳆等。软嫩而肥厚的足部肌肉是其食用部位。

品质特点与种类：鲍鱼是名贵的烹饪原料，自古以来就被视为海味珍品。鲍鱼分进口鲍和国产鲍两大类，我国从澳大利亚、日本、墨西哥进口的鲍鱼量较大。

1. 进口鲍

（1）青边鲍。青边鲍产自澳大利亚，其唇边呈绿色，肉质细嫩，味道浓郁，多做成冻鲍鱼或熬制鲍鱼汤，是我国南方及香港食客钟爱的鲍鱼品种。

（2）吉品鲍。吉品鲍又称吉滨鲍，产自日本岩守县，其形状外高内低，如同元宝，中间有一条明显的线痕，所以又称金元鲍，以色泽金黄者为上品。

（3）麻窝鲍。麻窝鲍产自日本青森县，又称禾麻鲍，个头较小，肉较扁薄，因为要用绳穿起来晒干，所以左右有两个孔，食之味道香嫩，肉质软滑，易消化，适合老人食用。

▲青边鲍　　　　　▲吉品鲍　　　　　▲麻窝鲍

（4）中东鲍。中东鲍产自中东，个头较小，头数较多，颜色比较深，还有一层薄薄的盐灰，制作时须大火长时间煲，其肉质黏滑，味道不是很香。

（5）日本网鲍。日本网鲍是品质最优良、个头最大的干制鲍鱼品种，产自日本青森县，其肉质肥厚、滑润，呈深咖啡色，外形椭圆，底边广阔平坦，底部有清晰的珠粒，尾部较尖。

（6）澳洲网鲍。澳洲网鲍的外形与日本网鲍相近，颜色为砖红色，但边缘珠粒不太规则。干鲍要浸发多天才能煲制，鲍肉吃起来较韧，适合煲汤或做鲍片。

▲中东鲍

▲日本网鲍

▲澳洲网鲍

2. 国产鲍

品质特点与种类：我国北方沿海产有盘大鲍，又称大鲍、黑鲍、皱纹盘鲍、紫鲍等；我国南方沿海产有杂色鲍、耳鲍、羊鲍、半纹鲍等，多为鲜活品或冰鲜品，适于爆炒、拌等烹饪方法，肉质鲜美，口感脆嫩。

（1）皱纹盘鲍。皱纹盘鲍的壳面呈暗褐色或半青绿色，看起来并不光滑，而且有岩纹感，故名皱纹盘鲍。因颜色不同，也有翡翠鲍的叫法，其实两者都同属一个品种，不过因食料有别，外壳出现差异而已。用褐藻饲养时，贝壳会成为绿色，但以红藻作为饲料的话，贝壳则呈深褐色或微红色。除了大连之外，山东省的长岛及黄海、渤海一带均有出产。

（2）杂色鲍。杂色鲍个体均匀，每500g约有26只，是南方沿海的产品，在中国台湾北海岸及东北角沿岸、粤西的湛江硇洲岛颇为多见。

（3）耳鲍。外壳稍呈长身的耳鲍，盛产于南方粤东的南澳岛及浙江的嵊泗县。

（4）羊鲍和半纹鲍。西沙群岛多见羊鲍与半纹鲍。

▲皱纹盘鲍

▲杂色鲍

▲耳鲍

▲羊鲍

鲍鱼的肉足软嫩而肥厚，鲜美脆嫩。鲍鱼含蛋白质19%，并含有20余种氨基酸，有较高的营养价值。现市场上有鲍鱼鲜品、速冻品、罐头制品、干货制品供应。

▲鲜鲍鱼

鲜品及速冻品鲜美脆嫩，罐头制品口感柔软，鲜味仅次于鲜品。鲜鲍鱼以足块肥、肌肉坚实、无破损者为佳品。鲜鲍层面的"表面附着色"，显得黝黑而极有光泽，肌肉柔软且富弹性。同时，在鱼池里或水族箱内所看到的鲜鲍，仿佛吸盘般，紧紧黏附在瓷砖或玻璃之上。

干鲍鱼以质地干燥，呈卵圆形的元宝锭状，体形完整，边上有花带一环，中间凸出，无杂质，味淡者为佳品。市场上出售的鲍鱼干有紫鲍、明鲍和灰鲍三种干制品。其中，紫鲍个体大，呈紫色，有光亮，质量好；明鲍个体大，色泽发黄，质量较好；灰鲍个体小，色泽灰黑，质量次。其实这几种颜色反映的就是虾青素的含量，虾青素含量高则呈紫色，虾青素含量低则呈黄色，虾青素被氧化了则呈灰色。干鲍鱼的虾青素含量和其营养价值正相关，虾青素含量越高，营养价值就越高。

烹饪应用：鲍鱼鲜品、速冻品、罐头制品应用较多。鲍鱼刀工以片状居多，作为主料适于爆、炒、拌、扒等烹饪方法，如扒原壳鲍鱼、麻汁子鲍、蚝油鲍鱼。鲜鲍肉可油泡，或炒以西芹，最宜清蒸。

饮食宜忌：鲍鱼性温味咸，有养血益肝、健脾通经络的功效。感冒、阴虚喉痛患者不宜食用；尿酸度过高者或患风湿骨病者只宜喝少量的汤。此外，鲍鱼必须煮透再吃，否则会引起消化不良。

十、海蜇

海蜇又称水母，为腔肠动物门钵水母纲根口水母科海蜇属，是海洋性水产品中的重要品种，每年4—5月、8—10月为出产旺季。

品质特点与种类：海蜇为大型水母，体分伞部和口腕两部分，伞部呈半球状，外伞表面光滑，大者直径可达1m，我国沿海均有出产，浙江、福建产的为南蜇，山东产的为东蜇，天津、秦皇岛产的为北蜇。南蜇最好，产量也大。海蜇捕捞后用明矾和盐进行压榨脱水处理，除去大部分水分，洗涤干净再用少量食盐腌制存放，口腕部为海蜇头，伞部为海蜇皮。

烹饪应用：适于拌、炝等烹饪方法，如凉拌海蜇丝等。

饮食宜忌：海蜇皮性平味咸，诸无所忌，具有清热解毒、消肿降压、软坚化痰、抑癌等作用，高血压、小儿风热、气管炎、哮喘、胃溃疡等患者宜食，但脾胃虚寒者应慎食。

▲海蜇　　　　　　▲海蜇头　　　　　　▲海蜇皮

十一、贻贝

贻贝俗称海红或青口。全球各海均有不同种类出现，中国约有50种，分布于黄海、渤海，以大连沿海最丰富，1—4月采捕活鲜品，肉质尤为鲜嫩味美。

品质特点与种类：贻贝壳为膨胀起的长三角形，壳顶向前，表面有环形条纹，覆有黑褐色壳皮，内侧白色带有青紫色，生活于澄清的浅海海底的岩石上，有翡翠贻贝、贻贝和厚壳贻贝等品种，是世界各国重要的养殖和捕捞对象。贻贝肉质细嫩，滋味鲜美，雄性肉呈白色，雌性肉呈橘黄色。贻贝干品称为淡菜。

烹饪应用：适于爆炒、炸、汆、拌、炝等烹饪方法，口味以咸鲜为主，可制作炝海红、炸贻贝等。食用时需注意，淡菜可浓缩金属铬、铅等有害物质，所以被污染的淡菜不能食用。

饮食宜忌：中老年人体质虚弱，营养不良者宜食；患有高血压、动脉硬化、耳鸣眩晕者宜食；肾虚之腰痛，阳痿，盗汗，小便余沥，妇女白带多者宜食。淡菜补肾填精，诸无所忌。

▲翡翠贻贝　　　　▲贻贝　　　　▲淡菜

十二、干贝

干贝又称江干、瑶柱，中国沿海均有出产，也可人工养殖。

品质特点与种类：干贝是用贝类中的扇贝、日月贝、江珧贝的闭壳肌加工干制而成的。干制之前称为鲜贝、带子。

▲干贝　　　　　▲扇贝　　　　　▲日月贝　　　　　▲江珧贝

1. 扇贝

扇贝因贝壳呈扇形而得名。扇贝表面有放射肋，表面颜色有紫红色或橙红色，极美丽，开闭壳肌发达，取下即为鲜贝。

2. 日月贝

日月贝贝壳接近圆形，质薄，略透明，表面光滑，左壳肉为红色，右壳肉为白色，故取名日月贝，有清晰的放射肋纹和细的同心生长线。因其捕后一般去掉内脏团，将剥下的外套膜与闭壳肌（几个）一同编在一起呈辫状，干后如带状，故称带子。日月贝产于南海，尤以北部湾为多，春、秋两季为捕捞季节。

3. 江珧贝

江珧贝贝壳大而薄，前尖后宽呈楔形，表面有放射肋，淡褐色至黑褐色，闭壳肌称江珧柱。江珧贝每年1—3月为捕捞季节。

品质特点与种类：鲜品肉质细嫩洁白，味鲜爽。干品一般呈圆柱形，体侧有柱筋，浅黄色，有白霜。品质好的干贝，颗粒完整，大小均匀，呈淡黄色，有光泽，肉质坚实饱满，肉丝清晰细腻，无咸味，鲜味强，干度足，无杂质。

烹饪应用：干贝适于烧、炖、烩、拌、氽汤等烹饪方法，鲜品适于爆、炒、炸、扒等烹饪方法，如烧江干、油爆鲜贝、软炸鲜贝等。

饮食宜忌：干贝性平味咸，有生津止渴、祛脂降压、提高免疫力、健脾补肾等功效，一般人群都能食用。儿童、痛风患者不宜食用。

十三、蛤

蛤又称蛤蜊，生活于浅海泥沙滩中，我国沿海均有出产，夏季最多。

品质特点与种类：蛤蜊含有蛋白质、脂肪、碳水化合物、铁、钙、磷、碘、维生素、氨基酸和牛磺酸等多种成分，是一种低热量、高蛋白、能防治中老年人慢性病的理想食品。蛤蜊有花蛤、文蛤、西施舌等诸多品种。新鲜的蛤蜊，外壳紧闭，不易揭开，将其养在水中，外壳微开，轻轻触碰即会迅速闭合。剥开壳后，可见肉质新鲜饱满。

烹饪应用：蛤蜊肉厚肥大，最好提前一天用水浸泡使其吐净泥土，粗加工时要洗净，否则有泥沙。用蛤蜊肉制作菜肴切忌加热过度，适于旺火速成，如爆、炒、汆等烹饪方法。蛤蜊等贝类本身极富鲜味，烹制时不用再加味精，也不宜多放盐，以免失去鲜味。

饮食宜忌：蛤蜊不仅味道鲜美，而且营养也比较丰富，是物美价廉的海产品。蛤蜊性寒、味寒，具有滋阴润燥、利尿消肿、软坚散结的作用。腹泻便溏者忌食；寒性胃痛、腹痛者忌食；女子月经来潮期间及妇女产后忌食；受凉感冒者忌食。

▲花蛤　　　　　　▲西施舌

十四、牡蛎

牡蛎又称蚝、海蛎子等，在我国自黄海、渤海至南沙群岛均产，主产于广东、辽宁、山东等地，有20种左右，可人工养殖，现我国广东、福建、台湾地区养殖较多。牡蛎的产期在每年9月至次年3月。

品质特点与种类：牡蛎肉质细嫩，味极鲜美，色洁白，其中所含的液汁为乳白色，味亦很鲜美。牡蛎要选用鲜活的，死的不能食用。牡蛎营养丰富，有"海中牛奶"之誉。牡蛎肉含蛋白质4.3%～11.3%，脂肪2%～2.3%，糖分4.3%～10.7%，每100g中含钙118～165mg，维生素A133～1500国际单位，核黄素0.19mg，尼克酸1.7mg。

烹饪应用：用牡蛎制作菜肴基本不用刀工，可剥壳生食、熟食、烧烤、制罐头或熏制，少量冷冻处理。牡蛎肉还可干制成牡蛎干，广东地区称之为蚝豉，亦可制作鲜味调味品蚝油等。名菜有浙江的蛎黄跑蛋、山东的炸蛎黄、广东的生炒明蚝等。

饮食宜忌：近年医学研究发现，牡蛎肉提取物还有抑制癌细胞的作用，有的可缓解抑郁症；牡蛎性平味咸、甘，可滋阴养血。患有急慢性皮肤病及脾胃虚寒、慢性腹泻便溏者不宜多食。

▲牡蛎

▲蒜蓉生蚝

十五、蛏子

蛏子属软体动物，生活在海洋中，南北沿海均有分布，不少地区已进行人工养殖。

品质特点与种类：蛏子分缢蛏、竹蛏、圆蛏等品种。

缢蛏，贝壳脆而薄，呈长扁方形，自壳顶到腹缘有一道斜行的凹沟，故名缢蛏。壳面呈黄绿色或黄褐色，成体表皮常被磨损脱落成白色，生长纹清晰。壳内面为乳白色。

竹蛏，贝壳光滑，黄褐色，有光泽，壳质脆薄，呈长方形，好像两枚破裂的竹片。

圆蛏，其壳薄易碎，白壳上常有黑色点如烂芝麻仁。

蛏子以鲜活、大小均匀、无污染者为佳品。

新鲜蛏子肉干制后的蛏干分为熟蛏干和生蛏干。熟蛏干是经过煮熟、剥壳、清洗之后烘干成干品的，肉比较厚，香醇鲜美，适合煲汤，也可以直接吃。生蛏干未煮，是剥壳清洗干净后直接烘干的，薄而透明。

烹饪应用：蛏子适于爆、炒、氽等烹饪方法，菜品有蒜蓉蛏子、铁板蛏子等；蛏干适合煲汤。

饮食宜忌：产后虚损、烦热口渴、湿热水肿、痢疾、醉酒等人群宜食。脾胃虚寒、腹泻者应少食。

▲缢蛏

▲竹蛏

▲圆蛏

十六、星虫类动物

星虫类动物是星虫动物门无脊椎动物的通称。此类动物现存的约有 320 种，个体大小从 3cm 到 72cm 不等，多数在 10cm 左右。身体呈圆柱形，无体节，可分为吻和躯干两部分。吻通常很长，有收吻肌缩入体内，吻端有口，口边有许多触手环绕，如星芒状，故称星虫。星虫类动物常生活在海底泥沙珊瑚礁、岩石缝中或栖息在贝壳内，摄取有机物作为食料。

品质特点与种类：我国常见的有土钉虫和方格星虫。方格星虫又称海肠子、沙肠子、沙虫、泥蒜，产于黄海及以南沿海，闽、浙一带沿海居民常挖掘食用，成体一般呈棍状或卵圆形，体肥大如拇指粗细，长约 20cm，形似肠，体腔柔软，体表常分泌黏液，因体壁富含肌肉，质脆嫩爽滑，历来被视为海产美味。

烹饪应用：方格星虫鲜食、干制均可，格外清香可口，常炸、烧、烤、炖、烩、炒、煮制成菜，具有独特的脆嫩质感。但烹制前要将沙清洗干净，否则难以入口。一般将其剪成小条段，在锅中翻炒去沙，再放在水里泡洗干净。

饮食宜忌：星虫类动物有滋阴降火、清肺止咳、健脾利尿、美容养颜之功效。星虫类动物忌与山楂、柿子配食。

▲方格星虫　　　　　　　　▲方格星虫干制品

十七、螠虫类动物

螠虫类动物是螠虫动物门动物的通称，目前已报道的种类约有100种，体长为1.5～50cm，多数不超过10cm，呈柱形或长囊形，身体由吻及躯干两部分组成，一般呈淡灰色或褐色，某些种类呈绿色、玫瑰色或呈透明状，躯干表面光滑，或散布有大量的乳突，呈环状排列。螠虫类动物全部是海产底栖动物，分布在各海域，在从潮间带到几千米的深海中均可发现，但主要在浅海海底泥沙中、岩石缝隙及珊瑚礁中腹足类动物或海胆的空壳中穴居。

品质特点与种类：我国食用价值大的螠虫类动物是单环刺螠。单环刺螠俗称海肠、海肠子，我国仅渤海湾出产，以胶东地区烟台、蓬莱沿海为主要产区。虫体呈长圆筒形，体粗大，长为20～25cm，体表布满大小不等的粒状突起，吻呈圆锥形，腹刚毛1对，粗大，肛门周围有一圈9～13条褐色尾刚毛；消化道很长，口位于吻的基部，经食道、胃之后为肠，肠高度盘旋，经直肠以肛门开口在身体末端。

烹饪应用：海肠子真正用来制菜不过几十年的历史。其肉质和风味特点与方格星虫的相似，烹饪方法也一致。韭菜炒海肠子、氽海肠汤等都是很有地方特色的菜肴。鲜海肠子还可作为馅心包在水饺、包子中食用，它的干制品又是不可多得的调味品。

方格星虫和单环刺螠因形状、结构、生活环境和生活方式相似，都被称为海肠子。海肠子的季节性很强，只有在早春大风浪的天气里才能捞到，并随着天气的变暖而失去其时鲜的价值。

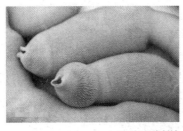 

▲单环刺螠　　　　　　　　▲韭菜炒海肠子

十八、沙蚕类动物

▲沙蚕

沙蚕类动物是指环节动物门多毛纲的以沙蚕为代表的一些经济动物，俗称海虫、海蛆、海蜈蚣等，包括沙蚕、矶沙蚕、背鳞沙蚕等，是水栖的环节动物，除少数外，都是海产的。它们的特点在于有发达的头部，背面为口前叶，前触手和触角各一对。

品质特点与种类：我国的沙蚕种类有80多种，经济种类和用于养殖的品种主要有日本刺沙蚕、多刺围沙蚕、双齿围沙蚕等。

我国供食用的主要是疣吻沙蚕，生于珠江三角洲近海区域淡水交界的稻田中，涨潮退潮时从稻田中大批涌现出来，形成捕捞季节，其季节性很强，主要产于广东、福建、上海等地。它们体细长稍扁，长为4～8cm，宽约为0.5cm，全身有60多个体节。前端背面到口腔基部呈绿褐色，后面稍带红色，背中央呈浅红色，体内含白浆，肉质韧而脆爽，味道很鲜美。

烹饪应用：沙蚕腹内有泥沙，可剪去头尾，剖身洗净后使用。可烹制焗沙蚕、韭菜炒沙蚕、酥炸沙蚕、沙蚕煎蛋等菜肴及鲜沙蚕粥等小吃。沿海居民以沙蚕掺入虾酱中食用，还可用于加工沙蚕干。

饮食宜忌：沙蚕制成佳肴，清香鲜美，嫩滑甘香，有滋阴壮阳、健脾、暖身、祛湿、消肿益气等药膳功效，可治阴虚盗汗、小儿尿床等症。

❓ 想一想

1. 甲鱼的营养价值有哪些？烹饪中如何使用？
2. 海虾和淡水虾有哪些不同？
3. 方格星虫和单环刺螠的异同有哪些？

任务五　水产类制品及常见种类

水产类制品是指新鲜的水产品（动物性）经过脱水干制、腌制、糟醉、熟制、糜制等加工方法制成的便于运输、保藏的独具风味的一类制品。按照加工方法将鱼制品分为干货制品、腌制品、糟醉制品、熟制品、鱼糜制品、鱼松等。

1. 鱼类干货制品

鱼类干货制品加工就是在天然条件和人为控制条件下，尽可能除去鱼类原料的水分，以防止细菌性腐败，保证储藏效果的完整过程。

加工方法：天然方法（日干、风干）和人工方法（焙干、烘干、辐射）。

天然干制法具有方法和设备简单，操作和管理简便，生产费用低，在渔区可以及时大量加工干制鱼货等优点；并且经适当的自然分解，能使制品具有独特的风味特点。缺点是难以控制质量，易使制品污染，不卫生，受天然条件的制约等。

人工干制法能保证质量，提高产品的出品率，时间短，不受天气变化的影响。缺点是需消耗能源，要求有一定的技术、设备，成本较高。

鲞，是鱼类、软体动物类水产品的腌干或淡干的干货制品的统称。鲞的种类很多，因加工方法及加工季节的不同而异，主要品种有黄鱼鲞、鳗鱼鲞、鲨鱼鲞、螟脯鲞等（见表 8-6）。

表 8-6　鲞的品种及属性

种　类	选用原料	产　地	品 质 特 点	烹 饪 应 用	图　例
黄鱼鲞	大黄鱼	浙江、福建	肉厚实、色白、背部青灰色，撕之可成丝。黄鱼鲞以洁净有光泽、刀口整齐、盐度轻、干度足者为佳品	每年三伏天所产为好，头伏最佳。黄鱼鲞的吃法一般为切条煨汤、蒸食或与白菜、豆腐同熬	
鳗鱼鲞	海鳗	浙江、福建、广东	淡干品以体形完整、肉质紧密厚实、皮面洁净无油污者为佳品。半咸品以盐度轻、干度足者为佳品	蒸食为多，亦可蒸后撕成条状，蘸姜末、醋味道更美	
鲨鱼鲞	小鲨鱼	浙江、福建	体长不超过60cm，盐度轻、干度足、肉厚结实，背部呈浅灰色，腹部呈白色或淡黄色，洁净有光泽者为佳品	食用前先用开水泡 5 分钟，再用凉水去掉盾鳞，用红烧、清炖等烹饪方法	
螟脯鲞	鲜乌贼	中国东南沿海	刀口平整，形体匀称、平展厚实，有白粉者为佳品	可以用碱水、石灰水等涨发后以爆炒、烧烩等方式制作菜肴，还可煨汤、煮粥，亦可冷水浸软切丝配笋丝烹炒成菜	

2. 鱼类腌制品

鱼类腌制品加工是用食盐等调料腌渍生鲜鱼品，利用扩散渗透作用使腌渍过程逐渐趋于平衡，在鱼体内的酶类作用下使鱼失去原有的生鲜气味和滋味，鱼肉组织呈现出新的化学与物理特性，从而使其具有一定保藏性能和特定风味的过程。

腌鱼制品的盐渍方法主要有干盐渍法和盐水渍法两种。常见腌鱼制品如表 8-7 所示。

表 8-7　常见腌鱼制品

品　名	原　料	品 质 特 点
咸鲤鱼	鲜鲤鱼	以鱼体完整、无机械伤、有光泽、肉质坚实紧密、气味正常、含盐量不超过 18% 者为佳品
咸黄花鱼	黄花鱼	以形体完整、色白有光泽、鳞片紧密、胸鳍下部仍残存着金黄色、肉质结实、气味正常、眼球饱满、含盐量不超过 18% 者为佳品
醉香鳓鱼	鳓鱼	以鱼体完整、鳞片较齐全、体色青白、有光泽、气味正常并有香味、含盐量不超过 18% 者为佳品。江浙的为咸鲞鱼，广东、福建的为曹白鲞

3. 鱼类糟醉制品

鱼类糟醉制品加工是采用酒糟、酒对盐渍品再加工的过程，以提高鱼类的风味和耐藏性。加工过程可分为盐渍脱水和调味品渍藏两个阶段。工艺流程一般经过原料处理、盐渍、晒干、糟醉和封存五个步骤。

国内鱼类糟醉制品以春季为多，常见的有糟小黄鱼、糟青鱼、糟鲫鱼（又称糟鲞）。

▲糟小黄鱼　　　　　　　　　　▲糟青鱼　　　　　　　　　　▲糟鲫鱼

4. 鱼类熟制品

鱼类熟制品加工范围很广，内容非常丰富，一般是指经过专门烹饪加工，能直接食用的产品，有些产品的保藏期可达数月，如鱼松、熏鱼等。还可指调味烘烤制品，它是用鱼类原料经调味品处理后的烘烤（或烘干）制品，如烤鱼片等。鱼类熟制品具有鲜香味美、可直接食用、便于保藏、携带方便、营养丰富等特点。

熏鱼是采用淡水鱼类的青鱼、草鱼、鲢鱼、鲤鱼及海水鱼的鲅鱼、鲳鱼等食材，经过初步处理后开片、切块，再用食盐腌渍，而后油炸，再用葱、姜、香料、白砂糖、黄酒、味精、酱油等调味，最后经适当熏制即可。

品质特点：熏鱼鱼块要大小均匀，呈酱红褐色，富有光泽。鱼肉组织紧密，软硬适度，香味浓郁，甜美可口，咸淡适中。

▲熏鱼

烹饪应用：熏鱼可直接食用，亦可作为冷菜的原料使用。

5. 鱼糜制品

鱼糜制品是利用小型杂鱼、低值鱼类加工而成的。它具有制作原料来源广，使用方便，蛋白质利用率高，减少冷藏容积，降低费用，能实现机械化等好处。

鱼糜制品的种类很多，市场上常见的有鱼香肠、鱼丸。

（1）鱼香肠。鱼香肠是以鱼肉为主要原料灌制的香肠。它有外包衣（畜肠衣或肠衣），使鱼肉与外界隔绝，具有便于运输、清洁卫生等特点。

鱼香肠选用的原料一般以新鲜的小杂鱼为主，适当搭配一定比例的其他鱼肉和少量的畜肉，并添加适量的调味品，使之具有独特口味。鱼香肠的加工程序一般是先将原料擂溃，即将原料经空磨、盐磨、搅磨，再添加调味品，然后灌肠、加热熟制、冷却、展皱，最后包装即成。

（2）鱼丸。鱼丸又称鱼圆，是圆形鱼糜制品。水发鱼丸对原料鱼及淀粉要求较高，如海鳗、鲨鱼、乌贼及草鱼、鲢鱼等，主要选用弹性强的白色鱼肉，淀粉应选色泽洁白、黏性好的上等淀粉。鱼丸制作程序一般是先取鱼肉、绞鱼肉、擂溃、加调味品、成形、熟制，再冷却。

品质特点：鱼丸以色泽洁白、富有弹性、表面光滑、圆正、大小均匀、咸淡适口、味道鲜美者为佳品。夹馅鱼丸要求肉馅鲜美，不破裂。

▲鱼香肠　　　　　　　　　　　▲鱼丸

6. 鱼松

鱼松是用鱼类肌肉制成的金黄色或褐黄色绒毛状的调味干货制品。鱼松有味道鲜美、携带方便、保藏期长等特点。

鱼松选用白色肉鱼制成的质量较好，目前多以带鱼、鲱鱼、鲐鱼、黄鱼、鲨鱼、马面鲀等为主要原料，亦可用鲤鱼、鲢鱼为原料制作。

制作鱼松是先将原料去鳞、鳍、内脏、头等，洗去血污杂质沥水，再蒸熟后取肉，压榨搓松，调味炒干即成。

▲鱼松

品质特点：鱼松以色泽金黄和褐黄、形状不碎呈蓬松的绒毛状、味道鲜美者为佳品。

烹饪应用：鱼松可直接食用，亦可作为冷菜的原料使用。

？ 想一想

水产类制品分哪几类?

任务六　水产品类原料的品质鉴别及保藏

一、水产品类原料的品质鉴别

水产品类原料的品质鉴别主要是通过其外观来鉴别特征的变化，用感官检验的方法来鉴别其新鲜程度。通过人们的感觉（视觉、味觉、嗅觉、听觉、触觉五种感觉），调查物品性状的方法称为感官检查法。

在鱼体的腐败过程中，可根据不同阶段在鱼体外表所表现出来的不同性状来鉴别鱼体的新鲜度。

水产品及水产制品质量感官鉴别原则如下。

感官鉴别水产品及其制品的质量优劣时，主要通过体表形态、鲜活程度、色泽、气味、肉质的弹性和洁净程度等感官指标进行综合评价。

对于水产品，首先是观察其鲜活程度如何，是否具备一定的生命活力；其次是看外观形体的完整性，注意有无伤痕、鳞爪脱落、骨肉分离等现象；再次是观察其体表卫生洁净程度，即有无污秽物和杂质等；最后才是看其色泽，嗅其气味，有必要的话还要品尝其滋味。依据所述结果再进行感官评价。

1. 鱼类的品质鉴别

鱼类的品质鉴别主要是从鱼鳃、鱼眼、鱼鳞、鱼腹、鱼肉、鱼皮等几个方面鉴别其新鲜程度（见表8-8）。

表8-8　鱼类的品质鉴别

部　位	新　鲜　鱼	不　新　鲜　鱼	腐　败　鱼
鱼鳃	呈鲜红色或粉红色（海鱼鱼鳃呈紫色或紫红色），鳃盖紧闭，黏液较少，呈透明状，无异味，鱼嘴紧闭，色泽正常	呈灰色或暗红色，鳃盖松弛紧闭，鱼嘴张开，苍白无光泽	呈灰白色，有黏液污物，有异味
鱼眼	清澈而透明，向外稍稍凸出，黑白分明，没有充血发红的现象	灰暗，稍有塌陷，发红	眼球破裂移位
鱼鳞	完整并有光泽，紧贴鱼体	松弛，且有脱鳞现象	特别松弛，极易脱落
鱼腹	坚实无破裂，腹部不膨胀，腹色正常	肌肉发软	膨胀较大，有腐臭味
鱼肉	组织紧密、有弹性，肋骨与脊骨处的鱼肉结实，不脱刺	组织松软，无弹性，肋骨与脊骨极易脱落	组织松软，无弹性，骨肉分离
鱼皮	表面黏液较少，且透亮清洁	表面有黏液，透亮度降低	表面色泽灰暗

2. 污染鱼类的鉴别

生活在受严重污染水域中的鱼类把富含有毒化学物质的生物摄入体内，通过食物链的放大作用，使得各种鱼特别是食肉性鱼类的体内大量聚集有毒物质。据测定，其体内毒物的浓度可比水中毒物浓度高几万倍甚至几千万倍。这些富含有毒物质的鱼虾，一旦被人食用就会严重地威胁人们的身体健康。要尽量避免误食污染鱼类，可以从四个方面鉴别鱼类品质（见表8-9）。

表8-9　污染鱼的鉴别方法

鉴别方法	特　征
看鱼形	凡是受污染较严重的鱼，体形一般有变化，如外形不整齐，脊柱弯曲，与同类鱼比较其头大尾小，鱼鳞部分脱落，皮发黄，尾部发青，肌肉有紫色的瘀点
辨鱼鳃	鳃是鱼的呼吸器官，鳃丝上面密布细微的血管，正常鱼应是鲜红色。被污染的鱼，其水中毒物可聚集于鳃中，使鱼鳃变为暗红色，不光滑，比较粗糙
观鱼眼	有些受污染的鱼其体形和鱼鳃都比较正常，但眼睛出现异常，如鱼眼混浊，失去正常的光泽，甚至向外鼓出
尝鱼味	污染严重的鱼经煮熟后，食用时一般都有一种怪味，特别是煤油味。这种怪味是由于生活在污染水域中的鱼，其鱼鳃及体表沾有较多的污染物，煮熟后吃到嘴里便有一股煤油味或其他不正常的味道，无论如何清洗或用其他方法处理，这种不正常的味道始终不会去掉，所以不能食用

二、水产品类原料的保藏

1. 活养法

鲜活的水产品主要指活鱼、活蟹等。一般活养法以清水活养，适时换水，并不断充氧，保持水质清洁。这样可使鱼肉结实，又能促使某些鱼类吐出消化系统的污物，减轻泥土味。河蟹活养必须限制活动，防止消瘦，但要适当通风，防止闷热，也可适当注些清水。

2. 低温冷藏

水产品在低温下储藏的方法一般分为冰藏、冷藏及冷冻等。

（1）冰藏。

① 冰冷却法，保冷温度为 0 ~ 3℃，保鲜期为 7 ~ 12 天。

② 冷海水冷却法，保冷温度为 -1 ~ 0℃，保鲜期为 9 ~ 12 天。

水产类的自身消化和细菌的分解作用不能完全停止。因此，在不具备简单冷却设备的小型厨房内，或在运输过程中均需利用冰块进行冷却。

（2）冷藏。冷库内的温度可保持在 0℃左右，只稍稍延长了保存期，与冰藏法一样，不能完全防止鱼类的自身消化和细菌的分解作用。

（3）冷冻。这是将水产类肉冻结而进行储藏的一种方法，是使新鲜状态的水产类肉能长期储藏的一种最有效的办法。

① 一般冷冻，是指将水产品置于 0℃以下就会冻结。但若在 -20℃以上冻结，由于冻结缓慢，形成最大冰结晶生成带需要很长的时间，而且在细胞内形成较大的冰结晶体，在解冻时会产生很多水珠，影响水产类肉的风味。

② 超级快速冷却，是指根据鱼体大小的不同，在 10 ~ 30 分钟内使鱼体表面冻结而急速冷却。采取此方法冻结的水产类肉，细胞内的冰结晶体很小，对细胞无损伤。近年来，正逐渐推广液氮（-194℃）瞬间冻结法。

冷冻后的水产品在食用或加工前，必须进行解冻，解冻有以下几种方式：一是自然解冻法，在常温下让水产品解冻，此种解冻方法，水产品的肉质最佳，但解冻时间较长；二是急速解冻法，高温解冻，解冻速度快，但肉质会有所破坏；三是其他解冻法，如真空解冻法和冷盐水解冻法，成本较高，一般使用较少。

对于已经死去的鱼类，一般应先经初步加工，去内脏、鳃、鳞，用清水洗净，然后冷冻保藏。冷冻、冷藏时不宜将鱼堆叠过多，如短期保藏，温度可控制在 -4℃以下，如长期保藏，则控制在 -15 ~ -2℃为宜。

虾类在冷藏时一般要排放整齐，不要堆叠，通常温度控制在 -4℃以下即可。海蟹、贝类要用清水洗净后冷冻保藏。

3. 水产品的冷盐水处理法

冷盐水处理法多用于海鲜类产品，主要通过稳定海鲜体内渗透压以达到保鲜目的。使用冷盐水处理法可以减少鱼体细菌和瘀血；减弱酵素分解，增强保鲜效果；使水产品体色润泽光亮，水产品皮有弹性。

（1）冷盐水处理的要点。

① 浓度要与海水浓度保持一致（3.5%）。

② 冷盐水处理时间不宜过长，不要将水产品长期浸泡在水中。

③ 处理后要将水除净，为了防止温度上升，作业的速度要快。

④ 不要在切块的状态下进行冷盐水处理。

（2）进行冷盐水处理后的保藏方法。

① 首先要将使用的容器进行冷却，然后将在冷盐水中浸泡过的毛巾拧干后垫在容器里，将处理后的水产品放在上面，再用在冷盐水中浸泡过并拧干的毛巾盖在上面，反复重复这一过程。

② 将记有水产名、容量、日期的标签放入后，用塑料袋包装薄膜包好，以防止水产品、毛巾干燥。

③ 以先进先出法，严守库存法则。

？ 想一想

怎样鉴别新鲜鱼？

知识检测

一、填空题

1. 鱼类的部位大体可分为_____、_____和_____三部分。

2. 河鲤鱼以_____为最佳，其嘴与鳍为淡红色，鱼鳞具有金黄色的光泽，腹部淡黄，尾鳍鲜红，肉质鲜嫩肥美，肉味纯正。

3. 鲜活的鲢鱼眼球突出，角膜透明，鱼鳃_____，鳃丝清晰，鳞片完整、有光泽，不易脱落，鱼肉坚实、有弹性。

4. 大黄鱼头部较大，嘴部_____；鳞片较小；尾柄较长。

5. 带鱼一般_____为鱼汛旺季。

6. 新鲜的鱿鱼表面呈淡黄色或白色，体大鲜肥，头身连接紧密，弹性好，_____，_____，略带腥味。

7. 虾的捕捞季节为_____月，人工养殖的四季均产。

8. 牡蛎在我国自黄海、渤海至南沙群岛均产，主产于_____、_____、_____等地。

9. 水产类制品是指新鲜的水产品（动物性）经过脱水干制、腌制、_____、熟制、糜制等加工方法制成的便于运输、保藏的独具风味的一类制品。

10. _____，是鱼类、软体动物类水产品的腌干或淡干的干货制品的统称。

11. 鱼类的品质鉴别主要是从_____、_____、_____、_____、_____、_____等几个方面鉴别其新鲜程度。

二、选择题

1. 下列属于梭形鱼类的是（　　）。

　　A. 鳊鱼　　　　　B. 比目鱼　　　　C. 鲤鱼　　　　D. 鲳鱼

2. 下列属于侧扁形鱼类的是（　　）。

　　A. 鲢鱼　　　　　B. 青鱼　　　　　C. 鲳鱼　　　　D. 黄鱼

3. 鲤鱼中品质最好的是（　　　　）。

　　A. 江鲤鱼　　　　　B. 黄河鲤鱼　　　　C. 塘鲤鱼　　　　D. 河鲤鱼

4. 银鱼干由鲜银鱼经干制而成,主要产于江苏的(　　　)、洪泽湖和安徽的巢湖、芜湖等地。

　　A. 九江　　　　　　B. 无锡　　　　　　C. 太湖　　　　　D. 宜昌

5. 三文鱼指的是（　　　　）。

　　A. 鱼　　　　　　　B. 鳜鱼　　　　　　C. 大马哈鱼　　　D. 鲈鱼

6. 龙虾是体形较大的海水虾,以（　　　）沿海海域产量较高。

　　A. 江苏　　　　　　B. 山东　　　　　　C. 辽宁　　　　　D. 广东

7. 虾蟹属于（　　　　）。

　　A. 甲壳类动物　　　B. 软体类动物　　　C. 棘皮类动物　　D. 腔肠类动物

8. 海参是一种海产类（　　　　）。

　　A. 软体动物　　　　B. 腔肠动物　　　　C. 棘皮动物　　　D. 爬行动物

9. 下列属于贝壳原料中瓣鳃类的是（　　　　）。

　　A. 牡蛎　　　　　　B. 鲍鱼　　　　　　C. 海螺　　　　　D. 乌贼

10. 浙江、福建产的海蜇为（　　　　）。

　　A. 东蜇　　　　　　B. 北蜇　　　　　　C. 南蜇　　　　　D. 其他

11. 干贝的干品一般呈圆柱形,体侧有柱筋,（　　　　）,有白霜。

　　A. 呈红色　　　　　B. 呈橙色　　　　　C. 呈黄色　　　　D. 其他

12. 鲨鱼鲞又称鲨鱼干,多以小鲨鱼加工而成,主要产于（　　　）沿海。

　　A. 山东、浙江　　　B. 浙江、江苏　　　C. 福建、江苏　　D. 浙江、福建

13. 不新鲜鱼眼灰暗,稍有塌陷,（　　　　）。

　　A. 发白　　　　　　B. 发黄　　　　　　C. 发绿　　　　　D. 发红

三、判断题

1. 鱼类的部位大体可分为鱼头、中段（脊背、肚裆）和鱼尾三部分。（　　　）

2. 鳜鱼为凶猛鱼类,喜食鱼虾,分布在我国各大河流、湖泊,为我国名贵淡水鱼类。（　　　）

3. 河豚最毒的部分是卵巢、肝脏,其次是肾脏、血液、眼、鳃和皮肤。（　　　）

4. 牡蛎在我国自黄海、南海至南沙群岛均产。（　　　）

5. 脯鲞以鲜乌贼干制而成,故又称墨鱼干、明脯、乌鱼干等。（　　　）

6. 腐败鱼皮表面黏液较少,且透亮清洁。（　　　）

四、简答题

1. 通常情况下水产品分为哪几类?

2. 常用鱼种一般都有哪些体形?

3. 鱼的各部位都有什么特点? 适于什么烹饪方法?

4. 烹饪肉类菜肴时加料酒的目的是什么?

5. 鲢鱼的品质特点是什么? 适于什么烹饪方法? 营养价值有哪些?

6. 大黄鱼与小黄鱼的区别是什么？

7. 干贝是由什么制作的？适于哪些烹饪方法？举例说明。

8. 鱿鱼的产期是什么时候？

9. 在水产品类原料保藏中怎样养活鱼？

10. 水产类制品常用品种有哪些？有何特点？如何选择？

 拓展练习

1. 鳊鱼是我国淡水鱼中比较有名的品种之一，以（　　　）所产最肥。

    A. 秋季　　　　　　　B. 夏季　　　　　　　C. 春季　　　　　　　D. 冬末春初

2. 下列属于淡水鱼类的是（　　　）。

    A. 团头鲂　　　　　　B. 鳓鱼　　　　　　　C. 银鲳鱼　　　　　　D. 鲅鱼

3. 青虾又称河虾、沼虾，其盛产期为（　　　）。

    A. 清明节前后　　　　B. 端午节前后　　　　C. 中秋节前后　　　　D. 春节前后

4. 草鱼的品质特点是什么？适于什么烹饪方法？

项目九　动物性原料——昆虫类

蝗虫

知识目标：
- 了解昆虫类原料的分类及烹饪应用的相关知识；
- 掌握部分典型昆虫原料的饮食宜忌。

能力目标：
- 能判断常见可食昆虫的品质；
- 能正确选择常见昆虫的烹饪方法。

任务一　昆虫类原料基础知识

一、昆虫的分类

地球上到底有多少种昆虫可供人类食用呢？现已知的有 500 多种，我国可具食用价值的昆虫在 100 种以上，如蚂蚁、蝉、蚱蜢、蝗虫、蜂蛹、肉蛆、螳螂、爬沙虫等。

二、可食性昆虫的营养成分

科学研究表明，昆虫体内富含蛋白质、矿物质及维生素等，胆固醇含量又明显少于牛肉及猪肉。昆虫不仅含有丰富的有机物质（如蛋白质、脂肪、碳水化合物，无机物质如各种盐类），钾、钠、磷、铁、钙的含量也很丰富，还有人体所需的游离氨基酸。根据资料分析，每 100mL 的昆虫血浆含有游离氨基酸 24.4 ~ 34.4mg，远远高出人血浆的游离氨基酸含量。昆虫体内的蛋白质含量也极高，烤干的蝉含有 72% 的蛋白质，黄蜂含有 81% 的蛋白质，白蚁体内的蛋白质含量比牛肉还高。

三、可食性昆虫的性能特点

昆虫作为食品除了有上述优点外，还有食链短、繁殖快、容易获取等特点。因而，在野外遇险时，昆虫往往是遇险者的首选食物。

四、可食性昆虫的烹饪应用

吃昆虫不论是在我国还是在世界各地都已有很长的历史，我国少数民族地区食虫历史悠久，如我国云南白族、傣族、仡佬族都善用昆虫，如油炸蝗虫、腌酸蚂蚱、甜炒蝶蛹、油炸竹蛹等菜肴，每年农历六月初二，仡佬族还有吃虫节。东南亚地区的泰国人用水蟑、盐蚂蚁一起制作辣椒酱，印度尼西亚有烘烤蝴蝶；在南非一些地区，居民摄入的蛋白质中约有 2/3 来自昆虫；在经济高度发达的欧美地区，目前也在寻找和开发可食的昆虫，在巴黎的"昆虫餐厅"可以吃到炸苍蝇、蚂蚁狮子头、清炖蛐蛐汤、烤蟑螂、蒸蛆、甲虫馅饼及蝴蝶、蝉、蚕等昆虫幼虫或蛹制成的昆虫菜约百种。

昆虫的卵、幼虫、蛹和成虫都可用于烹饪。传统的食用方法多以整体油炸烹制成菜和小吃，调味多以咸味为主，可在烹饪前腌制或炸后蘸料食用；还可根据幼虫和成虫的不同，选择多样的烹饪方法，炒、烤、蒸、煮均可。如与其他动物性原料相配，味道更鲜美，营养价值更高，其用料形式有保持虫体原形、将虫体剁碎后加入其他肉泥中成菜；还可将虫体烘干磨粉加入面粉中做糕点、小吃等。

现在很多国家都在开发昆虫食品。在我国，昆虫营养保健品的市场也正在崛起，如蚕蛹豆酱、蚕蛹面包、蚕蛹粉、蚂蚁粉等。

？ 想一想

1. 在现实生活中我们能找到所有的昆虫原料吗？
2. 昆虫类原料最主要的营养成分有哪些？

任务二　常见可食性昆虫原料

一、蛹

完全变态的昆虫（如苍蝇、桑蚕），从幼虫过渡到成虫时的虫体形态叫蛹。处于蛹发育阶段时，虫体不吃不动，体内却在发生变化，原来幼虫的一些组织和器官被破坏，新的成虫的组织和器官逐渐形成。

1. 蜂蛹

蜂蛹一般为膜翅目昆虫的幼虫和蛹，采取时间选择高龄幼虫至变蛹期最宜。

品质特点与种类：蜂蛹是高蛋白、低脂肪、含有多种维生素和微量元素的理想营养食物。蜂蛹的营养价值不低于蜂花粉，尤其是维生素 A 的含量大大超过牛肉，蛋白质仅次于鱼肝油，而维生素 D 则超过鱼肝油 10 倍。蜂蛹按种类可分为胡蜂蛹、黄蜂蛹、黑蜂蛹、土蜂蛹等。

烹饪应用：食用蜂蛹时要按正确的食用加工方法，剔除有毒部分（蛹粪）并加工至熟才能食用。蜂蛹既可作为食品，又可作为营养保健品。蜂蛹系鲜活产品，香酥嫩脆，可用炸、炒、煎、蒸等方法制作高档菜肴，如椒盐蜂蛹。除鲜用外，大部分采用干制法加工或制成罐头，以便保藏。

饮食宜忌：经常食用蜂蛹，可温肾壮阳、益精血、养容颜、抗衰老，特别适于房事过多、神疲乏力、气虚头晕、夜多小便者，可帮助人们克服肥胖、高血压等现代都市病。食用蜂蛹宜选择新鲜活蜂蛹，死亡时间较长的蜂蛹可能产生大量的组胺等蛋白质产物或者被细菌污染，误食过量腐败变质的蜂蛹可能引起中毒。蜂蛹内蛋白质丰富，含有一些肽类胆碱及酶类物质，一次切勿食用太多，过敏性体质者切勿食用蜂蛹。

▲蜂蛹

▲椒盐蜂蛹

2. 蚕蛹

蚕蛹是鳞翅目家蚕蛾科家蚕和柞蚕的蛹，是蚕吐丝结茧后经过 4 天左右变成的蛹虫，全国养蚕地区均产，主要是从缫丝后的蚕茧中取出，外被红褐色的外壳，内包浓稠的淡黄色乳状体。

品质特点与种类：蚕蛹具有极高的营养价值，含有丰富的蛋白质（鲜蚕蛹含粗蛋白占51%）、脂肪酸（粗脂肪占29%）、维生素（包括维生素 A、维生素 B_2、维生素 D 及麦角甾醇等）。蚕蛹的蛋白质含量在 50% 以上，且营养均衡、比例适当，而且蛋白质中的必需氨基酸种类齐全，是一种优质的昆虫蛋白质，远远高于一般食品。蚕蛹是一种天然的营养滋补品，民间有"七个蚕蛹一个鸡蛋"的说法。家蚕、柞蚕是主要食用蛹，系家养昆虫，野生的不易遇见。蚕蛹入馔在我国有悠久的历史，蒸煮入宴已有 1400 多年的历史。

烹饪应用：烹饪时可以清水煮或油炸而食，有花生米的风味；可和其他原料合烹，如蚕蛹烧豆腐、炒鸡蛋、炒韭菜，也可将煮熟的蚕蛹和胡萝卜条、芹菜等混合，加酱油等作料腌渍后食用，都是鲜美可口的佳肴，又是具有食疗功效的珍品；或将蚕蛹焙干磨成粉加入米粉和面粉中制成其他食品而食用。菜品有香炸蚕蛹、盐水煮蚕蛹、红枣炖蚕蛹、挂霜蚕蛹、蛋黄蚕蛹等。

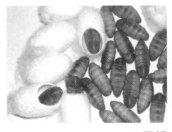
▲蚕蛹

▲香炸蚕蛹

饮食宜忌：蚕蛹是体弱、病后、老人及孕产妇的高级营养补品，适宜高血压病、高脂血症、脂肪肝、糖尿病、肺结核、慢性胃炎、胃下垂、老年人腰膝酸软、夜尿频多、阳痿滑精者食用。有脚气病和对鱼虾等食物过敏者宜少食。

二、蝉蛹

蝉蛹是蝉刚出土蜕皮而尚未羽化的幼虫，又称蝉猴，是我国东北、华北等北方地区常见的一种食物。

品质特点与种类：蝉蛹形同蝉，但尚无翅，体色为奶白色至浅褐色，种类有柞蝉蛹、黑蝉蛹等。

烹饪应用：蝉蛹可炒、烧、炸、烤及制馅等，较常用的烹饪方法是干煸和油炸，炸酥后整个蝉蛹都能食用，味道鲜美，成为大众喜爱的特色菜。糖醋蝉猴为山东一带的筵席名菜，将其他动物性原料制成的肉茸填入蝉的腹部，上笼蒸，制作成形，不仅味道鲜美，而且营养价值高。

饮食宜忌：蝉蛹含有丰富的蛋白质和多种氨基酸，能提高人体免疫功能，延缓人体机能衰老；蝉蛹油可以降血脂、降胆固醇，对治疗高胆固醇血症和改善肝功能有显著作用，是体弱、病后、老人及妇女产后的高级营养补品。老少皆宜，食无所忌。

▲ 蝉蛹　　　　　　　　　　▲ 油炸金蝉

三、蚱蜢

蚱蜢是蚱蜢亚科昆虫的统称。世界上共有5000多种蚱蜢。

品质特点与种类：蚱蜢成虫体长为8～10cm，常为绿色或黄褐色，雄虫体小，雌虫体大，背面有淡红色纵条纹。我国常见的为中华蚱蜢，雌虫较雄虫大，体绿色或黄褐色，头尖，呈圆锥形，触角短，基部有明显的复眼。由于肌肉含量高，脂肪和维生素A、维生素D丰富，蚱蜢是餐桌上较受欢迎的昆虫类原料。蚱蜢富含蛋白质及多种氨基酸，营养价值超过鸡蛋。

烹饪应用：蚱蜢的成虫或幼虫均可食用。调味后油炸或油炸后拌料、蘸料而食用，也可制作沪上醉蚱蜢、干煎蚱蜢、香辣蚱蜢、炸蚱蜢、荷花豆腐蚱蜢等菜肴。

饮食宜忌：蚱蜢补虚，性平无毒，诸无所忌。蚱蜢适宜神经衰弱、肺结核、咳嗽气喘、哮喘、小儿百日咳、小儿疳积等患者食用。但对动物蛋白过敏者不宜食用。高血压和心脏病患者尽量勿食。

▲ 蚱蜢

▲ 中华蚱蜢

四、蚂蚁

蚂蚁是昆虫纲膜翅目蚁科动物的通称，古称"玄驹"，种类甚多，群居，包括雌蚁、雄蚁与工蚁三种不同的类型。成虫体小，多呈红褐色、黄褐色或黑色，一般雌雄蚁有翅，而工蚁无翅，大多数种类挖土筑巢，也有的栖息于树枝等孔穴中，食性杂。

▲ 松子蚂蚁

烹饪应用：常采集体大的蚂蚁油炸而食之，或焙干磨粉加入米、面粉中混合食用，可烹制松子蚂蚁、蚁酱芝麻鱼条、玄驹球、蚁粉山药包子、蚁浆粥等菜品和糕点、小吃。在泰国和我国傣族地区，常将一种个体较大的黑蚂蚁的卵作为美味佳肴的原料。

饮食宜忌：蚂蚁含药用成分，有增强免疫功能、抗衰老、抗疲劳和提高性功能的作用，也用于生产保健品，如蚂蚁雄风酒。

五、爬沙虫

爬沙虫系东方巨齿蛉的幼虫，多生于四川、云南等的干热河谷地区。繁殖期间，成虫在靠近岸边的卵石缝隙中产卵，在适宜的湿度和温度条件下卵被孵化成幼虫，俗称"动物人参"，堪称药膳佳品，也是美味佳肴。

品质特点与种类：爬沙虫幼虫长为 6 ~ 9cm，头小色墨绿、多足、扁平嘴、形状丑陋狰狞，含高蛋白、多种氨基酸、多种微量元素及多种药用成分，寒冬腊月为捕捉旺季，每逢晨雾，更是良机。

烹饪应用：爬沙虫的用法不同，其初加工方法就不一样。一种是将活的爬沙虫掐去头尾，除净沙肠洗净，主要用于挂糊炸制。更讲究可食性的做法是，将虫体用沸水烫漂、洗净、去头尾和内脏、剥皮取纯净白嫩的肉，用炒、爆、熘、烩等方法烹制爬沙虫菜品，如和鸡蛋一起蒸制蛋羹，其味甚鲜；也可直接将爬沙虫洗净，用于泡制药酒。

饮食宜忌：爬沙虫性温味甘，具有补气益肾、抑虚固本、滋补强壮之功效。对辅助治疗老年人体虚夜尿频多、小儿尿床有神效。

▲爬沙虫

▲油爬沙虫

 **知识拓展**

蜗牛及蝎子

一、蜗牛

蜗牛又称水牛儿，是世界上牙齿最多的动物。蜗牛是世界七种走俏野味之一，位列国际上四大名菜（蜗牛、鲍鱼、干贝、鱼翅）之首。

品质特点与种类：蜗牛的整个躯体包括眼、口、足、壳、触角等部分。蜗牛有甲壳，形状像小螺，其形状、颜色、大小不一，它们的甲壳有宝塔形、陀螺形、圆锥形、球形、烟斗形等。蜗牛的眼睛长在头部的后一对触角上。现国内养殖的有白玉蜗牛、盖罩大蜗牛、散大蜗牛、亮大蜗牛、褐云玛瑙蜗牛等品种。

烹饪应用：一般以烤为主，也可热炒和熬汤，热炒如宫保蜗牛、鹅肝烩蜗牛、剁椒蜗牛、泡菜炒蜗牛等；汤类如酸辣蜗牛羹、蟹籽蜗牛羹、蜗牛煲等；西餐如汉堡蜗牛排、红酒烩蜗牛、蛋塔西式蜗牛。

饮食宜忌：蜗牛含有各种酶，能帮助人体消化各种不易消化的食物，老少皆宜。蜗牛性大凉，凡脾胃虚寒、腹泻及胃寒胃痛者皆不宜食用。蜗牛不宜与螃蟹同食。死蜗牛不能吃，鲜活的蜗牛烹制时也要熟透。

▲白玉蜗牛

▲散大蜗牛

二、蝎子

蝎子是蛛形纲动物，蜘蛛亦同属蛛形纲。它们典型的特征是具有瘦长的身体、螯、弯曲分段且带有毒刺的尾巴。

品质特点与种类：成蝎外形好似琵琶，全身表面都是高度坚硬的硬皮。成蝎体长为5～6cm，身体分节明显，由头胸部及腹部组成，体呈黄褐色，腹面及附肢颜色较淡，后腹部第五节的颜色较深。蝎子雌雄异体，外形略有差异。

烹饪应用：蝎子不仅可以药用，还可以作为滋补品食用。以蝎子为原料制作的食品具有较高的营养价值。蝎子以腿粗肚子小的公蝎子为佳品，公蝎子补性大，母蝎子就差很多。在烹饪中蝎子能做很多菜肴，如油炸蝎、白灼蝎、椒盐蝎、蝎肉珍珠丸、蝎子滋补汤等。

饮食宜忌：蝎子药用价值高，全蝎常用来治疗惊痫、风湿、半身不遂、口眼㖞斜、耳聋语涩、手足抽搐等。蝎毒具有祛风、解毒、止痛、通络的功效，对食道癌、肝癌、结肠癌等有一定疗效。蝎子营养价值丰富，是重要的滋补保健品。孕妇应忌食或少食。

▲蝎子

? 想一想

还有哪些昆虫可入菜？

知识检测

一、填空题

1. 蚕蛹是_____、_____、_____及孕产妇的高级营养补品。

2. 蝉蛹含有丰富的_____和_____。

3. 蝉蛹的常用烹饪方法有_____和_____。

二、选择题

昆虫类原料由于其品种独特，烹饪方法有（　　　）。

A. 炒、炸、煎　　　　　　　　　B. 烤、烧、炒、煮、炸

C. 清蒸、水煮　　　　　　　　　D. 红烧、糖醋熘

三、应用题

在市场实地考察昆虫类原料的供给情况。

拓展练习

1. 蜗牛大餐是（　　　）。

　　A. 德国的　　　　B. 法国的　　　　C. 意大利的　　　　D. 美国的

2. 醉蜗牛常用的酒是（　　　）。

　　A. 红酒　　　　　B. 料酒　　　　　C. 低度白酒　　　　D. 高度白酒

项目十 调辅原料——调味品类

辣椒

 **任务目标**

知识目标：

- 了解调味品类原料的概念、分类和作用；
- 掌握调味品在烹饪中的作用和常见调味品的烹饪应用；
- 掌握基本调味品的品质鉴别和保藏方法。

能力目标：

- 能正确识别常见调味料；
- 能在烹饪中正确使用各种常见调味料；
- 能鉴别常见调味品的品质。

任务一 调味品类原料基础知识

中国饮食文化以儒家文化和哲学思想为根基，追求"五味调和"，讲究艺术享受，而艺术的灵感就来源于调味料。

一、调味品类原料的概念

调味品类原料又称调味料、调料，是在烹饪过程中能够改善、增加菜点口味的一类原料。

二、调味品类原料的分类

中国研制和食用调味品有悠久的历史和丰富的知识。调味品品种众多，其中有属于东方传统的调味品，也有引进的调味品和新兴的调味品品种。对于调味品的分类目前尚无定论，从不同角度可以对调味品进行不同的分类。

1. **按调味品成品形状分类**

（1）酱品类（沙茶酱、豉椒酱、酸梅酱、XO酱等）。

（2）酱油类（生抽王、鲜虾油、豉油皇、草菇抽等）。

（3）汁水类（烧烤汁、卤水汁、喼汁、OK汁等）。

（4）味粉类（胡椒粉、沙姜粉、大蒜粉、鸡粉等）。

（5）固体类（砂糖、食盐、味精、豆豉等）。

2. 按调味品呈味感觉分类

（1）单一味调味。

① 咸味调味品（食盐、酱油、豆豉等）。

② 甜味调味品（蔗糖、蜂蜜、饴糖等）。

③ 酸味调味品（食醋、茄汁、山楂酱等）。

④ 鲜味调味品（味精、鸡精、虾油、鱼露、蚝油等）。

⑤ 辣味调味品（辣椒、胡椒、芥末等）。

⑥ 香味调味品（花椒、八角、料酒、葱、蒜等）。

⑦ 苦味调味品（陈皮、茶叶汁、苦杏仁等）。

（2）复合调味品。复合调味品主要是利用两种或两种以上单一调味品调和而成的，适合食用，是具有独特风味的调味品，如糖醋调味汁、麻辣调味汁等。

3. 调味品分类的其他方法

（1）按地方风味可分为广式调料、川式调料、港式调料、西式调料等。

（2）按烹制用途可分为冷菜专用调料、烧烤调料、油炸调料、清蒸调料。

（3）还有一些特色品种调料，如涮羊肉调料、火锅调料、糟货调料等。

（4）按调味品品牌可分为川湘、淘大、川崎、优豪、家乐等国内品牌，也有味好美、李锦记、卡夫等合资或海外品牌。此外还有一些专用品牌，如日本万字酱油、我国的香港优豪鸡粉、印度咖喱油、日本辣芥等。

三、调味品类原料在烹饪中的作用

调味品的每个品种，都含有区别于其他原料的特殊成分，这是调味品的共同特点，也是调味品类原料具有调味作用的主要原因。

调味品中的特殊成分，在烹饪中可以有以下作用：

（1）除去烹饪原料的腥臊异味。

（2）突出和确定菜肴口味。

（3）具有杀菌消毒和保护营养素的作用。

（4）改变菜点的外观形态，增加菜点的色泽。

（5）增加菜肴的鲜味和美味。

（6）增加营养。

通过调味品在烹饪中的应用，可促进人们的食欲，促进消化。例如，味精、酱油、酱类等调味品都含氨基酸，能增加食物的鲜味；香菜、花椒、酱油、酱类等都有香气；葱、姜、蒜等含有特殊的辣素，能促进食欲，帮助消化；酒、醋、姜等可以去腥解腻。调味品还含有人体必需的营养物质，如酱油、盐含人体所需要的氯化钠等矿物质；食醋、味精等含有不同种类的多种蛋白质、氨基酸及糖类。此外，某些调味品还具有增强人体生理机能的药效。

知识拓展

"兴盛德"的故事

何广琦出身贫寒，早年辍学，为了创业，他历尽艰辛。十多年前，年仅17岁的何广琦带着美好的憧憬开始走南闯北，他先后到山东临沂、陕西西安、山西太原、广东佛山等城市经营熟食。在临沂，他的第一个熟食店开张时，身上资金已所剩无几，他在炎热夏日睡地铺，门口卖的扇子0.5元一把，他都舍不得买，只吃2元的盒饭，苦心经营，生意渐好。

一次，他在外地遇到一位老乡，老乡闲谈时说："你看南方人多能，北方人多笨，北方人辛辛苦苦种的花生，运到南方1kg卖不到4元，南方人在底下打个眼儿，塑料瓶一灌，1.5元一瓶。"何广琦听后一夜未眠，蓦地，一个念头在他脑海中出现：为什么不把开封本地的特产进行深加工，增加附加值，销往外地呢？他把曾经经营的熟食和当时经营的花生联想到了一起，准备研制一种融合南北风味的新型花生食品。

▲ "兴盛德"麻辣花生

在一年多的时间里，他的研制过程十分艰辛，一波三折。剥花生皮手指磨出了泡，泡磨烂流出血，而研制花生又一次次失败，出现不入味、不酥脆、颜色暗淡等问题。至今每当回忆这段经历时，何广琦都不由得泪水涟涟。但何广琦有一股百折不挠的韧劲儿，不达目的誓不罢休，再苦再难也吓不倒他。功夫不负有心人，终于，他研制出了颗粒饱满、大小均匀、色泽金黄、口感酥脆，融入南北风味、麻辣咸甜香五味俱全的"麻辣花生"。

何广琦想为这个产品起个响当当的名字，要让大家都能记住它，喜欢它。根据他十多年在外拼搏的经历，何广琦认为无论是做人还是做事，都要有品德、讲诚信，这样才能赢得大家的尊重和友好。事业的发展和兴盛离不开道德的规范，事业兴盛，弘扬道德；道德弘扬，事业兴盛。何广琦满怀喜悦地为"麻辣花生"起名为"兴盛德"。

💬 想一想

试述调味品在烹饪中的作用。

任务二 单一味调味品

一、咸味调味品

咸味是一种非常重要的基本味，是调味料的主味，有"百味之主"之称。

品质特点与种类：咸味中氯化钠、碘化钠的咸味最为纯正。呈咸味物质除了中性盐之外，还有些物质也呈咸味，但咸味不太纯正，如葡萄糖酸钠、苹果酸钠等有机酸钠盐，这些物质一般用于无盐酱油或肾脏病患者的食品中。咸味可增加菜肴风味，有增鲜、增甜、解腻、开胃等调味作用，并且可以与其他调料配合形成各种风味。

（一）咸味与其他味的关系

1. 咸味与甜味的关系

甜能降咸：添加蔗糖可降低食盐的咸味，其效果取决于食盐的浓度（当食盐浓度达到20% 以上时，蔗糖对咸味无影响）。

咸能助甜：适量的盐能使糖溶液的甜度增加。

2. 咸味与酸味的关系

少量酸能助咸，多量酸能降咸；少量盐能助酸，大量盐能降酸。

3. 咸味与鲜味、苦味的关系

咸味是鲜味的引发剂，没有咸味则无法感觉到鲜味，而鲜味反过来又可抑制咸味。咸味能够压制苦味和异味。

（二）常见咸味调料

1. 食盐

食盐，学名氯化钠，是人们常用的不可缺少的重要调味品之一。食盐是一类特殊商品，在古代，盐能兴国，也能亡国，有句话叫"得盐者未必得天下，但得天下者必然先得食盐"。

品质特点与种类：

（1）按来源不同，盐可分为海盐、井盐、池盐和矿盐几类（见表 10-1）。

表 10-1　盐的分类（按来源）

种　类	制　取	产　地	图　例
海盐	从海水中晒取制成，约占我国食盐总产量的83%	主产于辽宁、河北、江苏、山东等地	
井盐	是由地下咸水熬制而成的，约占总产量的8%	主产于四川、云南、湖北等地	

种　类	制　取	产　地	图　例
池盐	又称湖盐，从内陆咸水湖中捞取而得的，不经加工就可食用	主产于青海、内蒙古等地	
矿盐	又称岩盐，从地下岩层开采取得的，约占总产量的1%。矿盐质量高，但是缺碘	主产于新疆、青海等地	

（2）按加工程度不同，盐可分为原盐、洗涤盐、再制盐、营养盐和调味盐几种（见表10-2）。

表 10-2　盐的分类（按加工程度）

种　类	制　取	品质特点	烹饪应用	图　例	备　注
原盐	又称粗盐，是从海水、盐井水中直接制得的盐。我国沿海地区均有出产	原盐的结构紧密，颗粒较大，色泽灰白，含有氯化镁、硫酸钠、氯化钾等杂质，有苦味	一般用于腌菜或腌肉等		
洗涤盐	又称洗盐，是原盐经过水洗涤后的产品	盐粒较细，易溶化，表面杂质已除去	适于一般调味		
再制盐	又称精盐，是将粗盐溶解于水，经除杂质处理后，再蒸发、结晶而成	其杂质少、质量高、色泽白	最适于调味		为了预防碘缺乏症，国家曾规定要食用加碘盐
营养盐	普通：在精盐的基础上加入碘、锌、钙、硒等矿物质	质量高、色泽白	适于调味		绿色食品代表此盐未添加抗结剂

续表

种　类	制　取	品质特点	烹饪应用	图　例	备　注
营养盐	强化：营养强化盐	质量高	适于调味		
调味盐	在精盐的基础上，配以各种香辛料而成	质量高	适于调味		

烹饪应用：增鲜、定味、提味、调和滋味、解腻等；具有促进胃液分泌、增进食欲、促进消化及维持人体正常的渗透压力、体内酸碱平衡和神经肌肉的正常兴奋性功能；具有一定的渗透力和杀菌力，能对原料进行解味、除异、防腐及腌制。

饮食宜忌：一般人群均宜食用。肝硬化患者应严格控制盐的摄入量；普通人忌长期过量食用，否则易引起高血压病。

2. 酱油

酱油在我国生产历史悠久，早在汉代，我国就已经生产酱油并将其用于烹饪。酱油的分类如表 10-3 所示。

表 10-3　酱油的分类

分 类 依 据	种　　类
颜色	红酱油（老抽）、白酱油（生抽）
形态	液体酱油、固体酱油
加工方法	天然发酵酱油、人工发酵酱油
质量	一级酱油、二级酱油、三级酱油
风味特色	虾籽酱油、口蘑酱油、辣味酱油等

品质特点与种类：酱油是以大豆、小麦、食盐和水等为原料，经发酵酿制而成的，以咸味为主，是仅次于盐的咸味调味品，主要起着色、入味、提鲜的作用。

烹饪应用：酱油用于菜肴的调味、增色、提香。

饮食宜忌：酱油在烹制菜肴时不宜长时间蒸煮。发霉变质的酱油不能食用。烹制绿叶蔬菜时不宜放酱油。

▲老抽 ▲生抽

3. 豆豉

豆豉是我国传统发酵豆制品。早在汉代就被誉为能"调和五味"，各地均有生产。

品质特点与种类：豆豉是以黄豆或黑豆为原料，经过发酵酿制而成的。豆豉呈黄褐色或黑褐色，甜香鲜美，作为菜肴的调味品，不仅能增加风味，而且能促进食欲，但因沾生水，容易发霉。豆豉最好用陶瓷器皿密封保存，这样保存时间长，香气也不易散发掉。

烹饪应用：豆豉一直被广泛应用于中式菜肴烹饪中。可用豆豉拌上麻油及其他作料做助餐小菜；用豆豉与豆腐、茄子、芋头、萝卜等烹制菜肴别有风味；著名的麻婆豆腐、炒回锅肉等均需用豆豉做调料。广东人更喜欢用豆豉做调料烹饪粤菜，如豆豉蒸排骨、豆豉鲮鱼和焖鸡肉、鸭肉、猪肉、牛肉等，尤其是炒田螺时用豆豉做调料，风味更佳。

饮食宜忌：豆豉有发汗解表、宣郁除烦、和胃消食、清热止痢、解毒之功效。豆豉性味平和，诸无所忌。

▲豆豉 ▲豆豉蒸排骨

4. 酱品

酱是我国传统的调味品，早在西汉初期，我国北方人民就已广泛食用酱。

品质特点与种类：酱是以豆类和粮食为主要原料，借助米曲霉味发酵微生物，经过一段时间发酵后制成的产品，具有增色、提香、提鲜、开胃和助消化的功能，是一种很好的调味品类原料，用途很广，如酱爆鸡丁、京酱肉丝等菜肴都离不开酱品。它在烹饪上对改善菜肴的色泽和口味、增加菜肴的酱香气味起着重要作用。常见酱品如表10-4所示。

饮食宜忌：酱品能除热、解毒，治蜂虿虫伤、汤火伤。《随息居饮食谱》载："痘痂新脱时食之，则瘢黑。"

现市场上出现了许多专用酱品，如排骨酱、海鲜酱、蒜蓉辣椒酱、叉烧酱。因其方便、口味标准化等特点，也广为消费者喜爱。

表 10-4　常见酱品

种　类	产　地	制　取	品 质 特 点	烹 饪 应 用
甜面酱	各地均有出产	又称面酱、甜酱，因其味咸中带甜而得名，以面粉为主要原料，加盐和水经酿制而成	成品以黄褐色或红褐色、滋润光亮、咸淡适口、黏稠适中、细腻无杂质、无霉花者为佳品	一般用于拌、炒、烧等烹饪方法，也作为北京烤鸭、香酥鸭的葱酱味来源
豆瓣酱	主产于四川、北京、安徽等地。以四川的郫县豆瓣酱最有名	又称豆瓣，由蚕豆、面粉、辣椒、食盐经发酵而制成	成品呈红褐色或棕褐色，酱香浓郁、咸味适口、味鲜醇厚	一般用于烧、炒、炖、煮、拌等烹饪方法，烹饪应用中通常要剁碎并炒香使用
虾酱	产于我国沿海各地，广东出产最多	系虾的发酵制品，以各种小虾或虾类杂物为原料，经发酵制成的一种酱制品	成品以红黄色鲜明、质稠细腻、盐足味香、有特殊虾鲜味、无杂质者为佳品	在烹饪中除蘸食外，一般用于烧制菜肴时调味
干黄酱	各地均有出产	以黄豆、面粉、食盐等为主要原料，经发酵而制成	成品呈棕褐色，有甜香味，不带辣味、苦味，不发酸、不黑	可制作成炸酱，炒菜之用
稀黄酱	各地均有出产	以黄豆、面粉为主要原料，经发酵而制成	成品呈深杏黄色，酱香浓郁、咸淡适口、滋味鲜美	一般用于炒菜或生食

二、甜味调味品

甜味是除咸味外可单独成味的基本味之一。它不仅可以单独用于菜点，还可以与多种味道调和出复合味。甜味在调味中的作用主要是缓和辣味的刺激感，增加咸味的鲜醇，抑制菜肴原料的苦味。其主要调味品有食糖和蜂蜜。

1. 食糖

食糖是以甘蔗或甜菜为原料加工而成的甜味调味品类原料，主要成分是蔗糖。

品质特点与种类：食糖的种类很多，按加工形状和加工程度可分为白砂糖、绵白糖、红砂糖、冰糖、饴糖等（见表 10-5）。

表 10-5　食糖的分类

品　种	品 质 特 点	烹 饪 应 用	图　例
白砂糖	颜色洁白，状如砂粒，颗粒大小均匀（有粗、中、细砂之分），甜味纯正，松散干燥	易结晶，适于制作挂霜菜肴或一般糕点	
绵白糖	是以蔗糖为主要成分的糖，它的纯度不如砂糖高，颗粒细小、色泽洁白、质地细腻绵软，质量与白砂糖差不多，食用方便	因含少量转化糖，不易结晶析出，适于制作拔丝菜肴，也适宜制作糕点	

续表

品　种	品 质 特 点	烹 饪 应 用	图　例
红砂糖	又称红糖，呈黄褐色或赤褐色等，为细小结晶状，略带糖蜜味。还原糖含量高，含有色素、胶质等非糖成分，不耐储存	一般可作为面点的馅心，或作为产妇的补养品	
冰糖	为白砂糖的再制品，颜色有白色和微黄色等。外形为块状的结晶，杂质少，纯度比白糖高	烹饪中多用于制作甜菜，如冰糖莲子、冰糖银耳等	
饴糖	呈浓稠液态，黄褐色，是米和麦芽糖经水解而产生的双糖，主要成分是麦芽糖，甜味不大	应用于烧烤、炸之菜肴中，起增色、增脆作用，如烤乳猪、烤鸭。也可用于糕点中，有增加香味、光泽、滋润感、弹性和抗蔗糖结晶等作用	

饮食宜忌：糖是人类生命活动中能量的重要源泉，但糖的摄入量不宜过高。如果每天食用过量的糖，会引起动脉硬化、冠心病。摄入过多的糖，还会使胰岛素分泌过多，加速胆固醇的积累，造成胆汁内胆固醇、胆汁酸、卵磷脂三者之间的比例失调。过多的糖还会自行转化为脂肪，促进人体发胖，也会增加胆固醇分泌，导致胆结石。此外，糖有促使血管内脂质代谢紊乱的作用，血管功能已受损的肾炎患者摄入过量糖，将会加重肾脏的负担。每人每天糖摄入量不宜超过 20g。

2. 蜂蜜

蜂蜜又称蜜糖、蜂糖，被誉为"大自然中最完美的营养食品"，古希腊人把蜂蜜视为"天赐的礼物"。

品质特点与种类：蜂蜜是蜜蜂从植物上采集的花蜜经酿造而成的。蜂蜜的主要成分是糖类，其中葡萄糖、果糖的含量较高。因蜜源不同（如杏花蜜、椴树花蜜、油菜花蜜），它的色泽、气味和成分也是不一样的。蜂蜜以色白或黄、半透明、有光亮、味道甜、无杂质者为佳品。蜂蜜是糖的过饱和溶液，低温时会产生结晶，生成结晶的部分是葡萄糖，不产生结晶的部分主要是果糖。

烹饪应用：主要用于制作甜菜、糕点。

饮食宜忌：天然蜂蜜含有活性酶，不能加热至 60℃以上，否则活性酶会被高温杀死，破坏其中的营养成分。未满1岁的婴儿不宜食用。不适宜湿阻中焦的脘腹胀满、苔厚腻者食用。

三、酸味调味品

酸味是一种基本味，是由有机酸和无机盐类分解氢离子所产生的。食用酸味的主要成分是有机酸类的醋酸、乳酸、柠檬酸、酒石酸等。常用的呈酸味的调味品有食醋、番茄酱、柠檬酸等。下面简要介绍前两种。

1. 食醋

醋是烹饪中常用的一种呈酸味的调味品类原料。

品质特点与种类：醋的酸味主要来源于醋酸，即乙酸。食醋由于酿制原料和工艺条件不同，风味各异，没有统一的分类方法。其按制醋工艺可分为酿造醋和人工合成醋。

（1）酿造醋。酿造醋又可分为以下三种：①谷物醋（用粮食等原料制成）。谷物醋根据加工方法的不同，可再分为熏醋、特醋、香醋、麸醋等。②糖醋（用饴糖、蔗糖、糖类原料制成）。③酒醋（用食用酒精、酒尾制成）。

（2）人工合成醋。人工合成醋又可分为色醋和白醋（白醋可再分为普通白醋和醋精）。

醋以酿造醋为佳，其中又以谷物醋为佳，以酸味纯正、香味浓郁、色泽鲜明者为佳品。根据产地、品种的不同，食醋中所含醋酸的量也不同，一般为 5%～8%。例如，山西老陈醋的酸味较浓，而镇江香醋酸中带柔，酸而不烈。

烹饪应用：醋在烹饪中主要用于复合味的调制，如鱼香味、糖醋味、酸辣味等。它不仅有酸味、芳香味，而且能去腥解腻，增进食欲，帮助消化，同时还可使食物原料中的钙质分解，有利于人体消化吸收，对细菌也有一定的杀灭和消毒作用。

饮食宜忌：适宜吃鱼蟹过敏、醉酒者食用。醋浸大蒜更添杀菌效力，可防治肠道感染。一般人群常食有益健康，但不能过量。脾胃湿盛、胃酸过多、泛吐酸水、支气管哮喘、严重胃及十二指肠溃疡患者不宜食用。醋不宜用铜具煎煮。

2. 番茄酱

番茄酱是鲜番茄的酱状浓缩制品。

品质特点与种类：番茄酱呈鲜红色酱体，具有番茄的特有风味，是一种富有特色的调味品，一般不直接入口。番茄酱由新鲜成熟的番茄洗净、破碎、打浆、去除皮和籽等粗硬物质后，经浓缩、装罐、杀菌而成，以色泽红艳、滋润、味酸鲜香、质地细腻、无杂质者为佳品。

▲番茄酱

烹饪应用：番茄酱常作为鱼、肉等食物的烹饪作料，是增色、添酸、助鲜、郁香的调味佳品。在使用时须用油炒制，并加入适量的白糖，使菜肴的酸甜度适中。番茄酱的运用，是形成港粤菜风味特色的一个重要调味内容。

饮食宜忌：空腹、急性肠炎、细菌性痢疾及溃疡患者忌食。食用时适量即可，不可以食用太多。

四、鲜味调味品

鲜味调味品可以使菜肴具有鲜美滋味。其鲜味的主要成分是核苷酸、氨基酸、各种酰胺、有机盐基、弱酸等的混合物。

鲜味在烹饪中不能独立存在，需要在咸味的基础上才能使用，是一种重要的复合型味道。

1. 味精

味精又称味粉、味素、味之素。味精的主要成分是谷氨酸钠，它是由小麦、玉米、淀粉等，经水解法或发酵法而合成的一种调味品。

品质特点与种类：味精有无色结晶状和白色粉末状，呈中性，易溶于水。味精可分为普通味精、特鲜味精、复合味精和强化营养味精四大类。

烹饪应用：味精主要用于冷、热菜和面点馅心的调制。制作菜肴时适宜在菜或汤将熟时加入食用。在冷菜中，可用少量温水溶化浇在冷菜上（因温度低，不易溶解，鲜味较差）。味精用咸不用甜。味精鲜味的体现与菜肴的酸碱度有一定的关系，当菜肴溶液的 pH 值在 6 ~ 7 时味精的呈鲜效果最好。使用味精一定要适量，用量过多会产生一种似涩非涩、似咸非咸的怪味。

饮食宜忌：加入味精后忌高热久煮。味精不宜过多食用。

2. 蚝油

蚝油是一种用蚝与盐水熬成的调味料，经浓缩调制而成的液体调味品，是一种营养丰富、味道鲜美的调味作料。

品质特点与种类：优质蚝油应呈半流状，稠度适中，久储无分层或淀粉析出沉淀现象，色呈红褐色至棕褐色，鲜艳有光泽，具特有的香和酯香气，味道鲜美醇厚而稍甜，无异味，入口有油样滑润感。根据调味的不同，蚝油又可分为淡味蚝油和咸味蚝油两种。名产有海天蚝油、沙井蚝油、李锦记蚝油等。

烹饪应用：蚝油的使用极为方便，调味范围十分广泛，凡是咸食均可用蚝油调味。蚝油在烹饪中既可以炒烧菜肴，又可做菜肴味碟蘸食使用。在烹饪中的主要作用是提鲜、增香、增色，如拌面、拌菜、煮肉、炖鱼、做汤等。用蚝油调味的名菜品种很多，如蚝油牛肉、蚝油乳鸽、蚝油鸭掌等。

饮食宜忌：一般人群均可食用，尤其适合缺锌人士及生长发育期的儿童。在使用时，不宜加热过度，否则鲜味降低，一般在菜肴即将成熟时或出勺后趁热加入。

▲ 味精

▲ 蚝油

3. 腐乳

腐乳又称豆腐乳、霉豆腐等，是一种经过微生物发酵的豆制品，是我国特有的发酵制品之一。明代时我国就大量加工腐乳，现如今腐乳已发展为具现代化工艺的发酵食品。

品质特点与种类：腐乳是将豆腐坯加入菌种，霉制后再加盐腌渍，最后根据需要加入红曲或酒酿、烧酒等封闭发酵而成的。根据制作腐乳所用原料的不同，腐乳可分为红腐乳、青腐乳和白腐乳三种。根据其味道不同可分为香腐乳和臭腐乳。臭腐乳属"青方"；大块、红、辣、玫瑰等酱腐乳属"红方"；甜辣、桂花、五香等酱腐乳属"白方"。

烹饪应用：腐乳在发酵过程中会产生多种氨基酸，所以腐乳及乳汁具有强烈的鲜味与特殊的香气和咸味，其味道鲜美，在烹饪中主要起提鲜、增香、增色作用。腐乳通常除作为美味可口的佐餐小菜外，在烹饪中还可以作为调味料，做出多种美味可口的佳肴，如腐乳蒸腊肉、腐乳蒸鸡蛋、腐乳炖鲤鱼、腐乳糟大肠等。

饮食宜忌：一般人群均可食用，高血压、心血管病、肾病患者及消化道溃疡患者宜少食或不食。

其他常见鲜味调味品品种有虾油、鱼露、蟹油、菌油等。

▲辣腐乳

▲红腐乳

▲白腐乳

▲臭腐乳

五、辣味调味品

辣味并不属于味觉，它是由一些不挥发的刺激成分刺激口腔黏膜所产生的感觉。辣味的调味品较多，其成分很复杂。辣味可分为热辣味和辛辣味两大类：热辣味是在口腔中能引起烧灼感的一种痛觉，如辣椒的辣味；辛辣味是具冲鼻刺激感的辣味，除作用于口腔黏膜外，还有一定的挥发成分刺激嗅觉器官，如生姜、大蒜等。但是不同品种的辣味来自不同的成分，如辣椒的辣味来自辣椒碱；胡椒的辣味来自辣椒碱和椒脂；生姜的辛辣味来自姜油酮和姜辛素；葱、蒜的辛辣味来自蒜素。

辣味在烹饪中不能独立存在，需要与其他味配合使用，才能烹制出别具风味的菜肴，如中国的川菜、湘菜以辣闻名，为广大食客所喜爱。

适当的辣味有使食味紧张、增进食欲的效果。

1. 辣椒及辣椒制品

辣椒又称海椒、秦椒、辣角等，原产于墨西哥，明朝末年传入我国，主产于四川、湖南、山东、陕西等地，秋、冬季为主要产期。

品质特点与种类：辣椒是世界性的辣味调料。辣椒中维生素C的含量在蔬菜中居第一位。辣椒以色泽紫红、油光晶亮、皮肉肥厚、身干籽少、辣中带香、无霉烂、无虫蛀者为佳品。烹饪中常用的有鲜辣椒、干辣椒、辣椒粉、辣椒油、泡辣椒、辣椒酱等。

干辣椒是各种新鲜尖辣椒干制而成的，其辣味成分是辣椒碱，主要有朝天椒、线形椒、羊角椒。

辣椒粉是干辣椒碾细而成的混合物，具有辣椒固有的辣香味，以色红、籽少、质地细腻、有光泽者为佳品。

辣椒油是以优质油为主要原料，将干辣椒或辣椒粉按一定的比例注入清水，锅内小火熬煮，使辣味、色泽充分释出，然后倾油入锅，熬至水分挥发殆尽，经冷却沉淀制作而成的一种纯辣味油脂调味品。另外还有一种方法，即将干辣椒或辣椒粉加入一定的植物油中，在小火上熬制，冷却后提取纯油即可。辣椒油以颜色红润、味道香辣、纯净透明者为佳品。

泡辣椒是将新鲜尖头红辣椒加入盐和香料，经腌制而成的。泡辣椒以色泽红亮、肉厚籽少、滋润柔软、香辣味美、椒体完整者为佳品。

辣椒酱以四川为多，有油制和水制两种。油制是指用芝麻油和辣椒制成，颜色鲜红，上面浮着一层芝麻油，容易保管；水制是指用水和辣椒制成，颜色鲜红，不易保管。

烹饪应用：干辣椒可直接洗净切碎，烹制菜肴，主要适于炒、烧等烹饪方法，如宫保鸡丁、水煮肉片等。辣椒粉不仅可以用来制作辣椒油，还可以直接用于烧、拌菜肴等。辣椒油主要起提味、增色、增香的作用，而且可用在凉拌菜中。泡辣椒为四川土特产，是川菜必备的调味品，适于炒、烧、蒸、拌等多种烹饪方法。

▲鲜辣椒　　　　　　　　▲干辣椒　　　　　　　　▲辣椒粉

▲辣椒油　　　　　　　　▲泡辣椒　　　　　　　　▲辣椒酱

饮食宜忌：辣椒食用过量反而危害人体健康。凡患食管炎、胃肠炎、胃溃疡及痔疮等病者均应少食或忌食辣椒。辣椒是大辛大热之品，患有火热病症或阴虚火旺、高血压病、肺结核病的人也应慎食。

2. 胡椒

胡椒又称黑川、黑胡椒，原产于南印度，现在我国海南、广东、云南等地均有生产。

品质特点与种类：胡椒的果实与种子可通过不同的加工方法，得到黑胡椒、白胡椒、绿胡椒及红胡椒。常见的有黑胡椒和白胡椒两种，胡椒成熟晾干后没有去皮的叫黑胡椒，去皮的叫白胡椒。胡椒以色泽灰白（黑胡椒外表为黑褐色）、个大粒圆、主味浓郁者为佳品。

烹饪应用：胡椒常用于羹汤菜肴，用于去腥解膻及调制浓味的肉类菜肴，兼有开胃增食的功效。无论黑胡椒或白胡椒皆不能高温油炸，应在菜肴或汤羹即将出锅时添加少许，均匀拌入；黑胡椒与肉食同煮，时间不宜太长，以免香味挥发。

饮食宜忌：一般人群均可食用。消化道溃疡、咳嗽咯血、痔疮、咽喉炎症、眼疾患者应慎食。

3. 芥末

芥末又称芥辣粉、芥子粉等，原产于我国，从周代起就已开始在宫廷食用，现各地均有出产，以河南、安徽产量最大。

品质特点与种类：芥末是成熟的芥菜种子经碾磨而成的一种粉末状调料，有深黄色、浅黄色和绿色之分，干燥时无臭，润湿后则略有香气，味刺鼻而带有辛烈感，辣感如灼。芥末粉的主要辣味成分是黑芥末碱经酶解后所取得的挥发油，其味辛，性烈。芥末以含油多、辣味大、有香味、无异味者为佳品。

烹饪应用：芥末主要应用在冷菜中，日常生活中通常使用的是芥末酱、芥末油或芥末粉，以色正味冲、无杂质者为佳品。芥末不宜长期存放，芥末酱和芥末膏置于常温下密封存储，避光防潮，保质期为 6 个月左右，当芥末有油脂渗出并变苦时就不宜继续食用了。

饮食宜忌：一般人群均可食用。烹饪时可酌量添加，注意一次不要放太多，以免伤胃。孕妇及胃炎、消化道溃疡患者忌食；眼睛有炎症者不宜食用。

　　　▲芥末酱　　　　　　　▲芥末油　　　　　　　　　　　▲芥末粉

六、香味调味品

香味调味品是指在菜肴中主要起增加香气，去掉或减少腥膻味和其他异味作用的一类调味料。香味在烹饪中也不能独立存在，需要在咸味或甜味的基础上才能表现出来。

1. 黄酒

黄酒又称料酒、绍酒，是我国汉族的民族特产，属于酿造酒，在世界三大酿造酒（黄酒、葡萄酒和啤酒）中占有重要一席，主产于浙江、江苏、福建、山东等省，其中浙江绍兴所产较有名。

品质特点与种类：黄酒是指以稻米、黍米、黑米、玉米、小麦等为原料，经过蒸料，拌以麦曲、米曲或酒药，进行糖化和发酵酿制而成的各类酒，其主要成分是脂类、醛类、杂醇油等，富含氨基酸，酒精浓度低于15%，为低度酒，一般呈淡黄色。黄酒以色泽淡黄或棕黄、清澈透明、香味浓郁、味道醇厚者为佳品。其按原料和酒曲可划分为糯米黄酒、黍米黄酒、大米黄酒、红曲黄酒。

烹饪应用：黄酒酒精含量适中，味香浓郁，富含氨基酸等。用黄酒作为作料，在烹制荤菜时，特别是羊肉、鲜鱼时加入少许，不仅可以去腥膻，还能增加鲜美的风味。

饮食宜忌：适量食用，无忌。

2. 香糟

酿制黄酒剩下的酒糟再经封陈半年以上，即为香糟。香糟香味浓厚，含有8%左右的酒精，有与醇黄酒一样的调味作用。

品质特点与种类：香糟可分为白糟和红糟两类。白糟为绍兴黄酒的酒糟加工而成；红糟是福建的特产，在酿酒时需加入5%的天然红曲米。香糟能增加菜肴的特色香味，在烹饪中应用很广，烧菜、熘菜、爆菜、焓菜等均可使用。

烹饪应用：香糟主要用于烧、熘、爆等烹饪方法，可以制作多种风味的菜肴；可用来糟制肉、禽、蛋、鱼类。

饮食宜忌：一般人群均可食用，无忌。

3. 花椒

花椒又称秦椒、山椒、南椒、巴椒，我国大部分地区均有生产，以四川产的最好，每年8—10月采收。

品质特点与种类：花椒的椒皮外表呈红褐色，主要成分是花椒素，按大小分为大椒（大椒又称大红袍、狮子头，其果粒大，色艳红或紫红，内皮呈淡黄色）和小椒（小椒又称小黄金，色红，粒小，味麻，香味次于大椒）。花椒以粒大均匀、外皮鲜红光艳、味香而麻，果内不含籽、无杂质、无腐烂者为佳品。

烹饪应用：花椒在烹饪中用于原料加工、腌制，适于炒、焓、烧、蒸等烹饪方法，还可用于面点和小吃，是制作五香粉、椒盐的主料。

饮食宜忌：花椒有去异味、增香味、刺激食欲、赋予菜肴风味等作用，还能使血管扩张，从而起到降低血压的作用。一般人群均能食用。孕妇及阴虚火旺者忌食。

4. 桂皮

桂皮又称肉桂、玉桂、紫桂等，为桂树之皮，主产于广东、广西、福建、四川等省区，一般在秋、冬季采集加工。

品质特点与种类：桂皮表面呈灰棕色或黑棕色，内层呈紫红色或暗红色。桂皮以皮细肉厚，外表呈灰褐色，内里呈赤色，油性大、无虫蛀、无霉斑，用口嚼时有先甜后辛辣味道者为佳品。桂皮分桶桂、厚肉桂和薄肉桂三种。

烹饪应用：肉桂适于酱、卤、烧、扒等烹饪方法，主要起压异味、增香味的作用。桂皮霉变不能食用。

饮食宜忌：一般人群均可食用。适宜食欲不振、腰膝冷痛、风湿性关节炎患者及心动过慢的人食用。便秘、痔疮患者、孕妇不宜食用。

▲花椒

▲桂皮

5. 小茴香

小茴香又称茴香、谷茴香、小茴等，主产于山西、甘肃、辽宁、内蒙古、四川等省区，其中山西产量最高，每年9—10月果实成熟时割取全株，晒干打下果实。

品质特点与种类：小茴香呈小圆柱形、两端稍长，形似大麦，外表呈黄绿色，有浓郁的香味，以颗粒满、均匀、色泽灰绿、气味浓香、无杂质者为佳品。

烹饪应用：同桂皮。

饮食宜忌：小茴香可散寒止痛，理气和胃。阴虚火旺者禁服。

6. 八角

八角又称大料、大茴香、大茴，主产于两广及云南，其中广西产量最多，系我国特有香料，每年8—9月或次年2—3月采收。

品质特点与种类：果实外形为6～8个角，一般为八角，故得名。果皮外表面呈红棕色，内表面呈淡棕色，有光泽，内含种子一粒。八角以色泽棕红、个大均匀、香气浓郁、干燥、饱满、无霉烂、无脱壳籽粒者为佳品。

烹饪应用：八角主要用于炸、卤、酱、烧等烹饪方法，同时也是加工五香粉的主要原料，可除腥膻等异味，增添芳香气味，并可调剂口味，增进食欲。

饮食宜忌：八角性燥热，较适合虚寒体质者食之，但多食八角会有损伤视力的副作用，不宜短期大量食用。

7. 丁香

丁香又称丁子香、支解香、公丁香，主产于广东、广西、海南，每年9月至次年3月采收晒制。

品质特点与种类：干燥的花蕾呈短棒状，为红棕色至暗红色，上端近圆球形，下部花柄为圆柱形。丁香的香味主要来源于挥发油中的丁香粉酚和丁香酮，有芳香味、味微辣。丁香以个大均匀、色泽棕红、油性足、粗壮质干、无异味、无杂质、无霉变者为佳品。

烹饪应用：丁香常用于卤、酱、烧等烹饪方法，起增香、压异味的作用。

饮食宜忌：丁香有温中降逆、温肾助阳之功能，但不宜大量食用。

▲小茴香　　　　　　　▲八角　　　　　　　　▲丁香

8. 草果

草果又称草果仁、草果子，主产于云南、广西、贵州等省区，每年10—11月果实开始成熟，变为红褐色而未开裂时采收干制。

品质特点与种类：草果呈椭圆形或长钝三棱形，外皮棕褐色，有显著纵沟及棱线，质坚硬，破开后内为灰色，见白色种仁，并散发出特有的香味。草果按果实颜色分为棕色和红棕色两种，以果大饱满、质地干燥、表面为棕红色者为佳品。

烹饪应用：草果常用于卤、酱等菜肴的去异增香，使用时先将其拍破，然后用纱布包扎放入汤中。

饮食宜忌：草果适宜脘腹冷痛、食积不化，或饮食不香、呕吐反胃者食用。气虚或血虚的体弱者切勿多食，以免耗伤正气；阴虚火旺者也不可服，防其温燥伤阴。

9. 肉豆蔻

肉豆蔻又称肉果、玉果，主产于马来西亚和印度尼西亚，我国广东也有栽培，每年秋季采收。

品质特点与种类：豆蔻品种分为草豆蔻和肉豆蔻两种。豆蔻呈圆球形或椭圆形，表面为灰白色或灰棕色，被一层白色透明的嫩种皮包裹，破开后里面呈灰白色。豆蔻以体重、个大、紧实、香味浓郁者为佳品。

烹饪应用：肉豆蔻在烹饪中多用于酱、卤等冷菜的制作。

▲草果　　　　　　　　　　　　▲肉豆蔻

饮食宜忌：肉豆蔻有辅助治疗虚泻、脘腹胀痛、食少呕吐、宿食不消的作用。大肠素有火热及中暑热泄暴注者，胃火齿痛及湿热积滞方盛者，滞下初起者，皆不宜服肉豆蔻。

香味调味品（拓展）

七、苦味调味品

苦味也是基本味道之一，烹饪中有的菜肴适当加一些苦味调味品，可使菜肴产生一种特殊的风味。

1. 陈皮

陈皮又称橘子皮，因干燥后放置，故称陈皮，各地均有出产。

品质特点与种类：陈皮呈不规则的裂片状，外表为金黄色、橙红色或黄棕色，内表面呈淡黄色或白色，质地脆、易碎，气味芳香，味辛苦，以色正光亮、皮干无霉、香气浓厚者为佳品。

▲陈皮

烹饪应用：陈皮在烹饪中多用于肉类原料，起到提鲜增香、除异味、解腻的作用。

饮食宜忌：陈皮性温味苦、辛，有理气健脾、燥湿化痰之功效。陈皮易伤气伤阴，气虚、阴虚、体弱者慎用。

2. 茶叶

茶叶在烹饪中主要取其香味和苦味，如烹制茶叶蛋、龙井虾仁。但是在使用茶叶时，一定要用质量较好的茶叶。

❓ 想一想

举例说明食盐在烹饪中的应用。

香辛料的分类及使用形式

任务三　调味品类原料的品质鉴别及保藏

一、调味品类原料的品质鉴别（见表10-6）

表 10-6　调味品类原料的品质鉴别

种　　类	结　晶　状　态	色　　泽	味	纯　　度
食盐	纯净的为六面体；含杂质较多的多为不规则的结晶体。凡是晶粒整齐、光滑而坚硬、粒间缝隙较少者，质量较优	质量优良的呈洁白色，质量较差的呈红色、黄色或黑色。精盐色白，其纯度大大高于粗盐	纯净的食盐有正常的咸味；而含钙、镁、钾等杂质的食盐稍带苦涩	—
食糖	质优的晶粒大小一致，晶面整齐而明亮，并富有光泽。不均匀的则质量较差	各品种的食糖都应当有本身应具备的色泽。纯净的食糖应洁白明亮，含杂质较多时色泽较暗	应有纯正的甜味，不能有焦苦、异味或发酵味	杂质少的糖，水溶液呈透明状，反之则有混浊和沉淀
酱油	—	正常的为淡褐色或黑褐色的澄清液体	气味为爽快芳香，滋味为甘咸而鲜美，不应有焦、腐、酸败的气味	应无霉变花，无肉眼可见的浮膜

续表

种　　类	结 晶 状 态	色　　泽	味	纯　　度
食醋	—	正常的食醋为深浅不同的棕黄色或棕红色，清澈透明，无沉淀及混浊情况，无霉变花、浮膜及夹杂物等	应具有固有的酸味、气味，芳香可口，不应有其他的不良口味、气味。否则，说明质量已有变化	—
味精	应该是结晶状或粉末状，且干燥，无结块及发霉现象，看不到夹杂物	质优的味精色泽洁白，呈透明或半透明状	质优的味精具有鲜美的滋味，略带苦味，不应带有霉味、涩味等异味	—

辛香料以保持原有形状和色泽、整齐、干净、干燥、无杂质、无霉变、无虫蛀、气味辛香浓郁，无其他异味者为佳品。

二、调味品类原料的保藏

1．食盐的保藏

普通食盐的保藏：尽量减少与空气的接触，应放在缸罐等陶器中，防止潮解、干缩、结块等现象。

碘盐的保藏：要存放在密闭性能好的器皿中，并放置在阴凉处。另外，碘盐遇热后易损失，所以在烹饪时，碘盐一定要在菜肴即将成熟时放入。

2．酱油的保藏

酱油是一种发酵豆制品，品质稳定，保存条件适当可长期保存。

（1）在未开盖情况下，避免高温环境，正常存放，在保质期内可保持原有品质；也可低温冷藏，延长保存时间。

（2）开盖使用后，避免存放于高温、潮湿、不卫生的地方。为避免和氧气接触、高温下颜色加深，建议置于冰箱冷藏室内保存。

冷冻保存可延长保存期。酱油如放入家庭用冰箱 -20℃条件下保存，因含有盐分、乳酸、糖等多种成分，一般不会结冰；-40℃条件下会有渣出现，-60℃会完全结冰。

3．食醋的保藏

（1）注意容器的卫生。

（2）注意气温的变化，食醋在高温下容易长白膜，所以要将食醋存放在通风阴凉处。

（3）由于食醋具有醋香味，尤其是存放散装醋时，一定要密封，瓶醋打开，要尽快食用。

4．香辛料的保藏

必须将香辛料放在密封的容器中，并将其存放在通风干燥处，防止受潮变质，防止香味挥发。同时，香辛料不宜存放太长时间，否则香味会减小，失去调味作用。

5．食糖的保藏

（1）购进食糖后，应严格检查是否受潮，如发现已有轻微受潮现象，就不宜存放，应先食用。

（2）绵白糖、赤砂糖、红糖含有较多的还原糖，其吸湿性较强，故在存放时不宜堆叠，以防挤压结块。

（3）食糖应放在通风、干燥的场所，不宜和水分大或有异味的烹饪原料放在一起。

（4）如果食糖出现结块现象，可将已经结块的糖包放在湿度较大的地方，蒙上湿布，使之重新吸潮而散开，然后方可使用，切忌用敲打方法弄散。

（5）食糖在储存过程中，还容易招蝇、蚁，感染细菌，因此，储存的场所应保持清洁、杀菌防毒。

6．味精的保藏

应将味精存放在塑料袋内或玻璃瓶内，用后要盖严，封口，并放在阴凉干燥的地方。

7．黄酒的保藏

黄酒由于酒精含量较低，所以容易被细菌感染，尤其是夏季开瓶后，易受高温影响而变质。故在保藏黄酒时，应将黄酒放在通风阴凉处，温度为 15 ～ 25℃，启瓶后应适时盖好，避免细菌、灰尘进入，不宜久放。

 知识拓展

鉴别八角真假

八角又称大料、八角茴香，八角的同科同属不同种植物的果实统称为假八角。假八角茴香含有毒物质，食用后会引起中毒。常见的假八角茴香有红茴香、地枫皮和大八角。如何鉴别真假八角呢？

（1）从外形上看：真正的八角呈褐棕色，角瓣整齐且往往都是半开不开的，露出里面的种子；假八角往往色泽浅黄，角瓣不整齐，角的尖端带钩。

（2）从味道上闻：正宗的八角味道辛辣，香味足，但不会麻嘴；假八角滋味淡，有一股类似柚叶、樟脑、松针的气味，有麻舌感。

蜂蜜的鉴别

（1）嗅：闻蜂蜜的气味。开瓶后，新鲜蜂蜜有明显的花香，陈蜂蜜香味较淡。加香精制成的假蜜气味令人不适。单花蜜具有其蜜源本身的香味。

（2）尝：品尝蜂蜜的口味。纯正的蜂蜜不但香气宜人，而且口尝会感到香味浓郁。将蜂蜜置于舌上，以舌抵上颚，蜂蜜缓缓入喉，会感到微甜而稍有酸味，口感细腻，喉感略有麻辣，余味悠长。掺假的蜂蜜，上述感觉变淡，而且有糖水味、较浓的酸味或咸味等。

（3）挑：检查蜂蜜的含水量。我国习惯取未成熟的蜜，因此蜂蜜含水量高。市场上出售的蜂蜜大多经过加工、浓缩，含水量相对较低。经筷子或手指挑起蜂蜜，蜂蜜能拉丝者为佳，无拉丝现象说明含水量高。也可滴一滴蜂蜜在草纸上，水迹易扩散者，说明含水量高。纯净蜂蜜呈珠球状，不扩散。

▲蜂蜜

（4）捻：观察和感觉结晶情况。夏天气温高，蜂蜜不易结晶；冬季气温低，蜂蜜容易结晶。有些蜂蜜本身易结晶，有些则不易结晶。有些人对蜂蜜结晶有误解，认为一结晶就是假蜂蜜或掺假的，这是不正确的。蜂蜜结晶呈鱼子或油脂状，细腻，色白，手捻无沙粒感，结晶物入口易化。掺糖蜂蜜结晶呈粒状、手捻有沙粒感觉，不易捻碎，入口有吃糖的感觉。

（5）溶：将蜂蜜溶解在水里，搅拌均匀，静置，若蜂蜜中有杂质则会上浮或下沉。蜂蜜是一种天然产品，少量杂质并不影响蜂蜜本身的质量。

（6）看：看蜂蜜的色泽。纯正的蜂蜜光泽透明，仅有少量花粉悬浮于其中，而无其他过大的杂质。蜂蜜的色泽因蜜源、植物的不同，颜色深浅有所不同，但同一瓶中的蜂蜜应色泽均一。

（7）倒：由于含水量较低，优质蜂蜜很黏稠。假如把密封好的瓶子倒转过来，则封在瓶口的空气上浮起来明显比较"费力"。

（8）烫：当肉眼无法分辨时，可以拿一根烧红的铁丝检验一下。如果是好的蜂蜜，将铁丝插进去之后能看到清烟冒出来，但闻到的还是瓜果花朵的香味。如果是掺了白糖的，则会散发焦煳味。

（9）摩：如果购买乳白色或淡黄色的"结晶蜜"，只要挑出来放在手背上轻轻摩擦片刻，那些比食用精盐略细的颗粒就会溶解。这样的方法还可以用来"检验"蜂王浆。

除了上述鉴别方法外，还可用荧光检查。取可疑蜂蜜1份与2.5份水混合均匀，向不透光的载玻片上涂2～3mm厚层，或放在不透荧光的试管中，在暗室中进行荧光观察。一般在天然蜂蜜中，颜色呈黄色略带绿色的，是优质蜂蜜；如果色泽草绿、蓝绿，则是劣质蜂蜜；若色泽呈灰色，则是用蔗糖调制成的假蜂蜜。

知识检测

选择题

1. 原盐是从海水中（　　）的食盐晶体。

    A. 直接制得　　　　B. 提炼制得　　　　C. 自然形成　　　　D. 蒸馏制得

2. 食盐按加工程度不同可分为（　　）等。

    A. 原盐、洗涤盐、再制盐　　　　　　B. 原盐、井盐、油盐

    C. 海盐、池盐、矿盐　　　　　　　　D. 原盐、井盐、再制盐

3. 洗涤盐是（　　）经过水洗涤后的产品。

    A. 粗盐　　　　　　B. 井盐　　　　　　C. 原盐　　　　　　D. 再制盐

4. 红糖呈黄褐色或赤褐色，为（　　），略带糖蜜味。

　　　A. 末状　　　　　　B. 颗粒状或块状　C. 粉状　　　　　　D. 细小结晶状

5. 芥末是（　　　）的种子干燥后研磨成的粉末状调味料。

　　　A. 芥菜　　　　　　B. 萝卜　　　　　　C. 芫荽　　　　　　D. 胡椒

6. 下列调味料中主要呈麻味的是（　　　　　）。

　　　A. 八角　　　　　　B. 花椒　　　　　　C. 胡椒　　　　　　D. 桂皮

7. 味精的主要成分是（　　　　）。

　　　A. 氯化钠　　　　　B. 碳酸钠　　　　　C. 谷氨酸钠　　　　D. 硝酸钠

拓展练习

1. （　　　　）投放顺序不同，影响各种调味品在原料中的扩散量和吸附量。

　　　A. 甜味调料　　　　B. 咸味调料　　　　C. 调味品　　　　　D. 淋汁

2. 调味根据四季变化应做到（　　　　）。

　　　A. 秋多辣　　　　　B. 夏多咸　　　　　C. 春多酸　　　　　D. 冬多苦

3. 蔗糖包括白糖、绵白糖、冰糖和（　　　　）。

　　　A. 砂糖　　　　　　B. 糖浆　　　　　　C. 饴糖　　　　　　D. 红糖

4. 冰糖以（　　　　），成结晶块、颗粒均匀、坚实者为佳品。

　　　A. 淡黄透明　　　　B. 色白透明　　　　C. 半透明　　　　　D. 光滑

5. 饴糖的主要成分是麦芽糖，因此又称麦芽糖，广式面点制作工艺中还称其为（　　　　）或糖稀。

　　　A. 糖浆　　　　　　B. 糖水　　　　　　C. 米糖　　　　　　D. 米稀

6. 用（　　　　）制得的饴糖色黄、质量好。

　　　A. 麦芽　　　　　　B. 大米　　　　　　C. 白薯　　　　　　D. 土豆

7. 蜂蜜含有丰富的糖、（　　　　）、铜、锰等。

　　　A. 钙　　　　　　　B. 锌　　　　　　　C. 铁　　　　　　　D. 维生素

8. 酿造醋中质量最佳的是（　　　　）。

　　　A. 果醋　　　　　　B. 麸醋　　　　　　C. 酒醋　　　　　　D. 米醋

9. 红烧鱼在出锅前淋少量的（　　　　）有起香的作用。

　　　A. 黄酒　　　　　　B. 芡汁　　　　　　C. 葱汁　　　　　　D. 醋

10. 茴香、丁香、草果等干制香料，加热（　　　　）溶出的香味越多，香气味越浓郁。

　　　A. 火力越大　　　　B. 火力越小　　　　C. 时间越长　　　　D. 时间越短

11. 酱油中的香味是由醇类化合物的酒香味，酯类、酚类的芳香混合呈现的。（　　　　）

12. 麻辣味是以麻、辣、酸、甜等调料为主味，与其他调料有机结合而产生的一种味型。
（　　　）

13. 烹饪前调味的目的是使原料在烹制之前有一个确定的味。（　　　　）

14. 因食用温度的差异，冷菜的调味料用量一般比热菜的要大一些。（　　　　）

项目十一　调辅原料——辅助类

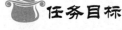任务目标

知识目标：
- 了解辅助类原料的概念、种类及烹饪应用；
- 理解辅助类原料的化学成分及性质特点；
- 掌握辅助类原料的品质鉴别和保藏方法。

能力目标：
- 能在烹饪实践中正确使用各种辅助类原料；
- 能对常见辅助类原料的品质进行鉴别。

任务一　辅助类原料基础知识

一、辅助类原料简介

辅助类原料的运用在我国有着悠久历史，它的品种虽然不多，但应用较广泛，主要原因是这些原料有其特殊的化学成分，直接影响着原料的物理变化和化学变化，对于菜点的色泽、口味、形状、质感的变化起着重要作用，并在某种程度上补充了一定营养成分，从而有利于人体对食物的消化和吸收，因此，它在烹饪中是不可缺少的。

辅助类原料是一类特殊烹饪原料，它可使烹饪工艺顺利进行，形成菜点特有的质地、色泽，在烹饪中具有重要的地位和作用。

二、辅助类原料的概念

辅助类原料是指在菜点中既不是主料，又不是配料，也不是调味料的那一部分原料。它对改善菜点品质，增加菜点营养成分和色、香、味、形起着重要作用。

三、辅助类原料的分类及烹饪应用

（1）辅助类原料包括可食用烹饪水、食用淀粉、可食用油脂等。

（2）辅助类原料在烹饪中起到以下作用：

① 能改进菜肴的色、香、味、形。

② 对菜点的质量起关键作用。

③ 有增加营养、促进食欲的作用。

任务二　可食用烹饪用水与食用淀粉

一、可食用烹饪用水

"风味之本，水最为始"。烹饪用水是使烹饪工艺顺利进行的不可缺少的物质之一，在烹饪中被广泛利用，它存在于烹饪原料体内，也存在于烹饪的各个环节中。了解和认识水在烹饪中的作用，对每位从事烹饪事业的工作者来说，都是非常重要和必要的。

▲水

（一）可食用烹饪用水的理化性质

水具有高沸点、高溶解热、高蒸发热、低蒸汽压的特点。

（1）水的比热。水的比热大，烹饪中广泛作为传热介质使用，如煮、烫、余等加热方式及冷泡等使原料快速降温。

（2）水的汽化热和溶解热。水发生汽化或冷凝时，可吸收或放出大量的热量。烹饪时热蒸汽常用于传热。在融化时可以吸收食物的热量而使其降温，常用于冷藏和冰镇食物。

（3）水的溶解性。许多物质能很好地溶于水中，即使某些不溶于水的物质，如脂肪和某些蛋白质也可分散在水中形成胶体溶液或乳浊液。

（4）水的温度。可以根据食品降温或保藏要求，调节使用不同水温。

（二）可食用烹饪用水在烹饪中的作用

1. 漂洗作用

水无毒、无味、无色，呈中性，化学性质稳定。水的价格低廉，所以被广泛地用于原料的清洗剂。

2. 溶解作用

水作为溶剂，在烹饪和食品加工过程中可以溶解许多物质，它有综合食物中诸多风味物质的作用，但是也可使许多有益的物质在烹饪中损失，如制作含易溶于水的维生素的菜肴时，一定要先洗后切，防止维生素的流失。

3. 分散作用

水作为溶剂，还有分散稀释的作用，利用热水焯烫或冷水浸泡，可以去除食物中的异味或有害物质，以及其他某些破坏营养成分的物质。

4. 润涨作用

食品中许多物质吸水都会发生润涨，体积增大，水使这些原料中的物质润涨后变得松软、嫩滑，容易加工、入味和造型，如黑木耳吸水后体积增加为原来的数倍。水的润涨作用对米、面的加工也很重要。

5. 传热作用

水的沸点低，易蒸发，渗透力强，黏性小，流动性大，传热快，是烹饪和食品加工中理想的导热介质。

（三）注意事项

烹饪中如果使用自然界中的水，这类水中含有一定的杂质，特别是含有钙、镁等矿物质，对水质影响较大，具有硬度，而水的硬度太大又会影响食品的风味。有些水源被污染，水中含有毒素，对人体有害，使用时要注意。

二、食用淀粉类原料

淀粉是一种重要的辅助类原料，常用于原料上浆、挂糊、拍粉及菜肴的勾芡；用于茸、泥、丸等工艺菜的黏结成形；常被作为面粉的填充剂。

淀粉以色泽洁白、有光泽、质地细腻、吸水性强、涨性大、黏性好、透明度高者为佳品。

1. 常用淀粉的种类及品质特点（见表11-1）

表 11-1　常用淀粉的种类及品质特点

种　类	品　质　特　点
绿豆淀粉	白中带淡青色，有光泽，细腻光滑，黏性好，涨性大，是淀粉中的上品
玉米淀粉	洁白，粉质细腻，吸水性差，黏度差，凝胶力强，透明度低
小麦淀粉	色白，黏性差，凝胶力强，透明度低
红薯淀粉	色较暗，质地粗糙，黏性差，吸水性强
木薯淀粉	色泽洁白，粉质细腻，黏性好，涨性大，杂质少
土豆淀粉	色白而具有光泽，黏性大，粉质细腻，但涨性差
菱角淀粉	色泽洁白，有光泽，手感细腻光滑，黏性大，但吸水性差，产量也很少
豌豆淀粉	色白质细，手感油腻，杂质少，无异味，黏性好，涨性大

2. 淀粉在烹饪中的作用

（1）是制作某些菜肴的主要原料。

（2）作为糊、浆的原料。

（3）作为勾芡的原料。

（4）作为面点的原料。

（5）作为菜肴的黏合剂。

❓ **想一想**

1. 辅助类原料在烹饪中能起到哪些作用？

2. 可食用烹饪用水在烹饪中有哪些作用？

3. 烹饪中常用的淀粉有哪些？各有什么特点？

任务三　可食用油脂类原料

可食用油脂是指可食用的各种植物油、动物脂及其再制品的统称。在常温下呈液态的称为油，呈固态或半固态的称为脂。油脂对于菜点的色、香、味和形态的形成起着重要作用，是各种油烹法所必需的原料。

一、可食用油脂的主要成分

可食用油脂是由多种物质组成的，主要成分是脂肪，又称甘油三酯。油脂中除了脂肪外，还有少量的非甘油三酯类化合物，主要有脂肪酸、磷脂、类固醇、蜡、色素、黏蛋白、维生素等。

▲食用油

1. 脂肪酸

脂肪中的脂肪酸对油脂的营养价值、特点等起着重要作用。动物脂肪中含饱和脂肪酸较多，营养价值较低；植物脂肪中所含的不饱和脂肪酸较多，营养价值较高。

2. 磷脂

磷脂在没有精炼的植物油（如豆油）中含量较高，在动物脂肪中含量较低。磷脂在空气中很容易氧化而变黑，在储存时容易发生水化反应，产生沉淀，在加热时易产生大量泡沫，并有焦化现象，形成黑色沉淀，有时会影响菜点的质量。

3. 类固醇

类固醇是合成维生素 D 的原料，对油脂的保藏和食用均无害。

4. 蜡

油料种子的外皮含有蜡，在榨油时可混入油中，但量极少，在冬季可能引起油脂混浊。

5. 色素

色素可使油脂具有不同颜色。油脂中的色素有类胡萝卜素、叶绿素。棉籽油中的生育酚（维生素 E）易氧化而呈红色，棉籽嘌呤呈黑紫色，棉酚呈黄色，有毒，但经高温加热会分解。在新鲜油脂中，色素显色比较明显，放置时间过久，则因油中的蛋白质、糖类物质分解而使油呈棕褐色。

6. 黏蛋白

黏蛋白是油中蛋白质的一种，无害，但能引起油脂混浊。

7. 维生素

可食用油脂中主要含有脂溶性维生素 A、维生素 E、维生素 D、维生素 K。

二、可食用油脂的理化性质

可食用油脂所含有的脂肪及其他非甘油类的化合物，共同决定了食用油脂的基本特性，这些特性不仅决定了食用油脂在烹饪实践中的重要作用，也为食用油脂的储存和保藏提供了主要依据。

1. 物理性质

（1）色泽。可食用油脂一般都有自己独特的色泽，如白色、浅黄色、琥珀色、深棕色等。这是区别不同种类及进行质量鉴定的依据之一。油脂中的色素可以通过精炼除掉，使其颜色变浅。

（2）气味。可食用油脂都有其固有的气味，这些气味的形成与其所含的脂肪酸的种类有关，也与其所含的某些特殊物质有关，即不同油脂所含的脂肪酸及呈味物质种类不同，所表现出来的气味也不尽相同。可以依据油脂的气味区别油脂的种类，也可通过对油脂气味的判断来鉴别油脂的食用质量。

（3）黏度。可食用油脂不溶于水，黏度比较高。不同油脂所含脂肪酸的种类不同，其自然黏度也不相同。一般情况下，饱和脂肪酸的黏度大于不饱和脂肪酸的黏度。另外，在烹饪实践中，可食用油脂会因加热发生氧化和热聚合反应，生成高黏度物质。油脂的黏度可以赋予产品色彩和风味，但若时间过长或反复高温加热，食用油脂的性质会发生突变，黏度迅速增加而变稠，从而使食用油脂的使用价值降低。

（4）溶解性。精炼油脂不含水分，相对密度比水小，能浮于水面而不溶于水，但易溶解于乙醚、丙酮等有机溶剂中。

（5）熔点。油脂的熔点是指固体脂变成液体脂的温度。天然可食用油脂由于是由多种物质构成的混合物，因此没有固定的熔点，只有相对的熔点范围，如表11-2所示。

表 11-2　可食用油脂的熔点范围

油 脂 名 称	熔 点 范 围	油 脂 名 称	熔 点 范 围
芝麻油	-7 ~ -3℃	奶油	28 ~ 36℃
花生油	0 ~ 3℃	鸡油	33 ~ 44℃
大豆油	-18 ~ -15℃	猪油	36 ~ 48℃
菜籽油	-6 ~ -1℃	牛油	43 ~ 51℃
棉籽油	-6 ~ -4℃	羊油	44 ~ 55℃

在加热过程中，可食用油脂随着加热温度的升高和加热时间的延长，会发生一系列变化，从视觉感官上，会观察到：加热→出现烟雾（烟点），继续加热→油面沸腾（沸点），继续加热→边缘闪火（闪点），随后边缘着火（燃点）。

油脂的烟点与其游离脂肪酸的含量、纯净度及具体种类密切相关：游离脂肪酸的含量越小，烟点越高；纯净度越高，烟点越高；植物油脂的烟点高于动物油脂的烟点。在食品加工和烹饪过程中，可食用油脂直接影响食品产品的品质，特别是色彩和风味，提倡使用烟点高的可食用油脂。

（6）可塑性。固态油脂均有一定的可塑性。脂肪的可塑性是由数量不同的三酰甘油的混合物引起的。由于油脂分子之间有黏性，其表面张力使油脂为网状结构，并可以滑动，使得脂肪具有可塑性。油脂的可塑性在烹饪加工中具有广泛的应用，如在制作糕点时，可以使产品形成特殊的外观形状，使其蓬松、饱满，改善产品品质，丰富产品的花色、品种等。

2. 化学性质

（1）热水解。在烹饪过程中，对可食用油脂进行一般性加热（烟点以下温度），能使其水解出部分甘油和脂肪酸，有利于人体对油脂的消化和吸收。

（2）氧化聚合。油脂的氧化分为常温下的自然氧化和加热条件下的热氧化两种。无论哪一种都会造成油脂的食用质量下降或丧失。自然氧化多发生在油脂储存过程中，其反应速度比较缓慢，最终结果是使油脂变得酸臭和发苦；热氧化是油脂在加热的情况下进行的，氧化速度较快，且伴随热分解，分解产物继续发生氧化聚合，因聚合物的增加，致使油脂变稠、起泡。因油脂氧化产生的二聚体，被人体吸收后，可与体内的酶结合，使酶失去活性从而使人体出现生理异常，对人体健康有害。因此，在烹饪实践中应尽量避免对油脂进行强高温或反复加热，防止油脂聚合产生的副作用。

三、可食用油脂的常见种类

可食用油脂按来源可分为植物油脂（如花生油、菜籽油、大豆油）、动物油脂（如猪油、鸡油）和改性油脂（如人造油）；按加工精度可分为毛油、精炼油、色拉油和硬化油。

1. 植物油

植物油是从植物种子、果肉及其他部分提取所得的脂肪，是由脂肪酸和甘油化合而成的天然高分子化合物，广泛分布于自然界中。植物油中的脂肪酸主要是不饱和脂肪酸。植物油的相关属性如表 11-3 所示。

表 11-3 植物油的属性

种 类	品 质 特 点	分 类	烹 饪 应 用
花生油	油色淡黄，细闻有花生味，油沫微呈白色	按加工方法可分为冷压花生油和热压花生油	在炒、爆、炸、煎等烹饪方法中作为辅料，也用于干货原料的涨发、半成品的加工等
菜籽油	稍带绿色，口尝香中带点儿辣味，油沫发黄	按制取工艺可分为压榨菜籽油和浸出菜籽油	同花生油
大豆油	油色深黄，豆腥味较大，口尝有涩味，油沫发白	按加工方法可分为冷压大豆油和热压大豆油	同花生油，可替代猪油
棉籽油	油色暗黄，口尝没有味，油沫发黄	按加工精度可分为毛棉籽油、过滤棉籽油、精炼棉籽油	同花生油
香油	棕红色，闻、尝都有浓浓的香味，适合作为调料	按加工方法可分为大磨香油和小磨香油	烹饪中用量少，遵循"少而香，多而伤"的原则
葵花籽油	色泽清亮透明，芳香可口，炒菜不腻；含有的天然抗氧化剂较少，因此稳定性差，不易久存	按加工程度可分为压榨葵花籽油和精炼葵花籽油	基本同花生油

2. 动物油

动物油的相关属性如表 11-4 所示。

表 11-4　动物油的属性

种　类	品质特点	分　类	烹饪应用
猪油	常温下为固态，色泽洁白，味纯香	一般分为板油、脚化油、肉化油、骨化油等。其中板化油最佳，脚化油次之	制作白色菜肴的传统油脂（如今在菜品中很少使用）；在面点制作中制作油酥面团，猪油效果好，是良好的起酥油；在某些点心馅中，用猪油制馅能使馅心明亮滋润，而且味道极香；是某些甜点中必需的原料，如用在八宝饭中，可起增香、定型、滋润等作用
鸡油	色泽金黄明亮、味鲜香浓郁、水分少、无杂质、无异味者为上品	按炼制方法可分为蒸制鸡油和熬制鸡油	鸡油的熔点低，数量少，以蒸法制取。在烹饪中一般不用鸡油炒菜，多用于菜肴制成后淋油使用，可起到增香、使菜肴明亮等作用

四、可食用油脂在烹饪中的作用

1. 传热和保温

油脂在烹饪中是重要的传热介质，且漂浮在汤汁上面，能起到保温作用。

2. 增加菜点色泽

大部分可食用油脂或多或少都含有色素，因此总是具有一定的颜色，在加热过程中会或多或少地使原料的颜色加深；在加热时温度升高，可使原料表面所含的糖类、蛋白质等物质发生色变，产生棕色、黄色，使菜肴色泽金黄。

3. 调香

大部分香气物质都是亲脂性的，能较好地溶解于油脂中，在油脂的高温下挥发，使菜品香气四溢。还有一些辛香原料，如葱、花椒等在经过高温油炸后，其油脂成为具有特殊香味的葱油、花椒油等，用于菜品可达到调香的效果。香油是烹饪中常用的调香用油。

4. 调节质感

有的原料经高温快速炸制后，表面组织收缩，内部水分不易外溢，捞出后加调味品制成菜肴，菜品脆嫩异常；用低温油炸制的菜品会产生酥松等口感；还有的菜品先用温油炸熟，后用高温油稍炸，使菜品外焦里嫩；在面点中用油和面可使成品酥脆可口。

5. 定型和造型

油脂经加热后温度高，经炸后会使原料外表凝固，便于定型；在面点中，油酥面团中由于油与面粉调制在一起，油脂阻断了面粉之间的相互联系，在加热时分解部分淀粉，使成品酥松，形成了特殊的形状。

6. 原料涨发

干货原料结缔组织紧密、富含胶质，放于低温油中后，其水分蒸发，细胞膜破裂，失去原来紧密的结构，形成海绵状，达到涨发目的。

7. 滋润

制作菜肴时加入油脂，经过加热，能使油脂浸入原料，使菜品光亮滋润。

8. 乳化

虽然油水不相溶，但油脂中存在的磷脂类物质的表面活性物质具有亲水性。利用这一特性，在烹饪中，可利用火力和外力，让油脂成为细小油滴，并稳定地悬浮在汤液中，制得鲜香白润的"奶汤"。

 知识拓展

地　沟　油

一些不法商贩为了牟利，收购、加工和销售地沟油，给人们的身体健康造成了巨大危害，并埋下了隐患。那什么是地沟油呢？作为厨师，应该怎样鉴别呢？

地沟油是一个泛指的概念，是人们在生活中对于各类劣质油的通称。地沟油是质量极差、极不卫生，过氧化值、酸价、水分严重超标的非食用油。它含有毒素，具有很强的致癌作用。

地沟油的鉴别：一看，看透明度，纯净的植物油呈透明状；二闻，每种油都有各自独特的气味，有异味的油，说明质量有问题；三尝，用筷子取一滴油，仔细品尝其味道，有异味的可能是地沟油；四听，将食用油涂在易燃的纸片上，点燃并听其响声，燃烧正常、无响声的是合格产品，燃烧不正常且发出响声的是不合格产品；五问，问商家的进货渠道，并让其出示进货发票或检测报告。

▲地沟油

奶油与人造奶油的区别

? **想一想**

烹饪中常用的油脂有哪些？各有什么特点？

任务四　辅助类原料的品质鉴别及保藏

一、辅助类原料的品质鉴别

1. 可食用油脂的品质鉴别

（1）透明度：主要说明油脂中所含杂质的情况。杂质多则透明度低，浑浊不清。

（2）气味：用手指沾一点油，在手心上搓揉后闻气味，判断是不是该油具有的气味。

（3）滋味：各种油都具有其特殊的滋味，但都应无酸败、焦臭和其他异味。

（4）色泽：每种食用油脂都有深浅不同的颜色，色泽的深浅主要与加工方法、油料的质量、精炼程度有关。精炼油的颜色越淡越好。

（5）沉淀物：食用油脂在常温下静置 24h 后沉淀下来的物质。沉淀物越少说明油脂的质量越高，反之质量越差。

2．淀粉的品质鉴别

（1）色泽：淀粉要求色泽洁白、有光泽、无杂质。

（2）形状：淀粉呈粉末状，光滑细腻。

（3）气味：有纯正的淀粉香味，不能有苦味或外来异味和发酵味。

二、辅助类原料的保藏

1．可食用油脂的保藏

可食用油脂的保藏应避免受高温影响，并应放置于阴凉通风处，尽量隔绝空气，避免日光照射，防止水分流入油中，并要注意容器的清洁卫生。

2．淀粉的保藏

淀粉应存放于通风干燥处，注意防潮防霉，避免阳光直晒。

 **知识拓展**

如何健康用油

摄取过多油脂，尤其是饱和脂肪酸，会增加患心血管疾病、高脂血症的风险，一个人每天最多只需要 3～5 汤匙的油，而因高血脂、糖尿病、高胆固醇、高血压及肥胖等需要限制饮食者，每天摄取的油最好不要超过 3 汤匙。

饮食中的必需脂肪酸摄取比例是非常重要的，必需脂肪酸分为饱和脂肪酸、单元不饱和脂肪酸、多元不饱和脂肪酸，过去认为这三者的比例应是 1∶1∶1。由于饱和脂肪酸容易提高血中三酸甘油酯、总胆固醇及低密度脂蛋白中的胆固醇量，加之现代人多食大鱼大肉，所以医界认为饱和脂肪酸的摄取量要降低。

最常见的脂肪酸是烹饪用油，在食用油中，饱和油、棕榈油和猪油、牛油的饱和脂肪酸含量特别高，油质耐高温，适合高温油炸食用。

橄榄油、芥花油富含单元不饱和脂肪酸，适合的烹饪方式是凉拌或快炒。

市面上食用油占多数的葵花油、玉米油、大豆色拉油及红花籽油与麻油，则属于多元不饱和脂肪酸，适合煎、煮、炒及短时间的油炸。

厨师在选择食用油时，要把握少用油及用对油的原则，如果是偶尔需要高温油炸，可以用色拉油；一般烹饪时，则可选择所含脂肪酸比例较均衡的食用油，但要注意控制用量及适合的烹饪方式，以达到健康用油的目的。

❓ 想一想

1. 如何鉴别可食用油脂和淀粉？

2. 家人存放可食用油脂和食用淀粉的方式是否合理？如果不合理，请指导家人合理存放。

3. 观察鉴别操作间和家中的可食用油脂是否新鲜。

知识检测

一、名词解释

辅助类原料　食用淀粉　可食用油脂

二、填空题

1. 水具有_____、_____、_____、_____的特点。

2. 可食用油脂的品质主要由_____、_____、_____、_____、_____来鉴别。

3. 可食用油脂按来源可分为_____、_____和_____。

4. 可食用油脂按加工精度可分为_____、_____、_____、_____。

5. 脂溶性维生素主要有_____、_____、_____、_____。

6. 淀粉的品质是由_____、_____、_____来鉴别的。

三、选择题

1. 可食用油脂在生活中有着重要的作用，下列关于其在生活中的作用的说法中，错误的是（　　　）。

　　A. 可调节菜肴的质感　　　　　　　B. 可作为面点制作的配料

　　C. 可以起到护色的作用　　　　　　D. 是烹饪中最常用的传热介质

2. （　　　）对保藏油脂不利。

　　A. 蜡　　　　　　B. 甾醇　　　　　　C. 磷酸　　　　　　D. 黏蛋白

3. （　　　）是人体合成维生素 D 的原料，对油脂的保藏和食用均无害。

　　A. 蜡　　　　　　B. 甾醇　　　　　　C. 磷酸　　　　　　D. 黏蛋白

4. （　　　）白中带青色，有光泽，细腻光滑，黏性好，涨性大，是淀粉中的上品。

　　A. 玉米淀粉　　　　B. 绿豆淀粉　　　　C. 土豆淀粉　　　　D. 小麦淀粉

四、简答题

1. 可食用烹饪用水的理化性质有哪些？

2. 可食用油脂在烹饪中的作用有哪些？

3. 可食用淀粉在烹饪中的作用有哪些？

4. 如何保藏可食用油脂？

5. 如何鉴别地沟油？

拓展练习

1. 葵花籽油熔点低，清淡易消化，含不饱和脂肪酸高达_____。

2. 植物油有植物本身特有的气味，凝固点一般（　　　）。

　　A. 很高　　　　　　B. 较高　　　　　　C. 较低　　　　　　D. 极低

3. 优良的猪油在(　　　)℃以下时呈固态，呈白色软膏状、有光泽、无杂质、有特殊香气、无异味。

　　A. 25　　　　　　　B. 15　　　　　　　C. 10　　　　　　　D. 5

4. 鸡油的熔点低，数量少，以(　　)法制取。

　　A. 炸　　　　　　　B. 煮　　　　　　　C. 煎　　　　　　　D. 蒸